本教材第3版曾获首届全国教材建设奖全国优秀教材二等奖
"十二五"普通高等教育本科国家级规划教材
普通高等教育"十一五"国家级规划教材
国家集成电路人才培养基地教学建设成果
"双一流"建设高校立项教材
集成电路一流建设学科教材
国家级一流本科专业建设点立项教材
新工科集成电路一流精品教材

集成电路设计
（第4版）

◎ 王志功　　陈莹梅　　编著

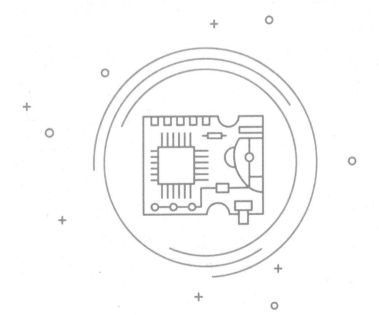

电子工业出版社

Publishing House of Electronics Industry

北京·BEIJING

内 容 简 介

本教材第 3 版曾获首届全国教材建设奖全国优秀教材二等奖。本书是"十二五"普通高等教育本科国家级规划教材和普通高等教育"十一五"国家级规划教材，全书遵循集成电路设计的流程，介绍集成电路设计的一系列知识。全书共 12 章，主要内容包括：集成电路设计概述，集成电路材料、结构与理论，集成电路基本工艺，集成电路器件工艺，MOS 场效应管的特性，集成电路器件及 SPICE 模型，SPICE 数模混合仿真程序的设计流程及方法，集成电路版图设计与工具，模拟集成电路基本单元，数字集成电路基本单元与版图，集成电路数字系统设计基础，集成电路的测试和封装。本书提供配套微课视频、电子课件、Cadence 公司提供的 PSPICE 学生版安装软件、HSPICE 和 PSPICE 两种仿真工具的电路实例设计包、集成电路版图设计示范视频等。

本书可作为高等学校集成电路、微电子、电子信息、电子科学与技术、计算机等专业高年级本科生和研究生相关课程的教材，也可供集成电路设计工程师学习参考。

图书在版编目（CIP）数据

集成电路设计 / 王志功，陈莹梅编著. —4 版. —北京：电子工业出版社，2023.6

ISBN 978-7-121-45944-3

Ⅰ. ①集… Ⅱ. ①王… ②陈… Ⅲ. ①集成电路—电路设计—高等学校—教材 Ⅳ. ①TN402

中国国家版本馆 CIP 数据核字（2023）第 124426 号

责任编辑：王羽佳

印　　刷：北京天宇星印刷厂
装　　订：北京天宇星印刷厂
出版发行：电子工业出版社
　　　　　北京市海淀区万寿路 173 信箱　　邮编　100036
开　　本：787×1 092　1/16　印张：18　字数：533 千字
版　　次：2006 年 10 月第 1 版
　　　　　2023 年 6 月第 4 版
印　　次：2024 年 8 月第 4 次印刷
定　　价：69.90 元

凡所购买电子工业出版社图书有缺损问题，请向购买书店调换。若书店售缺，请与本社发行部联系，联系及邮购电话：（010）88254888，88258888。

质量投诉请发邮件至 zlts@phei.com.cn，盗版侵权举报请发邮件至 dbqq@phei.com.cn。

本书咨询联系方式：（010）88254535，wyj@phei.com.cn。

前 言

本教材第 3 版曾获首届全国教材建设奖全国优秀教材二等奖。本书是"十二五"普通高等教育本科国家级规划教材和普通高等教育"十一五"国家级规划教材。

随着集成电路制造工艺特征尺寸的不断缩小，集成电路技术的发展呈现部分新的特征。集成电路芯片的工作速度不断提高，电路复杂度不断增加，电路结构随着电源电压的降低也随之调整。针对这种情况，我们对 2013 年 7 月出版的《集成电路设计》（第 3 版）进行了重新修订，新版在体系结构上保留了原书的特色，力求结合当前集成电路技术的发展动态，增加教材的新颖性和实用性。与第 3 版相比，本书介绍当前最先进的集成电路工艺，以及近年来我国集成电路产业的发展与面临的新问题，为读者提供了集成电路设计从前端、版图、流片到封装和测试的完整流程中的相关知识。

具体修订内容如下：

① 第 1 章在集成电路的发展部分引入了当前先进的集成电路工艺和产品的发展情况；介绍了当前先进工艺所实现的集成电路规模和速度，以及为提升集成度和降低制造成本而发展出的片上互连和芯片堆叠等新方法；总结了当前集成电路发展呈现的新趋势与应用领域。在集成电路制造途径部分，介绍了我国近年来的集成电路制造产生情况。

② 第 2 章在集成电路材料部分，增加了锗硅工艺和氮化镓等新型工艺的介绍；在 MOS 晶体管部分，补充了先进 CMOS 工艺中广泛采用的新型鳍型晶体管（FinFET）的结构和工作原理。

③ 随着集成电路制造工艺的发展，集成电路器件能够达到的工作频率越来越高，因此第 4 章集成电路器件部分更新了相关数据介绍。

④ 对第 3 版的部分勘误进行了修订。

为了方便读者对本书的仿真实例进行练习，本教材配套了 Cadence 公司提供的 PSPICE 学生版软件、HSPICE 和 PSPICE 两种仿真工具的电路实例（第 7 章）、集成电路版图设计示范视频（第 8 章）、微课视频和教师教学用电子课件（PPT）。请扫描下方二维码在线学习。部分教学资源也可以登录华信教育资源网（http://www.hxedu.com.cn）注册下载。

本书可作为集成电路、微电子、电子信息、电子科学与技术、计算机等专业高年级本科生和研究生相关课程的教材，也可作为集成电路设计工程师的参考用书。

本书的修订大纲与内容由王志功组织并审定，由陈莹梅主持编写，Cadence 公司中国区 AE 总监陈春章博士对 PSPICE 软件的授权提供进行了大力支持，东南大学射频与光电集成电路研究所的研究生宰大伟为 PSPICE 软件实例做了部分前期工作。电子工业出版社的王羽佳编辑在组织出版和编辑工作中给予了很大的支持。多年来，广大读者和兄弟院校教师对本书提出的批评和建议，对我们有很大的帮助和促进。在此对以上各方人士表示衷心的感谢！并恳请读者对本书继续批评和指正。

编著者

2023 年 5 月于东南大学

目　　录

第1章　集成电路设计概述 ·· 1

1.1　集成电路的发展 ·· 1

1.2　集成电路设计流程及设计环境 ·· 4

1.3　集成电路制造途径 ·· 5

1.4　集成电路设计的知识范围 ·· 6

思考题 ·· 7

第2章　集成电路材料、结构与理论 ·· 8

2.1　集成电路材料 ·· 8

2.1.1　硅 ·· 9

2.1.2　砷化镓 ·· 9

2.1.3　磷化铟 ·· 10

2.1.4　锗硅 ·· 10

2.1.5　氮化镓 ·· 10

2.1.6　绝缘材料 ·· 11

2.1.7　金属材料 ·· 11

2.1.8　多晶硅 ·· 13

2.1.9　材料系统 ·· 13

2.2　半导体基础知识 ·· 14

2.2.1　半导体的晶体结构 ·· 14

2.2.2　本征半导体与杂质半导体 ·· 14

2.3　PN 结与结型二极管 ·· 15

2.3.1　PN 结的扩散与漂移 ·· 15

2.3.2　PN 结型二极管 ·· 16

2.3.3　肖特基结二极管 ·· 16

2.3.4　欧姆型接触 ·· 17

2.4　双极型晶体管 ·· 17

2.4.1　双极型晶体管的基本结构 ·· 17

2.4.2　双极型晶体管的工作原理 ·· 18

2.5　MOS 场效应晶体管 ·· 18

2.5.1　MOS 场效应晶体管的基本结构 ·· 18

2.5.2　MOS 场效应晶体管的工作原理 ·· 20

2.5.3　MOS 场效应晶体管的伏安特性 ·· 20

思考题 ·· 24

本章参考文献 ·· 24

第 3 章　集成电路基本工艺··26

　3.1　外延生长··26

　3.2　掩模版的制造··27

　3.3　光刻原理与流程··29

　　　3.3.1　光刻步骤···29

　　　3.3.2　曝光方式···30

　3.4　氧化···31

　3.5　淀积与刻蚀···32

　3.6　掺杂原理与工艺··33

　思考题··34

　本章参考文献···35

第 4 章　集成电路器件工艺··36

　4.1　双极型集成电路的基本制造工艺··37

　　　4.1.1　双极型硅工艺···37

　　　4.1.2　HBT 工艺··38

　4.2　MESFET 和 HEMT 工艺···40

　　　4.2.1　MESFET 工艺···40

　　　4.2.2　HEMT 工艺··41

　4.3　MOS 和相关的 VLSI 工艺···43

　　　4.3.1　PMOS 工艺··44

　　　4.3.2　NMOS 工艺···45

　　　4.3.3　CMOS 工艺··48

　4.4　BiCMOS 工艺···50

　思考题··53

　本章参考文献···53

第 5 章　MOS 场效应管的特性··54

　5.1　MOS 场效应管···54

　　　5.1.1　MOS 管伏安特性的推导···54

　　　5.1.2　MOS 电容的组成··55

　　　5.1.3　MOS 电容的计算··57

　5.2　MOSFET 的阈值电压 V_T···58

　5.3　体效应···60

　5.4　MOSFET 的温度特性···60

　5.5　MOSFET 的噪声··61

　5.6　MOSFET 尺寸按比例缩小···61

　5.7　MOS 器件的二阶效应···64

　　　5.7.1　L 和 W 的变化···64

　　　5.7.2　迁移率的退化···66

　　　5.7.3　沟道长度的调制··66

　　　5.7.4　短沟道效应引起的阈值电压的变化··67

5.7.5　狭沟道效应引起的阈值电压的变化 ·· 67

思考题 ·· 68

本章参考文献 ·· 68

第 6 章　集成电路器件及 SPICE 模型 ·· 69

6.1　无源器件结构及模型 ·· 69

6.1.1　互连线 ·· 69

6.1.2　电阻 ·· 70

6.1.3　电容 ·· 72

6.1.4　电感 ·· 73

6.1.5　分布参数元件 ·· 75

6.2　二极管电流方程及 SPICE 模型 ·· 78

6.2.1　二极管的电路模型 ··· 78

6.2.2　二极管的噪声模型 ··· 79

6.3　双极型晶体管电流方程及 SPICE 模型 ·· 79

6.3.1　双极型晶体管的 EM 模型 ··· 80

6.3.2　双极型晶体管的 GP 模型 ··· 82

6.4　结型场效应 JFET（NJF/PJF）模型 ·· 83

6.5　MESFET（NMF/PMF）模型（SPICE3.x） ·· 83

6.6　MOS 管电流方程及 SPICE 模型 ·· 84

思考题 ··· 87

本章参考文献 ·· 87

第 7 章　SPICE 数模混合仿真程序的设计流程及方法 ·································· 88

7.1　采用 SPICE 的电路设计流程 ·· 88

7.2　电路元件的 SPICE 输入语句格式 ··· 89

7.3　电路特性分析语句 ·· 94

7.4　电路特性控制语句 ·· 96

7.5　HSPICE 缓冲驱动器设计实例 ··· 98

7.6　HSPICE 跨导放大器设计实例 ·· 101

7.7　PSPICE 电路图编辑器简介 ··· 113

7.8　PSPICE 缓冲驱动器设计实例 ·· 115

7.9　PSPICE 跨导放大器设计实例 ·· 119

思考题 ··· 124

本章参考文献 ·· 124

第 8 章　集成电路版图设计与工具 ··· 125

8.1　工艺流程的定义 ·· 125

8.2　版图几何设计规则 ··· 126

8.3　图元 ··· 129

8.3.1　MOS 晶体管 ·· 129

8.3.2　集成电阻 ·· 131

8.3.3　集成电容 ·· 133

8.3.4　寄生二极管与三极管 ·· 134

8.4　版图设计准则 ·· 135

8.4.1　匹配设计 ··· 136

8.4.2　抗干扰设计 ··· 140

8.4.3　寄生优化设计 ··· 141

8.4.4　可靠性设计 ··· 142

8.5　电学设计规则与布线 ·· 144

8.6　基于 Cadence 平台的全定制 IC 设计 ····································· 145

8.6.1　版图设计的环境 ··· 145

8.6.2　原理图编辑与仿真 ··· 146

8.6.3　版图编辑与验证 ··· 150

8.6.4　CMOS 差动放大器版图设计实例 ·································· 152

8.7　芯片的版图布局 ·· 154

8.8　版图设计的注意事项 ·· 156

思考题 ··· 157

本章参考文献 ·· 157

第 9 章　模拟集成电路基本单元 ·· 158

9.1　电流源电路 ·· 158

9.1.1　双极型镜像电流源 ··· 158

9.1.2　MOS 电流镜 ··· 160

9.2　基准电压源设计 ·· 161

9.2.1　双极型三管能隙基准源 ·· 161

9.2.2　MOS 基准电压源 ··· 162

9.3　单端反相放大器 ·· 163

9.3.1　基本放大电路 ··· 163

9.3.2　改进的 CMOS 推挽放大器 ·· 167

9.4　差分放大器 ·· 168

9.4.1　BJT 差分放大器 ·· 168

9.4.2　MOS 差分放大器 ··· 169

9.4.3　CMOS 差分放大器设计实例 ······································· 170

9.5　运算放大器 ·· 172

9.5.1　性能参数 ··· 172

9.5.2　套筒式共源共栅运放 ·· 173

9.5.3　折叠式共源共栅运放 ·· 175

9.5.4　两级运放 ··· 177

9.5.5　CMOS 运算放大器设计实例 ······································· 178

9.6　振荡器 ·· 187

9.6.1　环形振荡器 ··· 187

9.6.2　LC 振荡器 ··· 191

思考题 ··· 193

本章参考文献 ·· 194

第 10 章　数字集成电路基本单元与版图 ································· 195

10.1　TTL 基本电路 ····························· 195

　　10.1.1　TTL 反相器 ···························· 195

　　10.1.2　TTL 与非门 ···························· 196

　　10.1.3　TTL 或非门 ···························· 197

10.2　CMOS 基本门电路及版图实现 ···················· 197

　　10.2.1　CMOS 反相器 ·························· 197

　　10.2.2　CMOS 与非门和或非门 ···················· 205

　　10.2.3　CMOS 传输门和开关逻辑 ·················· 207

　　10.2.4　三态门 ····························· 209

　　10.2.5　驱动电路 ···························· 210

10.3　数字电路标准单元库设计 ······················ 211

　　10.3.1　基本原理 ···························· 211

　　10.3.2　库单元设计 ··························· 211

10.4　焊盘输入/输出单元 ························· 213

　　10.4.1　输入单元 ···························· 213

　　10.4.2　输出单元 ···························· 214

　　10.4.3　输入/输出双向三态单元（I/O PAD）············· 220

10.5　了解 CMOS 存储器 ························· 221

　　10.5.1　动态随机存储器（DRAM）·················· 223

　　10.5.2　静态随机存储器（SRAM）·················· 227

　　10.5.3　闪存 ····························· 229

思考题 ································· 231

本章参考文献 ······························· 231

第 11 章　集成电路数字系统设计基础 ····················· 232

11.1　数字系统硬件描述语言 ························ 232

　　11.1.1　基于 HDL 的设计流程 ····················· 232

　　11.1.2　Verilog HDL 介绍 ······················ 234

　　11.1.3　硬件描述语言 VHDL ····················· 243

11.2　数字系统逻辑综合与物理实现 ···················· 249

　　11.2.1　逻辑综合的流程 ························· 251

　　11.2.2　Verilog HDL 与逻辑综合 ··················· 255

　　11.2.3　自动布局布线 ························· 258

11.3　数字系统的 FPGA/CPLD 硬件验证 ·················· 262

　　11.3.1　PLD 概述 ·························· 262

　　11.3.2　现场可编程门阵列 FPGA ·················· 262

　　11.3.3　基于 FPGA 的数字系统硬件验证 ··············· 265

思考题 ································· 266

本章参考文献 ······························· 266

第 12 章　集成电路的测试和封装 ·· 267

　　12.1　集成电路在芯片测试技术 ·· 267

　　12.2　集成电路封装形式与工艺流程 ·· 268

　　12.3　芯片键合 ·· 270

　　12.4　高速芯片封装 ·· 272

　　12.5　混合集成与微组装技术 ·· 273

　　12.6　数字集成电路测试方法 ·· 273

　　　　12.6.1　可测试性的重要性 ·· 273

　　　　12.6.2　测试基础 ··· 274

　　　　12.6.3　可测试性设计 ·· 275

　　思考题 ·· 277

　　本章参考文献 ·· 277

第 1 章　集成电路设计概述

1.1　集成电路的发展

微电子技术是当代信息技术的一大基石。1947 年美国贝尔实验室的 William B. Shockley（肖克莱）、Walter H. Brattain（波拉坦）和 John Bardeen（巴丁）发明了晶体管，为此他们获得了 1956 年的诺贝尔物理学奖。图 1.1 所示为代表这一具有划时代意义的点接触式晶体管的照片。

1958 年 12 月 12 日，在德州仪器公司（TI）从事研究工作的 Jack Kilby 发明了世界上第一块集成电路（IC，Integrated Circuit），为此他在 42 年之后获得了 2000 年的诺贝尔物理学奖。图 1.2 所示为 Jack Kilby 发明的世界上第一块集成电路的照片。

图 1.1　点接触式晶体管　　　　　图 1.2　Jack Kilby 发明的世界上第一块集成电路

以上两项革命性的发明推进了人类社会进入微电子时代和信息时代。表 1.1 所示为 1947 年以来集成电路相关工艺技术、电路规模和产品的发展概况。

表 1.1　集成电路工艺技术、电路规模和产品的发展概况

年　份	1947	1950	1961	1966	1971	1980	1990	2000	2005	2022
工艺	晶体管	分立元件	SSI	MSI	LSI	VLSI	ULSI	GSI	SoC	NAND 闪存
产品芯片上晶体管大约数目	1	1	10	$100 \sim 1000$	$1 \times 10^3 \sim 2 \times 10^4$	$2 \times 10^4 \sim 1 \times 10^6$	$1 \times 10^6 \sim 1 \times 10^7$	$>1 \times 10^7$	$>5 \times 10^7$	5.3×10^{12}
典型产品	结型晶体管	结型晶体管和二极管	平面器件、逻辑门、触发器	计数器、复接器、加法器	8 位微处理器、ROM、RAM	16 位、32 位处理器，复杂外围电路	专用处理器、虚拟现实机、灵巧传感器	PIII	P4、手机、芯片等	闪存芯片

尽管英文中有 VLSI、ULSI 和 GSI 之分，但 VLSI 使用最频繁，其含义往往包括了 ULSI 和 GSI。而中文把 VLSI 译为超大规模集成，更是包含了 ULSI 和 GSI 的意义。

1965 年英特尔（Intel）公司创始人 Gorden E. Moore 提出了著名的摩尔（Moore）定律：集成电路的集成度，即芯片上晶体管的数目，每隔 18 个月增加 1 倍或每 3 年翻两番。30 多年来，以动态随机存储器和英特尔公司的微处理器为代表的两大类集成电路的规模几乎都是按照 Moore 定

律发展的。传统半导体器件的尺寸缩小主要是通过缩小多晶硅间距、金属互连间距和电路单元的高度实现的，但是间距不能无限缩小，且性能会严重恶化。将有更多种类的新器件、芯片堆叠和系统创新方法来延续计算性能、功耗和成本的变化。

集成电路技术发展趋势概括如下。

① 集成电路的特征尺寸向深亚微米/纳米发展。目前，主流集成电路设计已经达到 28～5 nm 工艺，高端设计已经进入 3 nm，已实现特征尺寸为：2007 年的 65 nm、2010 年的 45 nm、2013 年的 32 nm、2016 年的 22 nm、2018 年的 7nm、2022 年的 3nm 的量产。图 1.3 从左到右所示为按比例画出的宽度为 4 μm～70 nm 的线条。由此，可以对特征尺寸的按比例缩小建立一个直观的印象。

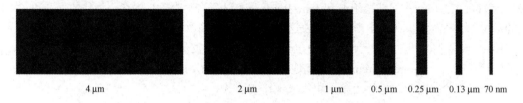

4 μm   2 μm   1 μm   0.5 μm   0.25 μm   0.13 μm   70 nm

图 1.3　特征尺寸从 4 μm～70 nm 的按比例减小的线条

② 晶圆的尺寸增加。当前的主流晶圆的尺寸为 12 英寸。图 1.4 从左到右所示为按比例画出的 2～12 英寸的晶圆。由此，可以对晶圆尺寸的增大建立一个直观的印象。通过图 1.5 所示的一个 12 英寸晶圆与人脸大小的对比，可以对一个 12 英寸晶圆的大小建立一个直观的印象。

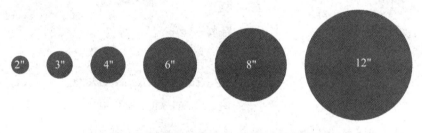

图 1.4　按比例画出的 2～12 英寸的晶圆

图 1.5　一个 12 英寸晶圆与人脸大小的对比

③ 集成电路的规模不断提高。从 CPU（P4）超过 4 000 万个晶体管，到片上静态随机存取存储器（SRAM）高达 40 GB 的容量，以及将整个晶圆做成一个芯片阵列，可以集成 2.6 万亿个晶体管。

④ 集成电路的工作速度不断提高。采用 14nm CMOS 工艺实现的 CPU 主时钟工作频率已达到 3.5 GHz，实现的超高速数字电路速度已超过 100 Gbit/s，射频电路的最高工作频率已超过 30 GHz。

⑤ 集成电路复杂度不断增加。系统芯片或称芯片系统 SoC（System-on-Chip），目前还是集

成电路设计的主流。研究重点包括总线结构及互连技术、IP 可复用技术、多电压技术、低功耗设计技术、软件低功耗应用技术、超深亚微米与纳米实现技术，解决时序收敛、信号完整性、天线效应、芯片测试和验证、硬件开发和软件开发同步等问题。

⑥ 随着"摩尔定律"的发展陷入瓶颈，集成电路进入后摩尔时代。Chiplet 俗称"芯粒"，与传统 SoC 不同，Chiplet 是将一块原本复杂的 SoC 芯片，从设计时就先按照不同的计算单元或功能单元对其进行分解，然后对每个单元选择最适合的半导体制程工艺进行分别制造，再通过先进封装技术将各单元彼此互连，最终集成封装为一个系统级芯片组。Chiplet 可在不改变制程的前提下提升算力，且保证芯片良率。它是将一类满足特定功能的 Die，通过 Die-to-Die 内部互连技术实现多个模块芯片与底层基础芯片封装在一起，进而形成一个系统芯片。它可以有效提升芯片的集成度，在不改变制程的前提下提升算力，有效降低芯片的设计与制造成本，并显著提升芯片良率。

⑦ 模拟数字混合集成向电路设计工程师提出挑战。

⑧ 集成电路器件制造能力按每 3 年翻两番，即以每年增长 58%的速度提升，而电路设计能力每年只以增长 21%的速度提升，电路设计能力明显落后于器件制造能力，且其鸿沟（Gap）呈现越来越宽的趋势。

⑨ 制造集成电路的掩模版（Mask，简称掩模）很贵。以 CMOS 工艺为例，2023 年一套 180 nm 工艺的掩模约需 8.5 万美元，一套 40 nm 的掩模约需 95 万美元，一套 28 nm 的掩模约需高达 150 万美元。然而，每套掩模的寿命有限，一般只能生产 1000～5000 个晶圆。

⑩ 工艺线建设投资费用越来越高。目前一条 8 英寸 0.35 μm 工艺线的投资约 20 亿美元，一条 12 英寸 28nm 工艺线的投资达到 75 亿美元。如此巨额的投资已非单独一个公司，甚至一个发展中国家所能单独负担的。

⑪ 设计与整机系统结合将更紧密。集成电路的应用领域不仅覆盖消费电子、汽车电子、计算机、工业控制等传统产业领域，更在物联网、云计算、无线充电、新能源汽车、可穿戴设备等新兴市场获得新的机遇。

⑫ 设计可行性与可靠性将得到提高。随着集成电路设计在规模、速度和功能方面的提高，EDA 业界努力寻找新的设计方法。未来 5～10 年，伴随着软件和硬件协同设计技术、可测性设计技术、纳米级电路设计技术、嵌入式 IP 核设计技术和特殊电路工艺兼容技术的融入，EDA 工具将得到更广泛的应用，从而为集成电路的短周期快速投产提供保障，使全自动化设计成为可能，设计的可行性和可靠性得到提高。

⑬ 电路设计、工艺制造、封装的分立运行为发展无生产线（Fabless）和无芯片（Chipless）集成电路设计提供了条件，为微电子领域发展提供条件。

我国集成电路设计的市场规模不断增长，我国作为全球最大的整机生产国和重要的信息化市场，新应用领域层出不穷。过去十多年快速发展所奠定的基础和广阔的国内市场，为创新发展带来十分有利的条件，我国集成电路产业面临难得的发展机遇，但人才、资金和技术等方面也同时存在着严峻的挑战。我国集成电路产业存在的问题主要有如下几方面。

① 产业总体规模小，市场自给能力不足。市场需求的 CPU、存储器等通用芯片主要依靠进口，国内通信、网络、消费电子等产品中的高档芯片也基本依靠进口。

② 企业规模小，力量分散，技术创新难以满足产业发展需求。我国集成电路企业以中小型企业为主，主流产品设计水平仍处于中低端，制造工艺与国际先进水平相差两代，难以满足产业发展需求。

③ 价值链整合能力不强，芯片与企业整机联动机制尚未形成。国内多数设计企业积累不足，国产芯片以中低端为主，缺乏定义产品的能力，也不具备提供系统解决方案的能力，难以满足整机企业需求。多数整机企业停留在加工组装阶段，整机产品引领国内集成电路产品设计创新的局面尚未发展成熟。芯片企业与整机企业间相互沟通不充分，具有战略合作关系的企业不多，没有

形成全方位多层次的联动机制。

④ 专业设备、仪器和材料发展滞后。专用设备、仪器和关键材料等产业链上游环节薄弱，不足以支撑集成电路产业的发展。目前，国内设备仍停留在低端、分离单台产品阶段，仅有少数高端设备及测试装备进入生产线试用。生产线上的系统成套设备、光刻机等核心设备及测试设备等还依赖进口。大尺寸硅片、光刻胶、特种气体和掩模版等关键材料等也基本依赖进口。

1.2　集成电路设计流程及设计环境

在集成电路发展的过程中，数字电路曾经以其基本单元数量少、易于大规模集成而占据主导地位。其发展的总趋势是革新工艺、提高集成度和速度。在此过程中，电路设计大多在工艺制造单位内部的设计部门中进行。这样的设计是有生产线集成电路设计。在这个阶段，无生产线单位一方面难以加入花巨额投资才有可能参与的工艺革新竞争行列，另一方面难以参与芯片设计和实现。

随着集成电路规模的爆炸式扩展，以及模拟数字混合集成系统的广泛需要，知识密集型的芯片设计变得比技术密集型的芯片制造重要起来。另外，集成电路生产的高利润前景引发了众多生产线在世界各地的建造，从而导致了集成电路产业生产能力的剩余，即生产线"无米下锅"局面的出现。人们需要更多的功能芯片设计，从而促进了集成电路设计的发展并使得不少设计公司应运而生。这些设计公司拥有设计人才和技术，但不拥有生产线，成为无生产线（Fabless）集成电路设计公司。在国外，现在已有众多这样的公司在运作，如美国硅谷就有 200 多家 Fabless 集成电路设计公司，其中有 50 多家上市公司。中国台湾有这样的大中型公司 100 多家。芯片设计单位和工艺制造单位的分离，即芯片设计单位可以不拥有生产线而存在和发展，而芯片制造单位致力于工艺实现（代客户加工，简称代工），已成为集成电路技术发展的一个重要特征。

图 1.6 形象地示出了集成电路的无生产线设计与代工制造之间的关系。可以沿着图中从代工单位左上行到设计单位，再右直行到代工单位，最后左下行到设计单位的 S 曲线，对整个集成电路设计和制造过程加以描述。

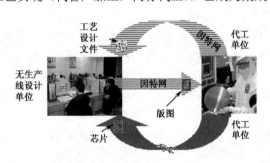

图 1.6　集成电路的无生产线设计与代工制造之间的关系

首先，代工单位将经过前期开发确定的一套工艺设计文件（PDK，Process Design Kits）通过因特网传送（或光盘等媒介邮寄）给设计单位，这是一次信息流过程。PDK 文件包括工艺电路模拟用的器件的 SPICE 参数，版图设计用的层次定义，设计规则，晶体管、电阻、电容等元件和通孔（Via）、焊盘等基本结构的版图，与设计工具关联的设计规则检查（DRC，Design Rule Check）、参数提取（EXTraction）和版图电路图对照（LVS，Layout Vs Schematic）用的文件。

设计单位根据研究项目提出的技术指标，在自己掌握的电路和系统知识基础上，利用 PDK 提供的工艺数据和 CAD/EDA 工具，进行电路设计、电路仿真（或称为"模拟"）和优化、版图设计、设计规则检查 DRC、参数提取和版图电路图对照 LVS，最终生成以 GDS-II 格式保存的版图文件，然后通过因特网传送给代工单位。这也是一次信息流过程。

代工单位根据设计单位提供的 GDS-II 格式的版图数据，首先制作掩模（Mask），将版图数据定义的图形固化到由铬板等材料制成的一套掩模上。一张掩模一方面对应于版图设计中的一层图形，另一方面对应于芯片制作中的一道或多道工艺。正是在一张张掩模的参与下，工艺工程师才完成芯片的流水式加工，将版图数据定义的图形最终有序地固化到芯片上。这个过程通常简称为流片。根据掩模的数目和工艺的自动化程度，一次流片的周期约为 2～4 个月。代工单位完成芯片加工后，根据路程远近，利用飞机等不同的快速运输工具寄送给设计单位。

设计单位对芯片进行参数测试和性能评估，符合技术要求时，进入系统应用，从而完成一次集成电路设计、制造和测试与应用的全过程；否则需要进行改进和优化，才能进入下一次循环。

1.3　集成电路制造途径

国内近几年建立的 Foundry（代工）厂家和转向为代工的厂家有：中芯国际集成电路制造有限公司、上海华虹（集团）有限公司和华润上华科技有限公司等。同时，韩国海力士公司、美国英特尔公司、韩国三星电子公司等也独资或合资建立了工厂。

中芯国际集成电路制造有限公司（SMIC，简称中芯国际）是领先的集成电路晶圆代工企业之一，拥有领先的工艺制造能力、产能优势、服务配套，向全球客户提供 0.35μm 到 FinFET 不同技术节点的晶圆代工与技术服务。中芯国际总部位于上海，拥有全球化的制造和服务基地：在上海、北京、天津、深圳建有三座 8 英寸晶圆厂和四座 12 英寸晶圆厂；在上海、北京、天津各有一座晶圆厂在建中；在台湾地区和香港地区设立了营销办事处和代表处。中芯国际还在美国、欧洲和日本设立了营销代表处。中芯国际的技术能力包含逻辑电路、混合信号/射频电路、高压电路、系统级芯片、嵌入式及其他存储器等。中芯国际不仅是一个芯片代工厂，还为客户提供一整套增值服务，从设计服务、掩模制造、芯片制造到测试服务等。封装、终测服务则由第三方供应商来提供。

上海华虹（集团）有限公司（简称华虹集团）是以集成电路制造为主业的国有"8＋12 英寸"集成电路制造产业集团。旗下上海华虹宏力半导体制造有限公司在上海建有三座 8 英寸晶圆厂，月产能约 18 万片；华虹半导体（无锡）有限公司有一座月产能 6.5 万片的 12 英寸晶圆厂，是全球第一条 12 英寸功率器件代工生产线。

华润上华科技有限公司是华润微电子的核心成员企业，公司采用 0.11～0.5μm 的生产技术制造集成电路及功率分立器件。华润上华的集成电路和功率器件被广泛应用于消费类电子、通信器件、个人计算机、汽车电子和工业类产品等终端市场。华润上华的模拟和功率工艺技术包括数模混合信号、BCDMOS、BiCMOS、平面和挖槽 DMOS，同时依然为客户提供核心的 CMOS 逻辑工艺（包括电可擦除只读存储器）。

表 1.2 所示为境外主要代工厂家及其主导（特有）工艺。

表 1.2　境外主要代工厂家及其主导（特有）工艺

欧 洲 地 区	美 国	新 加 坡	韩 国	中国台湾地区
STM （CMOS/BiCMOS）	Global Fourdries （CMOS/BiCMOS）	Chartered（特许） （CMOS/BiCMOS）	Samsung （三星）	TSMC（台积电） （CMOS/BiCMOS）
AMS （CMOS/BiCMOS）	Agilent （CMOS）			UMC（联电） （CMOS/BiCMOS）
OMMIC　（GaAs）	Tower （SiGe）			Win（稳懋） （GaAs）

上述集成电路无生产线设计与代工制造的 F&F（Fabless and Foundry）模式体现着分工合作的现代大生产潮流。但是，要采用这种模式开展集成电路设计人才培养、技术研究和小规模创业，仍有一系列问题需要解决。首先，F&F 模式是一条很长的技术和管理链，链中存在着各种环节。同时，如上所述，无生产线 IC 设计与代工制造之间需要建立信息流和物流的渠道。要连通技术和管理的所有环节，不仅要开辟信息流和物流的全部渠道，还需要投入巨大的人力、物力和财力。

因此，工业发达国家通过组织无生产线 IC 设计的芯片计划来促进集成电路设计的专业发展、人才培养、技术研究和中小企业产品开发，已经取得成效。其做法是，由政府有关部门资助；由一至几所大学或研究所作为龙头单位，负责人员培训、技术指导、版图汇总、组织芯片的工艺实现、性能测试和封装；各大学微电子学科的教师、本科生和研究生，研究机构的课题组及中小电子企业作为工程直接受益群体，以自愿的形式参加，按占用芯片面积支付芯片制造费，并支付必要的人员培训、芯片测试与封装等费用；工艺实现单位按协议参加芯片工程，从芯片制造和日后的批量生产中得到利益；电路设计自动化软件提供单位按协议参加芯片工程，优惠提供软件产品，通过扩大产品销量和开辟潜在市场得到利益。

在这样的芯片工程中，除 IC 设计工具代购和人才培训之外，芯片工程组织单位的一项重要任务，就是开展多项目晶圆 MPW（Multi-Project Wafer）技术服务。

MPW 技术最初是集成电路研发机构为降低芯片开发成本而引入的芯片制造技术。现在国际上主流的硅片直径为 12 英寸。如果在同一硅片上只试制一种集成电路，芯片研发的成本可能就非常高。例如，单纯制作 180nm CMOS 工艺的一套掩模就需要支付数万美元，一次流片又要支付上万美元。如果将 5～10 万美元的费用仅用于一种芯片的试制，且不是一次流片成功，费用和风险就太高了，不要说一个学校或研究所的研究课题，就是一个大型公司的项目，都难以承担。芯片、宏芯片和以宏芯片为单元步进构成的多项目晶圆如图 1.7 所示，MPW 技术把几到几十种工艺上兼容的芯片拼装到一个宏芯片（Macro-Chip）上，然后以步进的方式排列到一到多个晶圆上。这样可使昂贵的制版和硅片加工费用由几十种芯片分担。如果同时加工 50 种芯片，则每种芯片的制造费用大约减少到单独制造时的 1/50，从而极大地降低了芯片的研制成本。事实上，在一个晶圆上还可以通过变换版图数据交替地布置多种宏芯片。

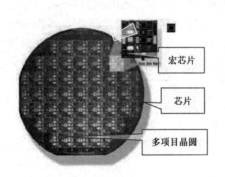

图 1.7　芯片、宏芯片和以宏芯片
为单元步进构成的多项目晶圆

1.4　集成电路设计的知识范围

集成电路发展到 SoC，既不再是模拟的"放大器"或数字的"与非门"一类的基本单元电路的概念，也不再是模拟的"锁相环"或数字的"全加器"一类的功能电路的概念，甚至不再是模拟的"接收机"或数字的"CPU"一类子系统的概念，而是变成了包含多种模拟和数字子系统、硬件和软件功能的复杂的信息处理系统。因此，集成电路设计需要的知识范围已大大扩展。概括起来可分为以下 4 个方面。

1. 系统知识

这里的系统范围很广：对于计算机学科，有计算机的软件系统和硬件系统；对于通信学科，有程控电话系统、无线通信系统、光纤通信系统等；对于信息学科，有各种信息处理系统；对于控制学科，有各种控制系统。如果说以往从事系统研究的工程师是在器件和电路工程师完成的工作基础上构建系统，到了 SoC 时代，系统工程师必须亲自参与 SoC 级别集成电路的设计。另外，以往的器件和电路工程师在 SoC 时代必须熟悉系统，以实现 SoC 的设计。这就是说，所有的集成电路设计工程师都必须掌握一定的系统知识。这些知识包括软件和硬件两个方面。对于从事前端设计的工程师来讲，对系统的理解必须达到精通的程度。

2．电路知识

既然是集成电路设计，电路知识就是核心知识。集成电路设计工程师，特别是在逻辑门级、晶体管级和版图级从事设计的工程师，必须对各类功能电路和基本单元电路的原理和设计技术达到融会贯通的程度。集成电路设计相对于数字电路、模拟电路和模数混合电路设计而言，需要更多的知识、技术和经验。射频电路 RFIC、微波单片集成电路 MMIC、毫米波单片集成电路 M^3IC、Gb/s 速度级超高速集成电路的设计，更需要特殊的知识、技术和经验。

3．工具知识

从 VLSI 到 SoC，芯片上晶体管的数目达到了数千万量级，它们形成的网络方程的阶数可能达到同样级数。我们知道，小于 10 阶的线性方程也许还可以用手工求解，10 阶以上就很难想像用手工计算了。何况晶体管本身是非线性器件，由它们组成的网络方程是高度复杂的非线性方程。另外，系统级芯片不仅包含硬件部分，还包含软件部分。这样的芯片绝不是用手工可以分析和设计的。事实上，从小规模集成电路开始，人们就引入了计算机辅助设计（CAD, Computer-Aided Design）技术，开发了一系列 CAD 软件工具。SPICE 程序就是著名的集成电路分析程序，经过 30 余年的发展，如今已成为集成电路设计的工业标准。

随着设计自动化程度的提高，出现了如 Cadence、Synopsis 和 Mentor Graphics 等开发电子设计自动化（EDA, Electronic Design Automation）软件的专业公司，开发出一系列 EDA 软件工具。现在，从功能验证，逻辑分析和综合，电路分析到版图设计都有多家公司提供的多种类型软件工具的支持。

因此，集成电路设计工程师必须根据所从事的设计任务和内容掌握相应的软件工具。例如，在逻辑电路级从事设计的工程师就需要掌握 VHDL 或 Verilog HDL 等硬件描述语言及相应的分析和综合工具。在晶体管级从事电路设计的工程师就需要掌握 SPICE 或类似的电路分析工具。设计版图时则需要版图设计工具。

4．工艺知识

集成电路的设计，特别是涉及后端（Back-end），即物理层（Physical Layer）的设计与工艺制造息息相关。无生产线加代工模式的 IC 设计工程师虽然不需要直接参与集成电路的工艺流程，掌握工艺的每个细节，但掌握 IC 设计所用元器件的特性和物理数学模型，了解制造工艺的基本原理和过程，对于 IC 的成功设计是大有帮助的。事实上，集成电路设计工程师，最好熟悉集成电路制造过程中，从芯片外延和掩模制作，一步步光刻，材料淀积和刻蚀，杂质扩散或注入，一直到滑片封装的全过程，关心每步工艺对元器件和电路性能的影响，这样才能读懂代工工艺厂家提供的设计文件（Design Kits），全面地利用，甚至充分地挖掘工艺的潜力，在现有工艺的基础上，成功地创造出功能最强和性能最佳的集成电路。

思 考 题

1．按规模划分，集成电路的发展已经经历了哪几代？它的发展遵循了一条业界著名的定律，请说出是什么定律？

2．什么是无生产线集成电路设计？列出无生产线集成电路设计的特点和环境。

3．简述我国集成电路产业面临的发展机遇与存在的主要问题。

4．多项目晶圆（MPW）技术的特点是什么？对发展集成电路设计有什么意义？

5．集成电路设计需要哪 4 个方面的知识？

第2章 集成电路材料、结构与理论

2.1 集成电路材料

材料按导电性能可以分为导体、半导体和绝缘体三类。如果说电气系统主要应用导体和绝缘体2类材料，电子系统特别是微电子系统则应用所有的3类材料。具体到集成电路制造，所应用到的材料分类情况如表2.1所示。

表2.1 集成电路制造所应用到的材料分类

分　类	材　料	电　导　率
导体	铝、金、钨、铜等	$10^5\,\text{S}\cdot\text{cm}^{-1}$
半导体	硅、锗、砷化镓、磷化铟等	$10^{-9}\sim10^2\,\text{S}\cdot\text{cm}^{-1}$
绝缘体	SiO_2、$SiON$、Si_3N_4等	$10^{-22}\sim10^{-14}\,\text{S}\cdot\text{cm}^{-1}$

集成电路虽然是导体、半导体和绝缘体三种材料有机组合形成的系统，但相对于其他系统，半导体材料在集成电路的制造中起着根本性的作用。集成电路通常是制作在半导体衬底材料之上的；同时，集成电路中的基本元件是依据半导体的特性构成的。

半导体材料之所以得到广泛的应用，是因为它具有以下特性：

① 通过掺入杂质可以明显改变半导体的电导率。例如，在室温30℃时，在纯净锗中掺入亿分之一的杂质，电导率会增加几百倍。正是因为掺杂可控制半导体的电导率，才能利用它制造出各种不同的半导体器件。

② 当半导体受到外界热的刺激时，其导电能力将发生显著变化。利用这种热敏效应可制成热敏器件。另外，热敏效应会使半导体的热稳定性下降，所以由半导体构成的电路中常采用温度补偿等措施。

③ 光照也可以改变半导体的电导率，通常称为半导体的光电效应。利用光电效应可以制成光敏电阻、光电晶体管、光电耦合器等。

④ 多种由半导体形成的结构中，当注入电流时，会发射出光，从而可制造出发光二极管和激光二极管。

表2.2所示为多种半导体材料的几个重要物理特性。

表2.2 相关半导体材料的重要物理特性[1]

参数\材料	带隙宽度 E_g/eV	能带结构	折射率 n	相对介电常数 ε_r	晶格常数/nm	迁移率/（cm^2/(V·s)）	
						μ_e	μ_h
Si	1.11	间接 100	3.44	11.7	0.543	1 350	480
Ge	0.67	间接 111	4.00	16.3	0.566	3 900	1 900
AlAs	2.16	间接	3.0	12.0	0.566	1 000	~100
GaAs	1.43	直接 000	3.4	12.0	0.565	8 600	400
InP	1.28	直接 000	3.37	12.1	0.587	4 000	650
InAs	0.36	直接 000	3.42	12.5	0.605 8	30 000	240

在半导体材料中，硅（Si, Silicon）、砷化镓（GaAs, Galliumar senide）、磷化铟（InP, Indiumphosphide）、锗硅（SiGe, Germanium-silicon）和氮化镓（GaN, Gallium nitride）是最基本的几种。以

这些材料为衬底，可以做出复杂的材料系统、不同的固态器件和集成电路。下面将详细叙述这些材料的特性及应用。

2.1.1　硅

硅（Si）是现代微电子工业的基础。在过去的 40 年中，基于硅材料的多种工艺技术得以发展，并达到成熟，如双极型晶体管（BJT）、结型场效应管（J-FET）、P 型场效应管（PMOS）、N型场效应管（NMOS）、互补型金属-氧化物-半导体场效应管（CMOS）及双极型管 CMOS（BiCMOS）等。就集成度而言，几十 Gb 以上的 DRAM 已经开发成功[2, 3]，2022 年采用 7nm 工艺制造的微处理器的总晶体管数已超过 400 亿个[4]，最大的芯片面积已接近 1000 mm²。与此同时，先进工艺线的晶圆直径已达到 300 mm（12 英寸）。芯片的速度也越来越快，采用 10nm 工艺实现的芯片数据传输速度已超过 100 Gb/s[5]。市场上 90%的 IC 产品都是基于 Si 工艺的。

因为原材料来源丰富，技术成熟，硅基产品保持价格低廉。在满足性能指标的情况下，硅基集成电路自然作为系统集成的首选方案。

近些年来，基于 Si 和 Ge 的 HBT（异质结双极型晶体管）技术有了快速的发展[6]。与基于Ⅲ/Ⅳ族材料的 HBT 技术相比，它的优越性同样在于其低廉的 Si 原材料价格。举例来说，6 英寸砷化镓晶圆的价格约为 400 美元，而 6 英寸硅晶圆的价格只有 25 美元。

2.1.2　砷化镓

GaAs 和其他Ⅲ/Ⅳ族化合物器件之所以能工作在超高速超高频，其原因在于这些材料具有更高的载流子迁移率和近乎半绝缘的电阻率等。器件的速度取决于载流子通过有源区的时间及器件本身的寄生电容的充放电时间。GaAs 和其他Ⅲ/Ⅳ族化合物器件高的载流子迁移率和近乎半绝缘的电阻率等特性为提高器件速度提供了可能。此外，由于这些特性的存在，器件的寄生电容会有所减小，同时在较低的工作电压下载流子能更有效地加速，致使晶体管工作时所耗能量更低。

GaAs 是优良的Ⅲ/Ⅳ族化合物固态材料。经过数十年的努力，GaAs 工艺虽然还不能与 Si 工艺相比，但已经逐渐成熟。基于 GaAs 的 MESFET 和 HEMT 微波毫米波放大器、振荡器、混频器、开关、衰减器、调制器、限流器的工作频率可达 100 GHz，而高性能的数字 LSI 和 VLSI 也已经设计制造出来，并得到了广泛的应用。

GaAs 有比 Si 高得多的电子迁移率［GaAsr 的电子迁移率为 4×10^7 cm²/(V·s)，而 Si 电子迁移率为 9×10^6 cm²/(V·s)］，因此，GaAs 晶体管传输延迟远小于同类型的 Si 管，GaAs 管可工作在更高的数据速度上。

与 Si 相比，GaAs 有以下优点：

① GaAs 中非平衡少子饱和漂移速度为 4×10^7 cm²/(V·s)，大约是 Si ［9×10^6 cm²/(V·s)］的 4 倍，因此理论上可以制成更快的器件和 IC。Si 晶体管为了提高工作速度，遵循"摩尔定律"不断减小晶体管栅长，但是器件尺寸不能无限减小，只能通过改变基础的晶体管结构、各类型电路兼容工艺、先进封装等多种技术，来提升晶体管频率，而不再局限于缩小器件特征尺寸所带来的推力。

② GaAs 导带极小值和价带最大值都出现在布里渊区波矢为 0 处，而 Si 的导带最小值在不定点，所以在 GaAs 中，电子和空穴可直接复合，而 Si 不行。由于这一性质，GaAs 可用来制作发光器件，如发光二极管（LED）、激光二极管（LD）和光电集成电路（OEIC）。就这点而言，GaAs 在光纤数字传输系统中受到了更多的关注。

③ GaAs 中价带与导带之间的禁带为 1.43 eV，大于 Si 的 1.11 eV，所以稳态时，在 300 K 室温下，GaAs 本征激发中载流子密度（电子空穴对）（10^6 cm⁻³）远小于 Si（10^{10} cm⁻³）。这就带来了 3

个好处：GaAs 衬底是半绝缘的，在这样的衬底上可制作出高性能的器件，如电感、微波变压器及微波毫米波传输线；GaAs 器件和 IC 能工作在更高的温度；具有更好的抗辐射性能。

在兼顾速度与功耗这两个设计的重要因素时，GaAs 集成电路可提供更好的性能。在微波毫米波范围内，GaAs 集成电路已经处于主导地位。

GaAs 的集成电路主要基于 3 种有源器件：MESFET、HEMT 和 HBT。前两种与 Si 的结型场效应管（J-FET）原理类似，HBT 则与 Si 的双极型晶体管（BJT）原理类似。

2.1.3　磷化铟

在光纤系统中，磷化铟（InP）是最重要的Ⅲ/Ⅴ族化合物半导体材料。InP 的集成电路也主要基于 3 种有源器件：MESFET、HEMT 和 HBT。另外，与 GaAs 一样，InP 半导体中电子与空穴的复合也是直接进行的。所以，InP 适合制作发光器件和 OEIC。InP 突出的性能在于其 GaInAsP/InP 物质系统发出的激光波长位于 0.92～1.65 μm 之间[7]。这个波长范围正好覆盖了玻璃光纤的最小色散（1.3 μm）和最小衰减（1.55 μm）的两个窗口。因此，InP 器件和光电集成电路 OEIC（Opto-Electronic IC）广泛应用于光纤通信系统中。InP 技术的缺点在于还没有 GaAs 技术那样成熟。

2.1.4　锗硅

硅集成电路技术的线宽达到 10nm 的尺寸被认为是硅集成电路的"物理极限"。要突破上述"物理极限"就需要开拓新技术。Si 在微电子技术中占据着主导地位，但是因为其禁带不够宽，而且是间接跃迁型，一直无法应用在光电子学领域。所以在光电子学领域，经常是 GaAs、InP 等化合物半导体起主要作用。但是，化合物材料的提纯和制备都比较困难，而且起步较晚，发展比较缓慢，所以人们还是希望从已经成熟的 Si 工艺来发展光电子领域。

因此，锗硅（GeSi, Silicon germanium）于 20 世纪 80 年代问世，它能够和成熟的硅工艺兼容，是一种高于普通硅器件的高频半导体材料。Ge 的电子迁移率是 Si 的 2.6 倍，空穴迁移率是 Si 的 3.5 倍，而器件的速度取决于在一定电压下载流子被"推动"而通过期间的速度，所以 Ge 的注入在很大程度上提高了发射速度，增大了电流增益。Ge 的带隙宽度为 0.67V，而 Si 的带隙宽度为 1.12 V，所以其特性有较大的改善，便于作为 HBT 晶体管的基区以提高发射效率。用 SiGe 合金作为晶体管的基区，由于 Ge 的引入，使基区能带变窄，从而大大提高了发射区电子的注入效率。

SiGe 既拥有硅工艺的集成度和成本优势，又具有第 3 类到第 5 类半导体（GaAs）和磷化铟（lnP）速度方面的优点。只要增加金属和介质叠层来降低寄生电容和电感，就可以采用 SiGe 半导体技术集成高质量无源部件。此外，通过控制锗掺杂还可以设计器件随温度进行变化。

SiGe 器件的工作频率可高达 350 GHz。SiGe 器件还在噪声、功效、散热性能方面优于第 3 至第 5 类双极晶体管。硅基片的热导率是砷化镓（GaAs）的 3 倍。

2.1.5　氮化镓

氮化镓（GaN）是一种宽禁带Ⅲ-Ⅴ族化合物半导体，六方晶系铅锌矿型结构，为直接带隙半导体。室温禁带宽度为 3.39 eV。电子和空穴有效惯性质量分别为 0.19 和 0.6。电阻率大于 $107\Omega \cdot m$，电子迁移为 $(1.25～1.50)\times 10^{-2} m^2/(V \cdot s)$。GaN 通常采用化学气相淀积法制备。

GaN 材料的研究与应用是全球半导体研究的前沿和热点，并与 SiC、金刚石等半导体材料一起，被誉为是继第一代 Ge、Si 半导体材料、第二代 GaAs、InP 化合物半导体材料之后的第三代半导体材料。GaN 具有禁带宽度大、热导率高、耐高温、抗辐射、耐酸碱、高强度和高硬度等特性。GaN 作衬底比大的禁带宽度及蓝宝石等材料作衬底，散热性能好，有利于器件在大功率条件下工作，在光电子、高温大功率器件和高频微波器件应用方面有着广阔的前景。

GaN 材料制备的金属场效应晶体管（MESFET）、异质结场效应晶体管（HFET）、调制掺杂场效应晶体管（MODFET）等新型器件可耐受极度高温，并且其频率和功率特性远远高于硅、砷化镓、碳化硅，以及迄今为止所制造的所有半导体器件。此类器件的频率和功率处理能力，对于为技术领域带来革命的高级通信网络中的放大器、调制器和其他关键器件非常重要。

2.1.6 绝缘材料

如同电气系统那样，在 IC 的材料系统中，绝缘体起着不可缺少的作用。在制作 IC 时，必须同时制作器件之间、有源层及导线层之间的绝缘层，以实现它们之间的电隔离。在 MOS 器件中，栅极与沟道之间的绝缘更是必不可少的。绝缘层的其他功能包括：

① 充当离子注入及热扩散的掩模。

② 作为生成器件表面的钝化层，以保护器件不受外界影响。

SiO_2、$SiON$ 和 Si_3N_4 是 IC 系统中常用的几种绝缘材料。

随着连线的几何尺寸持续缩小，需要低介电常数的层间绝缘介质，以减小连线间的寄生电容和串扰。对于 250 nm 技术的产品，人们采用介电常数为 3.6 的 SiOF 介质材料；对于 180 nm 技术的产品，人们采用介电常数小于 3.0 的介质材料。

另外，对大容量动态随机存储器（DRAM）的要求，推动了低漏电、高介电常数介质材料的发展。同时，高介电常数介质材料还可以在逻辑电路、混合信号电路中用于滤波电容、隔离电容和数模转换用电容的制造。目前，高介电常数介质材料的发展集中在介电常数约为 25 的 CVD 解决方案上，远期的解决方案包括 PVD 和 CVD，预计将达到介电常数大于等于 100。

2.1.7 金属材料

金属材料[8]有 3 个功能：① 形成器件本身的接触线；② 形成器件间的互连线；③ 形成焊盘。

半导体表面制作了金属层后，根据金属的种类及半导体掺杂浓度的不同，可形成欧姆接触或肖特基型接触。

如果掺杂浓度足够高，隧道效应就可以抵消势垒的影响，就形成了欧姆接触。

铝、铬、钛、钼、铊、钨等纯金属薄层在 VLSI 制造中正逐步引起人们的兴趣，这是由于这些金属及合金有着独特的属性。例如，对 Si 及绝缘材料有良好的附着力，高电导率，可塑性，容易制造，并容易与外部连线相连。纯金属薄层用于制作与工作区的连线，器件间的互连线，栅极电容，电感传输线的电极等。

在硅基 VLSI 技术中，由于铝几乎可以满足金属连接的所有要求，因此被广泛用于制作欧姆接触及导线。随着器件尺寸的日益减小，金属连线的宽度越来越小，导致连线电阻越来越高，其 RC 常数成为限制电路速度的重要因素。要减小连线电阻，采用低电阻率的金属或合金成为值得优先考虑的方法。

只有在纯金属不能满足一些重要的电学参数、达不到可靠度的情况下，IC 金属工艺中才采用合金。硅铝、铝铜、铝硅铜及钨铼等合金已用于减小峰值、增大电子迁移率、增强扩散屏蔽和改进附着特性等，或用于形成特定的肖特基势垒。例如，在铝中多加 1%重量的硅，可使铝导线上的缺陷减至最少；在铝中加入少量的铜，可使电子迁移率提高 10～1000 倍；通过金属之间或与硅的互相掺杂可以增强热稳定性。

铜的电阻率为 1.7 μΩ·cm，比铝的电阻率（3.1 μΩ·cm）低，从而可以在相同条件下减少约 40%的功耗，能轻易实现更快的主频，并能减小现有管芯的体积。今后，以铜这种优良的导体来代替铝用于集成电路中晶体管间的互连将成为半导体技术发展的趋势。IBM 公司已经推出铜布线的 CMOS 工艺，并开始销售采用铜布线的 400 MHz Power PC 芯片。IBM 公司为苹果公司的新型 iBook 提供经过特殊设计的铜工艺芯片，这种耗能很低的芯片可以使 iBook 能够用一块电池工作一整天。

由于 GaAs 与 III/V 器件及 IC 被应用于对速度与可靠性要求很高的行业，如计算机、通信、军事、航空等，故对形成金属层所使用的金属有一定的限制。而 GaAs 和 InP 衬底的半绝缘性质及化学计量法是挑选金属时的附加考虑因素。由于离子注入的最大掺杂浓度为 3×10^{18} cm^{-3}，故不能用金属与高度掺杂的半导体（大于 3×10^{19} cm^{-3}）形成欧姆接触。这个限制促使人们在 GaAs 及 InP 芯片中采用合金作为接触和连接材料。在制作 N 型 GaAs 欧姆接触时采用金与锗形成的低共熔混合物，所以第一层、第二层金属必须和金锗欧姆接触相容，因此有许多金基合金系统得到应用。基于金的金属化工艺和半绝缘衬底及多层布线系统的组合有一个优点，即芯片上传输线和电感有更高的 Q 值。在大部分 GaAs IC 工艺中都有一个标准的步骤，即把第一层金属布线与形成肖特基势垒和栅极形成结合起来。实际上，多层布线系统如 Ti/Pt/Au 或 Ti/Pd/Au 同时被用于肖特基势垒。

金属硅化物具有类似于金属的电阻率、化学稳定性、耐高温性，故在制作低阻栅极、导线、欧姆接触及肖特基势垒接触中引起了人们的关注。铂、钯、钼、钛、钽、钨的硅化物正被研究用于制作基本门单元及 VLSI 电路连线。金属层数也是工艺中的一个重要特性。在 IC 技术发展的早期，采用的是单层布线，故网络的交叉线问题很难解决。现在几乎所有的 IC 技术都采用至少两层金属，交叉线不再成为问题。不过，很多的 VLSI 工艺中采用 3～4 层金属，其目的是提高晶体管的密度，提高自动布线的程度。现在，金属层已达 9～10 层。图 2.1 所示为深亚微米 CMOS 工艺之后将绝缘层腐蚀掉以后多层金属构成的"立交桥"结构。

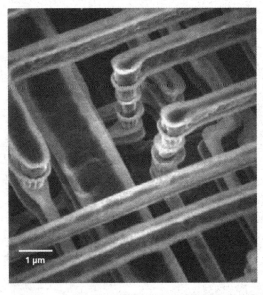

图 2.1　深亚微米 CMOS 工艺之后将绝缘层腐蚀掉以后多层金属构成的"立交桥"结构

对所有的 FET 技术而言，接触孔与栅电极的连接是最重要的。为了在减小栅长的同时减小栅极电阻，一些技术中采用了蘑菇型或称 T 形栅。

第一层金属主要用于器件本身的接触点及器件间的部分连线，这层金属通常较薄、较窄、间距较小。第二层金属主要用于器件间及器件与焊盘间的互连，并形成传输线。寄生电容大部分由两层金属及其间的隔离层形成。一些 VLSI 工艺中使用 7 层以上的金属，最上面一层通常用于供电及形成牢固的接地。其他较高的几层用于提高密度及方便自动化布线。

对于电路设计者而言，布线的工艺包含合理使用金属层，减小寄生电容或在可能的情况下合理利用寄生电容等。

2.1.8　多晶硅

多晶硅有着与单晶硅相似的特性，并且其特性可随结晶度与杂质原子的改变而改变，故被广泛用于微电子工艺。在 MOS 及双极型器件中，多晶硅可用来制作栅极、源极与漏极（双极型器件的基区与发射区）的欧姆接触、基本连线、薄 PN 结的扩散源、高值电阻等。多晶硅层可用溅射法、蒸发或 CVD 法沉淀。非掺杂的多晶硅薄层实质上是半绝缘的，电阻率为 300 Ω·cm。而要用于制作 MOS 栅极及欧姆接触，就必须掺杂。掺杂过程可在气相条件下，以氢气作为载体，用乙硼烷、砷或磷蒸气来完成[9]。多晶硅可用扩散、注入法掺杂，也可在沉淀多晶硅的同时通入杂质气体（In-Situ 法）来掺杂。扩散法形成的杂质浓度很高（大于等于 10^{21} cm^{-3}）①，故电阻率很小。注入法的电阻率约是它的 10 倍，杂质浓度为 10^{20} cm^{-3}，而 In-Situ 法的浓度为 $10^{20} \sim 10^{21}$ cm^{-3}。三种掺杂工艺中，后两种由于工艺温度低而在 VLSI 生产中被优先采用。通过不同杂质的组合，多晶硅的电阻率可被控制在 500～0.005 Ω·cm。

在多晶硅沉淀过程中加入定量的氮氧化合物可使其部分氧化，形成半绝缘层，这样可用于对器件进行钝化。此外，多晶硅的特性随着氧杂质的增多而改变，甚至其完全转化为 SiO_2。多晶硅里也可掺入杂质氮，直至完全变为氮化硅。

2.1.9　材料系统

半导体衬底可以由单原子材料（如 Si、Ge）或化合物（如 GaAs、InP）制成。在结构简单的材料上制作各种器件及 IC 的技术也较简单，但是，这些器件及 IC 的性能，如电流增益、晶体管速度、激光二极管的发光效率等，会受到不同程度的限制。因此，人们研究出众多更加复杂的材料系统，制作出许多新奇的器件与电路。所谓材料系统，是指在由一些基本材料（如 Si、GaAs 或 InP），制成的衬底上或衬底内，用其他物质再生成一层或几层材料。材料系统与掺杂过的材料之间的区别在于外来材料的种类与数量的多少。在掺杂材料中，掺杂原子很少，故只能看成杂质，其作用只是改变载流子的类型。而在材料系统中，外来原子的比率在几到几十个百分点之间。导入其他材料层的目的是形成特定的能带，改变载流子的传输性能。所以，材料系统的研究与应用又被称为能带工程[10]。

按导电性质划分，存在着半导体材料和半导体/绝缘体两种材料系统。

1. 半导体材料系统

半导体材料系统是指不同质（异质）的几种半导体（GaAs 与 AlGaAs、InP 与 InGaAs 和 Si 与 SiGe 等）组成的层结构。这种层结构可以通过生长的方式形成，也可以通过粘接的方式形成。

各种异质半导体的材料系统已得到如下的应用。

① 制作异质结双极型晶体管 HBT。HBT 的原理是：先把原始材料晶格上的原子用不同质外延材料的原子取代，形成 NPN 管的基区。外延层的化合价和晶格常数与原来材料的原子相同或接近，而外延层原子的禁带宽度比原始材料中的禁带宽度窄，因此基区空穴必须越过更高的势垒才能进入发射区。电流增益决定于发射区电子电流占基区空穴电流的比率。

② 制作高电子迁移率晶体管 HEMT。主要是在具有较低禁带的未掺杂的半导体材料中形成一种具有二维电子气的材料系统。

③ 制作高性能的 LED 及 LD。

---

① 每立方厘米中杂质原子数目超过 10^{21} 个。

2．半导体/绝缘体材料系统

顾名思义，半导体/绝缘体材料系统是半导体与绝缘体相结合的材料系统，其典型代表是绝缘体上硅（SOI，Silicon On Insulator）。基本的 SOI 材料制造技术有很多种，其中注入氧隔离（SIMOX，Separation by IMplanted OXygen）和晶片粘接最为成功。在 SIMOX 工艺中，SOI 衬底分两步得到：

① 在适当的注入能量和温度下先在衬底中注入适当量及适当速度的氧气。

② 在适当的温度环境下退火，这样，在硅薄膜下就形成了一层掩埋的氧化物（SiO$_2$）。

在晶片粘接技术中，SOI 衬底通过三步获得：

① 两片晶圆的一面被氧化。

② 这两片晶圆的氧化面相接触粘接在一起。

③ 上面的晶圆被研磨或腐蚀到所需要的厚度。

在 SOI 衬底上，可以形成 MOS 和双极型晶体管。由于在器件的有源层和衬底之间的隔离层厚，电极与衬底之间的寄生电容大大地减少，器件的速度更快，功率更低。

2.2　半导体基础知识

2.2.1　半导体的晶体结构

固体材料分为两类：晶体和非晶体。从外观看，晶体有一定的几何外形，非晶体没有一定的形状。用来制作集成电路的硅、锗等都是晶体，而玻璃、橡胶等都是非晶体。

在硅或锗晶体中，原子按一定的距离在空间有规律的排列。硅、锗均是 4 价元素，原子的最外层轨道上有 4 个价电子。这 4 个价电子不仅会受到自身原子核的作用，还会受到相邻原子核的作用。这样，每个价电子就不局限于单个原子，可以转移到相邻的原子上去，这种价电子共有化的运动就形成了晶体中的共价键结构。

2.2.2　本征半导体与杂质半导体

1．本征半导体

本征半导体是一种完全纯净、结构完整的半导体晶体。在热力学温度零度和没有外界能量激发时，价电子受共价键的束缚，晶体中不存在自由运动的电子，半导体是不能导电的。但是，当半导体的温度升高（如室温 300 K）或受到光照等外界因素的影响时，某些共价键中的价电子获得了足够的能量，足以挣脱共价键的束缚，跃迁到导带，成为自由电子。同时，在共价键中留下相同数量的空穴。空穴是半导体中特有的一种粒子，它带正电，与电子的电荷量相同。把热激发产生的这种跃迁过程称为本征激发。显然，本征激发所产生的自由电子和空穴数目是相同的。

由于空穴的存在，邻近共价键中的价电子很容易跳过去填补这个空穴，从而使空穴转移到邻近的共价键中去。而后，新的空穴又被其相邻的价电子填补，这一过程持续下去，就相当于空穴在运动。带负电荷的价电子依次填补空穴的运动与带正电荷的粒子做反方向运动的效果相同，因此把空穴视为带正电荷的粒子。可见，半导体中存在两种载流子，即带 $+q$ 电荷的空穴和带 $-q$ 电荷的自由电子。

在没有外加电场作用时，载流子的运动是无规则的，没有定向运动，所以不能形成电流。在外加电场作用下，自由电子将产生逆电场方向的运动，形成电子电流。同时，价电子也将沿逆电场方向依次填补空穴，其导电作用就像空穴沿电场方向运动一样，形成空穴电流。虽然在同样的电场作用下，电子和空穴的运动方向相反，但由于电子和空穴所带电荷相反，因此形成的电流是相加的，即顺着电场方向形成电子和空穴两种漂移电流。

2. 杂质半导体

如前所述，半导体材料的一个显著特性是通过掺入杂质（掺杂）可以明显改变半导体的电导率。杂质半导体就是利用这一特性而制作的。在本征半导体中掺入微量的杂质，半导体的导电性能就发生了显著改变，由此就可以制造出人们所期望的各种性能的半导体器件。根据掺入杂质性质的不同，杂质半导体可以分为 N 型半导体和 P 型半导体。

（1）P 型半导体

在本征半导体硅（或锗）中掺入少量的 3 价元素，如硼、铝或铟等，就可以构成 P 型半导体。如果在锗晶体中掺入少量的硼原子，掺入的硼原子取代了某些锗原子的位置。硼原子有 3 个价电子，当它与相邻的锗原子组成共价键时，缺少 1 个电子，产生 1 个空位。相邻共价键内的电子，只需得到极小的外界能量，就可以挣脱共价键的束缚而填补到这个空位上去，从而产生 1 个可导电的空穴。由于 3 价杂质的原子很容易接受价电子，因此称它为"受主杂质"。在 P 型半导体中，空穴为多数载流子，电子为少数载流子。

（2）N 型半导体

与 P 型半导体类似，为在半导体内产生多余的电子，可以将一种叫作施主杂质或 N 型杂质的原子掺入硅（或锗）的晶体内。施主原子在掺杂半导体的共价键结构中多余一个电子。在硅工艺中，典型的施主原子有磷、砷和锑。当一个施主原子加入半导体后，其多余的电子易于受热激发而挣脱共价键的束缚成为自由电子。自由电子参与传导电流，但它移动后，在施主原子的位置上留下一个固定的、不能移动的正离子，致使半导体仍保持中性。在 N 型半导体中，电子为多数载流子，空穴为少数载流子。

2.3 PN 结与结型二极管

2.3.1 PN 结的扩散与漂移

在一块完整的晶体上，利用掺杂的方法使晶体内部形成相邻的 P 型半导体区和 N 型半导体区，在这两个区的交界面处就形成了如图 2.2 所示的 PN 结。

图 2.2 中，在 P 型半导体中有多子——空穴，还有与空穴数目相等的不能移动的负离子，以及本征激发产生的电子-空穴对。而在 N 型半导体中有多子——自由电子和与电子数目相等的正离子，以及本征激发产生的电子-空穴对。由于两种半导体内带电粒子的正、负电荷相等，因此半导体内呈电中性。

由于 PN 结交界面两边的载流子浓度有很大的差别，载流子就要从浓度大的区域向浓度小的区域扩散。P 区中的空穴向 N 区扩散，在 P 区中留下带负电荷的受主杂质离子，而 N 区中的电子向 P 区扩散，在 N 区中留下带正电荷的施主杂质离子。由于 N 区中有大量的自由电子，由 P 区扩散到 N 区的空穴将逐渐与 N 区的自由电子复合。同样，由 N 区扩散到 P 区的自由电子也将逐渐与 P 区内的空穴复合。于是在紧靠接触面的两边形成了数值相等、符号相反的一层很薄的空间电荷区，称为耗尽层。这就是平衡状态下的 PN 结，如图 2.3 所示。

图2.2 PN 结的形成   图 2.3 平衡状态下的 PN 结

在耗尽区中正负离子形成了一个电场 ε，其方向是从带正电的 N 区指向带负电的 P 区的。这个电场一方面阻止扩散运动的继续进行；另一方面，将产生漂移运动，即进入空间电荷区的空穴在内建电场 ε 作用下向 P 区漂移，自由电子向 N 区漂移。漂移运动和扩散运动方向相反。在开始扩散时，内建电场较小，阻止扩散的作用较小，扩散运动大于漂移运动。随着扩散运动的继续进行，内建电场不断增加，漂移运动不断增强，扩散运动不断减弱，最后扩散运动和漂移运动达到动态平衡，空间电荷区的宽度相对稳定下来，不再扩大（一般只有零点几微米至几微米）。动态平衡时，扩散电流和漂移电流大小相等，方向相反，流过 PN 结的总电流为零。

2.3.2　PN 结型二极管

在图 2.2 所示的半导体结构的左右两面加上欧姆接触的电极，就得到图 2.4 所示的由 PN 结构成的半导体二极管。

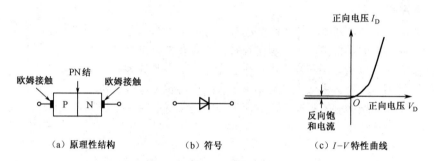

（a）原理性结构　　　　　（b）符号　　　　　（c）I–V 特性曲线

图 2.4　由 PN 结构成的半导体二极管

根据半导体物理，可得出结型半导体二极管方程为

$$I_D = I_S(e^{\frac{qV_D}{kT}} - 1) \tag{2.1}$$

式中，I_D 为二极管的电流；I_S 为二极管的反向饱和电流；q 为电子电荷；V_D 为二极管外加电压，方向定义为 P 电极为正，N 电极为负；k 为玻耳兹曼常数；T 为热力学温度。

根据式（2.1），画出半导体二极管的伏安（I–V）特性曲线，如图 2.4（c）所示。PN 结的最大电学特点是具有单向导电性，即在正向外加电压作用下，电流呈指数规律急剧增加；在反向电压作用下，最多只有一个很小的反向电流流通。

作为半导体器件的基本结构，PN 结存在于几乎所有种类的二极管、双极型三极管和 MOS 器件之中。

2.3.3　肖特基结二极管

在理解了上述 PN 结二极管的工作原理之后，可以比较容易理解由金属与掺杂半导体接触形成的肖特基结二极管的工作原理。如图 2.5 所示，金属与半导体在交界处形成阻挡层，处于平衡态的阻挡层对外电路呈中性。以 N 型半导体为例，当在金属端外加正电压时，从半导体到金属的电子数目超过从金属到半导体的电子数，平衡被打破，形成一股从金属到半导体的正向电流，该电流是由半导体中多数载流子构成的。加反向电压时，从半导体到金属的电子数目减少，金属到半导体的电子流占优势，形成从半导体到金属的反向电流。由于从金属到半导体的电子流是恒定的。当反向电压提高，使半导体到金属的电子流可以忽略不计时，反向电流将趋于饱和。可见，阻挡层具有类似于 PN 结的伏安特性。

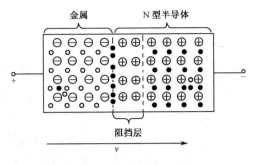

图 2.5　金属与半导体接触

在基于 GaAs 和 InP 的 MESFET 和 HEMT 器件中,其金属栅极与沟道材料之间形成的结就属于肖特基结。因此,它们的等效电路中通常至少包含栅-源和栅-漏两个肖特基结二极管。

2.3.4　欧姆型接触

在半导体器件与集成电路制造过程中,半导体元器件引出电极与半导体材料的接触也是一种金属-半导体结。但是我们希望这些结具有双向低欧姆电阻值的导电特性,也就是说,这些结应当是欧姆型接触,或者说,这里不应存在阻挡载流子运动的"结"。工程中,这种欧姆接触通过对接触区半导体的重掺杂来实现。理论根据是:通过对半导体材料重掺杂,使集中于半导体一侧的结(金属中有更大量的自由电子)变得非常薄,以至于载流子可以容易地利用量子隧穿效应相对自由地传输。

2.4　双极型晶体管

2.4.1　双极型晶体管的基本结构

在半导体的晶体中形成两个靠得很近的 PN 结即可构成双极型晶体管[11]。这两个 PN 结将半导体分成三个区域,它们的排列顺序可以是 N-P-N 或者 P-N-P。前者称为 NPN 晶体管,后者称为 PNP 晶体管,结构示意图和电路符号如图 2.6 所示。三个区域分别称为发射区、基区和集电区,对应引出的电极分别称为发射极 E、基极 B 和集电极 C。E-B 之间的 PN 结称为发射结,C-B 之间的 PN 结称为集电结。

一般在制作时,发射区的掺杂浓度远远高于基区和集电区,基区做得很薄(以微米甚至纳米计),集电结的面积大于发射结的面积。因此,在使用时,E、C 两个电极是不能交换的。电路符号中 E 电极的箭头,表示正向电流的方向。

双极型集成电路的基本制造工艺将在 4.1 节中详细介绍。

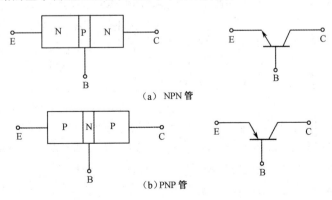

(a) NPN 管

(b) PNP 管

图 2.6　双极型晶体管结构示意图及电路符号

2.4.2　双极型晶体管的工作原理

由于晶体管有两个 PN 结，因此它有 4 种不同的运用状态：

① 发射结正偏，集电结反偏时，为放大工作状态。

② 发射结正偏，集电结也正偏时，为饱和工作状态。

③ 发射结反偏，集电结也反偏时，为截止工作状态。

④ 发射结反偏，集电结正偏时，为反向工作状态。

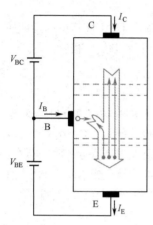

图 2.7　晶体管电流分配

在放大电路中，主要应用其放大工作状态。而在脉冲与数字电路中则主要应用其饱和状态和截止状态。下面，以 NPN 管为例简要给出晶体管的关键功能——电流放大作用。

如图 2.7 所示，在放大状态下，晶体三极管发射结通过外加电压 V_{BE} 正偏，集电结通过 V_{BC} 反偏。我们忽略所有其他效应，只讨论由正偏的发射结引起的内部载流子的传输过程。该过程可归纳为发射结的注入、基区中的输运与复合和集电区的收集。

由于发射结正偏，使发射结宽度变窄，扩散运动占优势。高掺杂发射区的大量电子注入到基区，形成电子电流 I_E。注入到基区的电子，成为基区的非平衡少子，将继续向集电结方向扩散。在扩散的过程中，有少部分的电子与基区中的多子空穴复合，形成基极复合电流 I_B，大部分电子到达集电结边界，并在集电结电场作用下，漂移到集电区形成集电极电子电流 I_C。双极型晶体管的放大作用就用正向电流放大倍数 β_F 来描述，β_F 定义为：

$$\beta_F = I_C / I_B \tag{2.2}$$

根据图 2.5 和图 2.6 所示的结构，当晶体管处于反向工作状态时，从原理上讲与放大状态没有本质上的不同。但由于晶体管的实际结构不对称，特别是在集成电路中，发射区嵌套在基区内，基区嵌套在集电区内，发射结比集电结小得多，反向电流放大倍数 β_R 比 β_F 小得多，因此这种工作状态基本不用。但在晶体管的模型中（见 6.3 节），对两个结的特性都有全面的描述。

2.5　MOS 场效应晶体管

2.5.1　MOS 场效应晶体管的基本结构

MOS（金属-氧化物-半导体）场效应晶体管，简称 MOS 晶体管、MOS 管或 MOS 器件，其核心结构是由导体、绝缘体与构成管子衬底的掺杂半导体这三层材料叠在一起组成的。此结构的基本作用是在半导体的表面感应出与原掺杂类型相反的载流子，形成一条导电沟道。根据形成导电沟道的载流子的类型，MOS 管被分为 NMOS 管和 PMOS 管。这两种类型的 MOS 管的典型物理结构和电路符号如图 2.8 所示。对 NMOS 管，它的半导体部分的结构包含由两个 N 型硅的扩散区隔开的 P 型硅区域。这层 P 型硅区域之上覆盖了由一个绝缘层和一个栅极的导电电极构成的夹层结构。作为完整器件，两个 N 型硅的扩散区分别通过与金属导体的欧姆接触，形成源极和漏极。由于结构上固有的对称性，源区和漏区之间无物理上的差别。与此类似，对 PMOS 管，它的半导体部分的结构包含由两个 P 型硅的扩散区隔开的 N 型硅区域。同样，这层型硅区域之上覆盖了由一个绝缘层和一个栅极的导电电极构成的夹层结构，两个 P 型硅的扩散区分别通过与金属导体的欧姆接触，形成源极和漏极。

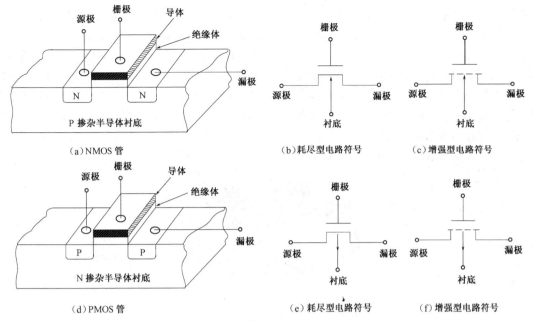

图 2.8　两种 MOS 管的物理结构与电路符号

在 MOS 管结构中，栅极为控制电极，它控制着漏和源之间沟道的电流。从原理上讲，为了有效地通过绝缘层建立起一个垂直的电场，以达到从衬底中把载流子吸引到半导体表面的目的，栅极应该具有导体的性质。事实上，早期的栅极材料采用的就是良导体金属铝。然而，由于采用铝作为栅极存在着掩模对准困难、栅长减小受限的问题，当代先进的 MOS 管工艺都采用多晶硅作为栅极导电材料。多晶硅材料是集成电路工艺中的"变色龙"：非掺杂的多晶硅薄层实质上是半绝缘的，电阻率约为 $300\,\Omega\cdot cm$，通过掺杂，其电阻率可以在很大范围内变化。多晶硅可用扩散、注入法掺杂，也可在沉淀多晶硅的同时通入杂质气体（In-Situ 法）来掺杂。扩散法形成的杂质浓度很高（大于等于 $10^{21} cm^{-3}$），故电阻率很小。注入法的电阻率约是扩散法的 10 倍，杂质浓度为 $10^{20} cm^{-3}$。而 In-Situ 法的浓度为 $10^{20}\sim10^{21} cm^{-3}$。在三种掺杂工艺中，后两种由于工艺温度低而在 VLSI 生产中被优先采用。通过不同杂质的组合，多晶硅的电阻率可被控制在 $500\sim0.005\,\Omega\cdot cm$。由于栅极处于绝缘状态，工作时几乎没有电流流过它，因此用重掺杂的多晶硅这样一种不良导体来代替铝栅，对 MOS 管的应用性能是没有影响的，并且在工艺上能够实现源、栅、漏诸电极位置的自对准（具体参见第 4 章），消除栅源和栅漏之间的套叠，从而使制成的 MOS 管有较好的电学性能。CMOS 表示 NMOS 和 PMOS 两种类型的 MOS 管制作在同一芯片上。

CMOS 工艺不断追求更小尺寸的 MOS 管以减小寄生，提高电路的工作速度。而随着 MOS 管的特征尺寸按比例缩小至 22 nm 时，短沟道效应的影响越来越显著[12]。仅仅通过降低栅氧层厚度或降低源漏结深等技术方法来改善传统的平面型 MOS 管的短沟道效应，已经遇到了瓶颈。虽然通过提高 MOS 管沟道的掺杂浓度依然能够减少 MOS 管的短沟道效应的影响，但是当掺杂浓度过大时，会增大库仑散射，降低沟道中的载流子迁移率，降低器件的工作速度，这与减小 MOS 管尺寸的目的相违背。而 MOS 管的亚阈值电流也成为妨碍 MOS 管尺寸进一步减小的主要因素。

1998 年，自对准的双栅 MOSFET 结构被提出，这种结构的 MOS 管因其形状像鱼鳍，从而被称为鳍型晶体管（FinFET）。1998 年，成功制造出第一个 N 型 FinFET，其栅长为 17 nm，沟道宽度为 20 nm，鳍高为 50 nm[13]。1999 年，成功制造出第一个 P 型 FinFET，其栅长为 17 nm，沟道宽度为 20 nm，鳍高为 50 nm[14]。

FinFET 是一种三维立体结构的晶体管，相比于过去平面型的 MOSFET，其栅极从上方和两个侧面包裹着沟道，能通过三面控制沟道的导通和关断。而传统的平面型 MOSFET，栅极位于沟道的正上方，只能从一面控制沟道的导通和关断。FinFET 的栅极是一种类似鱼叉的 3D 结构，而其栅极和源漏极并不在一个平面上。FinFET 的沟道由类似鱼鳍的从衬底凸起的高而薄的鳍组成，源极和漏极分布在鱼鳍的两端，而中间部分则被栅极所包裹，其结构如图 2.9 所示。FinFET 的沟道厚度非常小（图 2.9 中未示出），所以栅极和沟道内部的距离也相应缩小，与此同时，栅极与沟道的接触面积也会增大，进一步增强了栅极对于沟道的控制。因此，FinFET 的短沟道效应被明显的抑制，其亚阈值电流也明显减小。因此，相比于传统的平面型小尺寸 MOSFET，FinFET 不再需要提高沟道的掺杂浓度，其迁移率会大幅提高，从而提高了器件的工作速度。

图 2.9　FinFET 结构图

2.5.2　MOS 场效应晶体管的工作原理

参考图 2.8 所示的 NMOS 晶体管，如果没有任何外加偏置电压时，从漏到源是两个背对背的二极管。它们之间所能流过的电流就是二极管的反向漏电流。在栅电极下没有导电沟道形成。如果把源漏和衬底接地，在栅上加一足够高的正电压，从静电学的观点看，这个正的栅电压将要排斥栅下的 P 型衬底中可动的空穴电荷而吸引电子。电子在表面聚集到一定浓度时，栅下的 P 型层将变成 N 型层，即呈现反型。N 反型层与源漏两端的 N 型扩散层连通，就形成以电子为载流子的导电沟道。如果漏源之间有电位差，将有电流流过。不言而喻，外加在栅电极上的正电压越高，沟道区的电子浓度也越高，导电情况也越好。如果加在栅上的正电压比较小，不足以引起沟道区反型，器件仍处在不导通状态。引起沟道区产生表面反型的最小栅电压，称为阈值电压 V_T。

对于许多实际的 MOS 器件，往往用离子注入技术改变沟道区的掺杂浓度，从而改变阈值电压。对 NMOS 晶体管而言，注入 P 型杂质，将使阈值电压增加；反之，注入 N 型杂质将使阈值电压降低。如果注入剂量足够大，可使器件沟道区反型变成 N 型的。这时，要在栅上加负电压，才能减少沟道中电子浓度，或消除沟道，使器件截止。在这种情况下，阈值电压变成负的电压，称其为夹断电压。

根据阈值电压不同，常把 MOS 器件分成增强型和耗尽型两种器件。对于 N 沟 MOS 器件而言，将阈值电压 $V_T > 0$ 的器件称为增强型器件，将阈值电压 $V_T < 0$ 的器件称为耗尽型器件。PMOS 器件和 NMOS 器件在结构上是一样的，只是源漏衬底的材料类型和 NMOS 器件相反，工作电压的极性也正好相反。

在 CMOS 电路里，全部采用增强型的 NMOS 晶体管和 PMOS 晶体管。

2.5.3　MOS 场效应晶体管的伏安特性

在电学上 MOS 晶体管作为一种电压控制的开关器件。当栅-源电压 V_{GS} 等于开启电压 V_T 时，该器件开始导通。当源-漏间加一电压 V_{DS} 且 $V_{GS} = V_T$ 时，由于源-漏电压和栅-衬底电压而分别产生的电场水平和垂直分量的作用，沿着沟道就出现了导电。源-漏电压（即 $V_{DS} > 0$）所产生的电场水平分量起着使电子沿沟道向漏极运动的作用。随着源-漏电压的增大，沿沟道电阻的压降会改变沟道的形状。MOS 管的这个行为特性如图 2.10 所示。在沟道源极，栅极电压在使沟道反型过程中全部有效，然而在沟道漏极，只有栅极和漏极间的电压差才是有效的。当有效栅电压（$V_{GS}-V_T$）比漏极电压大时，随着 V_{GS} 的增加，沟道变得更深，这时沟道电流 I_{DS} 既是栅极电压也是漏极电压的函数，习惯上称这个区域为"线性"区，或"电阻"区，或"非饱和"区。如果 V_{DS} 大于 $V_{GS}-V_T$，即当 $V_{GD}<V_T$（V_{GD} 为栅-漏电压）时，沟道不再伸展到漏极，处于夹断状态，如图 2.10（c）所示。在这种情况下，导电是由于正漏极电压作用下电子的漂移机理所引起的。在电子离开沟道后，电子注入到漏区耗尽层中，接着向漏区加速。沟道夹断处的电压降不变，保持为 $V_{GS}-V_T$，这种情况为"饱和"状态。这时沟道电流受栅极电压控制，几乎与漏极电压无关。应注意耗尽层中没有可动的载流子，因而能够将沟道与衬底的其余部分隔离起来。实际上，由于沟道与衬底形成一个反偏 PN 结，如图 2.10（c）所示，因此流向衬底的电流很小。在源-漏电压和栅极电压固定的情况下，影响源极流向漏极（对于给定的衬底电阻率）的漏极电流 I_{DS} 大小的因素有：

① 源、漏之间的距离。

② 沟道宽度。

③ 开启电压 V_T。

④ 栅绝缘氧化层的厚度。

⑤ 栅绝缘层的介电常数。

⑥ 载流子（电子或空穴）的迁移率 μ。

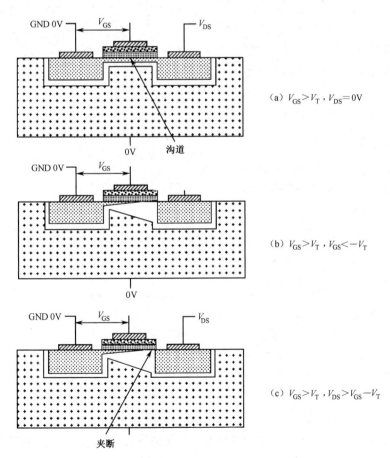

                （a）$V_{GS}>V_T$，$V_{DS}=0V$

                （b）$V_{GS}>V_T$，$V_{GS}<-V_T$

                （c）$V_{GS}>V_T$，$V_{DS}>V_{GS}-V_T$

图 2.10　在不同端电压影响下 NMOS 管的行为特性

一个 MOS 管的正常导电特性可分为以下区域。

① "夹断"区：这时的电流是源-漏间的泄漏电流。

② "线性"区：弱反型区，这时漏极电流随栅压的增大而线性增大。

③ "饱和"区：沟道强反型，漏极电流与漏极电压无关。

当漏极电压太高时，会发生称为雪崩击穿或穿通的非正常导电情况。在这两种情况中，栅极电已不能对漏极电流进行控制。

描述 NMOS 器件在三个区域中性能的理想表达式为

$$I_{DS} = \begin{cases} 0, & V_{GS}-V_T \leqslant 0 & \text{截止区} \\ K_N\left[(V_{GS}-V_T)V_{DS}-\dfrac{V_{DS}^2}{2}\right], & 0<V_{DS}<V_{GS}-V_T & \text{线性区} \\ \dfrac{K_N}{2}(V_{GS}-V_T)^2, & 0<V_{GS}-V_T<V_{DS} & \text{饱和区} \end{cases} \tag{2.3}$$

式中，I_{DS} 为漏极电流；V_{GS} 为栅-源电压；V_T 为器件的开启电压；K_N 为 NMOS 晶体管的跨导系数，与工艺参数及器件的几何尺寸有关，其关系为

$$K_N = \frac{\mu_N \varepsilon}{t_{ox}}\left(\frac{W}{L}\right) = K'\left(\frac{W}{L}\right) \tag{2.4}$$

式中，μ_N 表示沟道中电子的有效表面迁移率，ε 是栅绝缘层的介电常数，t_{ox} 是栅绝缘层的厚度，W 是沟道宽度，L 是沟道长度。因此，跨导系数 K_N 包括了一个与工艺有关的本征导电因子项（$K'=\mu_N \varepsilon /t_{ox}$）和一个几何尺寸有关项（$W/L$）。工艺有关项考虑了所有的工艺因素，如掺杂浓度、栅氧化层的厚度等，而几何尺寸有关项则与器件的实际版图有关。图 2.11 所示为式（2.4）MOS 器件方程式中各几何项与 MOS 物理结构的关系。

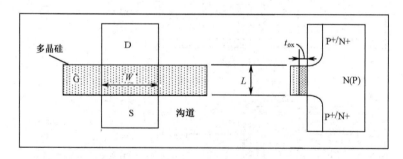

图 2.11　MOS 器件方程式中各几何项与 MOS 物理结构的关系

对于 N 型器件的典型值为：$\mu_N = 1350\ \text{cm}^2/(\text{V·s})$，$\varepsilon = 4\varepsilon_o = 4\times 8.85 \times 10^{-14}\ \text{F/cm}$，$t_{ox} = 500 \text{Å}$。因此，N 型器件的 K_N 典型值为

$$K_N = \frac{1350 \times 4 \times 8.85 \times 10^{-14}}{0.5 \times 10^{-5}} \cdot \frac{W}{L} \approx 9.56 \frac{W}{L} \quad \mu A / V^2$$

式（2.3）中的截止区公式所描述的截止区也称为次开启区，这时 I_{DS} 随 V_{DS} 和 V_{GS} 呈指数性增长。尽管 I_{DS} 的值很小（$I_{DS}\approx0$），但有限的 I_{DS} 值会影响那些与动态电荷存储有关的电路（如存储器单元）的性能。

图 2.12 所示为 NMOS 管和 PMOS 管工作在线性区和饱和区时的电压-电流特性曲线。应注意的是，我们采用了有关电压的绝对值，以便在同一坐标轴上绘制这些曲线。线性区与饱和区之间的分界线对应于条件 $|V_{DS}| = |V_{GS}-V_T|$，如图 2.12 所示的虚线。

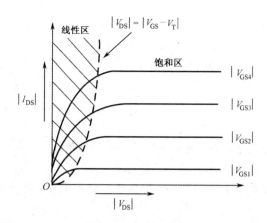

图2.12 NMOS 管与 PMOS 管的电压-电流特性曲线

将式（2.3）中的线性区公式对 V_{DS} 进行微分，可求出线性区的输出电阻（即沟道电阻），微分后得到输出电导

$$\lim_{V_{DS} \to 0} \frac{dI_{DS}}{dV_{DS}} \approx K_N (V_{GS} - V_T) \tag{2.5}$$

求倒数后得到沟道电阻 R_C，它近似为

$$R_C = \frac{1}{K_N (V_{GS} - V_T)} \tag{2.6}$$

式（2.6）表示电阻受栅-源电压的控制。式（2.6）所示的关系只对保持沟道中的迁移率为常数的栅-源电压才有效。然而，在饱和区（即 $V_{DS} > V_{GS} - V_T$），MOS 器件的行为特性更像电流源，电流几乎与 V_{DS} 无关。这可以通过式（2.3）中的饱和区公式得到证实，因为

$$\frac{dI_{DS}}{dV_{DS}} = \frac{d\left[\dfrac{K_N}{2}(V_{GS} - V_T)^2\right]}{dV_{DS}} = 0 \tag{2.7}$$

跨导 g_m 表示输出电流 I_{DS} 和输入电压 V_{GS} 之间的关系，定义如下

$$g_m = \left.\frac{\partial I_{DS}}{\partial V_{GS}}\right|_{V_{DS}=常数} \tag{2.8}$$

可以用 g_m 来衡量 MOS 器件的增益，在线性区为

$$g_{m\,(线性)} = K_N V_{DS} \tag{2.9}$$

在饱和区为

$$g_{m\,(饱和)} = K_N (V_{GS} - V_T) \tag{2.10}$$

例如，在线性区，N 型 MOS 管的跨导值为

$$g_{mN} = \left(\frac{\mu_N \varepsilon}{t_{ox}}\right)\left(\frac{W_N}{L_N}\right) V_{DS} \tag{2.11}$$

由于跨导必须为正值，因此对加在 P 型器件上的电压取绝对值。

集成电路由导体、绝缘体和半导体三大类材料构成。导体主要包括铝、金、钨、铜等金属、镍铬合金等合金和重掺杂的多晶硅。绝缘体主要包括 SiO_2、$SiON$、Si_3N_4 等硅的氧化物和氮化物。半导体主要包括硅、砷化镓、磷化铟等。在这三类材料中，半导体材料最为关键。通过掺杂，可以得到 P 型与 N 型两种导电类型的半导体。两种类型的半导体结合形成 PN 结，金属与半导体结合形成肖特基结，金属与重掺杂半导体结合形成欧姆结。其中，一个 PN 结或一个肖特基结加上一到两个欧姆结构成单向导电的二极管，两个背靠背的 PN 结加上三个欧姆结构成具有放大或开

关作用的双极型三极管，一个肖特基结加上两个欧姆结构成一个 MESFET 或 HEMT，一个金属-氧化物-半导体结构加上两个欧姆结构成一个 MOS 管。同样利用导体、绝缘体、P 型与 N 型两种导电类型的半导体的不同组合和结构可以构成连接线、电阻、电容、电感等无源元件。

思 考 题

1．为什么硅材料在集成电路技术中起着举足轻重的作用？

2．GaAs、InP、GeSi 和 GaN 材料各有哪些特点？

3．在怎样的条件下金属与半导体形成欧姆接触？在怎样的条件下金属与半导体形成肖特基接触？

4．说出多晶硅在 CMOS 工艺中的作用。

5．列出你知道的异质半导体材料系统。

6．SOI 材料是怎样形成的？有什么特点？

7．肖特基接触和欧姆型接触各有什么特点？

8．简述 FinFET CMOS 晶体管的结构特点与优势。

9．简述双极型晶体管和 MOS 晶体管的工作原理。

本章参考文献

[1] J. I. PanKove. Pratical Processes in Semiconductors. EnglewoodCliffs: Prentice-Hall, 1971.

[2] Chi-Sung Oh, Ki Chul Chun, Young-Yong Byun, et al.. A 1.1V 16GB 640GB/s HBM2E DRAM with a Data-Bus Window Extension Technique and a Synergetic On-Die ECC Scheme. Papers of 2020 ISSCC, 16-20 Feb 2020.

[3] Xiping Jiang, Fengguo Zuo, Song Wang, et al.. A 1596-GB/s 48-Gb Stacked Embedded DRAM 384-Core SoC With Hybrid Bonding Integration. Papers of 2022 ISSCC, 06 May 2022.

[4] Thomas Burd, Wilson Li, James Pistole, et al.. Zen3: The AMD 2nd-Generation 7nm x86-64 Microprocessor Core. Papers of 2022 ISSCC, 20-26 Feb 2022.

[5] Kim J, Balankutty A, Dokania R, et al.. A 112Gb/s PAM-4 transmitter with 3-Tap FFE in 10nm CMOS. 2018 IEEE International Solid-State Circuits Conference-(ISSCC). IEEE, 2018: 102-104.

[6] Wang H, Chen Y, Gao Y, et al.. A Quad Linear 56Gbaud PAM4 Transimpedance Amplifier in 0.18 μm SiGe BiCMOS Technology. 2019 32nd IEEE International System-on-Chip Conference (SOCC). IEEE, 2019: 165-170.

[7] Bowers J E，Pollack M A. Semiconductor lasers for telecommunications. Optical Fiber telecommunications II. Orlando: SEMiller and IPKaminow，Academic Press，1988.

[8] Einspruch N G，Cohen S S. VLSI Metallization. Orlando: Academic Press，1987.

[9] S. S. Cohen, G. Sh. Gildenblat. Singh R N. Metallurgical properties of thin conducting films. 2. Chapter in VLSI Metallization. Orlando: N. G. Einspruch, Academic Press，1987.

[10] Terauchi M，Yoshimi M，Murakoshi A，et al.. Suppression of the floating-body effects in SOI MOSFETs by bandgap engineering. Tech. Dig. 1995 Symp. on VLSI Technology，Kyoto/Japan，1995: 35-36.

[11] 曹培栋. 微电子技术基础——双极型、场效应晶体管原理. 北京：电子工业出版社, 2001.

[12] 李振贤. 基于先进工艺的超大规模 ASIC 芯片评估设计方法研究. 成都: 电子科技大学, 2020.

[13]　Hisamoto D, Lee W C, Kedzierski J, et al.. A folded-channel MOSFET for deep-sub-tenth micron era. IEDM Tech. Dig, 1998: 1032-1034.

[14]　Huang X, Lee W C, Kuo C, et al.. Sub 50-nm finfet: Pmos. International Electron Devices Meeting 1999. Technical Digest (Cat. No. 99CH36318). IEEE, 1999: 67-70.

第3章　集成电路基本工艺

IC 设计人员虽然不需要直接参与集成电路的工艺流程，了解工艺的每个细节，但了解 IC 制造工艺的基本原理和过程，对 IC 设计是大有帮助的。

IC 制造工艺包括基片外延生长、掩模（Mask）制造、曝光技术、氧化、刻蚀、扩散、离子注入、多晶硅沉积、金属层形成等。本章仅对主要工艺进行介绍。

3.1　外延生长

1. 外延生长的目的

半导体工艺流程中的基片是抛光过的晶圆基片，直径为 50～300 mm（2～12 英寸），厚度约为几百微米。

尽管有些器件和 IC 可以直接做在未外延的基片上，但大多数器件和 IC 都做在经过外延生长（Epitaxy）的衬底上。原因是未经过外延生长的基片通常不具有制作器件和电路所需要的性能。外延生长的目的是用同质材料形成具有不同掺杂种类及浓度而具有不同性能的晶体层。外延生长也是制作不同材料系统的技术之一。外延生长后的衬底适合于制作有各种要求的器件与 IC，且可进行进一步处理。

后来，随着工艺发展，人们可以采用不同的外延生长工艺制造出不同的材料系统。人们甚至可以在硅衬底上生长上 GaAs，在 GaAs 上生长上 InP。

2. 液态生长

液态生长（LPE，Liquid Phase Epitaxy）意味着在晶体衬底上用金属性的溶液形成一个薄层。在加热过的饱和溶液里放上晶体，再把溶液降温，外延层便可形成在晶体表面上。原理在于溶解度随温度的变化而变化[1]。

LPE 是最简单廉价的外延生长方法，在 III/IV 族化合物器件制造中有着广泛的应用。但其外延层的质量不高。尽管大部分 AlGaAs/GaAs 和 InGaAsP/InP 器件可用 LPE 来制作[2~4]，但已逐渐被 VPE、MOVPE、MBE 法取代。

3. 气相外延生长

气相外延生长（VPE，Vapor Phase Epitaxy）是所有在气体环境下在晶体表面进行外延生长技术的总称。在不同的 VPE 技术里，卤素（Halogen）传递生长法在制作各种材料的沉淀薄层中有大量应用。任何把至少一种外延层组成元素以卤化物形式通过衬底并发生卤素析出反应从而形成外延层的过程，都可以归入卤素传递法[5]。它在半导体工业中有重要的地位。用这种方法外延生长的基片，可以制作出很多种器件，如 GaAs、GaAsP、LED 管、GaAs 微波二极管、大部分的 Si 双极型管、LSI 及一些 MOS 逻辑电路等。尽管 MOVPE、MBE 等高可控性外延生长技术已经流行，卤素传递生长法在半导体器件制作中仍然占据重要的地位[6~8]。

Si 基片的卤素生长可在一个反应器中实现，如 $SiCl_4/H_2$ 系统。在水平的外延生长器中，Si 基片放在石英管中的石墨板上，$SiCl_4$、H_2 及气态杂质原子通过反应管。在外延过程中，石墨板被石英管周围的射频线圈加热到 1500℃～2000℃，在高温作用下，发生 $SiCl_4 + 2H_2 \rightarrow Si + 4HCl\uparrow$ 的反应，释放出的 Si 原子在基片表面形成单晶硅，典型的生长速度为 0.5～1 μm/min。

4．金属有机物气相外延生长

Ⅲ/Ⅴ族材料的金属有机物气相外延生长（MOVPE，Metalorganic VPE）中，所需要生长的Ⅲ族和Ⅴ族元素的原材料以气体混和物的形式进入反应器中加热的生长区，在那里进行热分解与沉淀反应。MOVPE 与其他 VPE 的不同之处在于它是一种冷壁工艺，只要将衬底控制到一定温度就行了。

MOVPE 便于多片和大片外延生长，实际上可生长所有的Ⅲ/Ⅴ族化合物。

5．分子束外延生长

与其他外延生长法不一样，分子束外延生长（MBE，Molecular Beam Epitaxy）只能在超真空中进行，基本工艺流程包含产生轰击衬底上生长区的Ⅲ族和Ⅴ族元素的分子束等。图 3.1 所示为一台英国 VG Semicom 公司的型号为 V80S-Si 的 MBE 设备关键部分的照片。MBE 几乎可以在 GaAs 基片上生长无限多的外延层。这种技术可以控制 GaAs、AlGaAs 或 InGaAs 上的生长过程，可以控制掺杂的深度和精度达到纳米级。经过 MBE 法，衬底在垂直方向上的结构变化具有特殊的物理属性。MBE 的不足之处在于产量偏低。

图 3.1 英国 VG Semicom 公司的型号为 V80S-Si 的 MBE 设备关键部分

3.2 掩模版的制造

1．掩模版

从物理上讲，任何半导体器件及 IC 都是一系列互相联系的基本单元的组合，如导体、半导体及在基片不同层上形成的不同尺寸的隔离材料等。要制作出这些结构需要一套掩模版（Mask，简称掩模）。一个光学掩模版通常是一片涂着特定图形的铬薄层的石英玻璃，一层掩模版对应一块 IC 的一层材料的加工。工艺流程中需要的掩模版必须在工艺流程开始之前制作出来。为了维持半导体工业的飞速发展，并迅速提高各种器件的性能，人们对掩模版的制造提出了更高的要求。

掩模版可分成整版及单片版两种。整版按统一的放大率印制，因此称为 1×掩模。这种掩模版在一次曝光中，对应着一个芯片阵列的所有电路的图形都被映射到基片的光刻胶上。单片版通常把实际电路放大 5 或 10 倍，故称作 5× 或 10× 掩模。这样的掩模版上的图案仅对应着基片上芯片阵列中的一个单元。上面的图案可以通过步进曝光机映射到整个基片上。

　　早期的掩模版制作方法如下：

　　① 首先进行初缩，把版图（layout）分层画在纸上，每一层掩模版有一种图案，尺寸为 50 cm×50 cm 或 100 cm×100 cm，贴在墙上，用照相机拍照。然后缩小为原来的 10%～20%，变为 5 cm×5 cm～2.5 cm×2.5 cm 或 10 cm×10 cm～5 cm×5 cm 的精细底片。

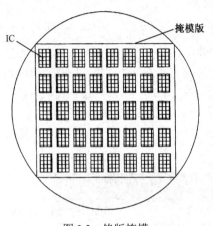

图 3.2　铬版掩模

　　② 将初缩版装入步进重复照相机，进一步缩小到 2 cm×2 cm 或 3.5 cm×3.5 cm，一步一幅印到铬（Cr）版上，如图 3.2 所示，形成一个阵列。

　　掩模版是用石英玻璃做成的均匀平坦的薄片，表面上涂有一层 60～80 nm 厚的 Cr 层，使其表面光洁度更高，称为铬版（Cr Mask）。

　　在接触式曝光方法中，掩模版尺寸和晶圆尺寸相同，对应于 3～8 英寸晶圆，需要 3～8 英寸掩模版。不过晶圆是圆的，掩模版是方的。

　　接触曝光制作的掩模版图案失真较大，因为：

　　① 版图画在纸上，热胀冷缩，受潮起皱，铺不平。

　　② 初缩时，照相机有失真。

　　③ 步进重复照相，同样有失真。

　　④ 从掩模版到晶圆上成像，还有失真。

2. 图案发生器方法

　　在图案发生器（PG，Patten Generator）方法中，规定版图的基本图形为矩形。任何版图都将分解成一系列各种大小、不同位置和方向的矩形条的组合，PG 方法中的矩形描述参数如图 3.3 所示。每个矩形条用 5 个参数进行描述：(X, Y, A, W, H)。

　　将这些数据按一定格式录在磁带上，用来控制如图 3.4 所示的一套 PG 方法掩模制版装置。再将制出的初缩版装入步进重复照相机制作掩模版。

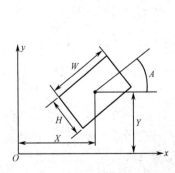

图 3.3　PG 方法中的矩形描述参数

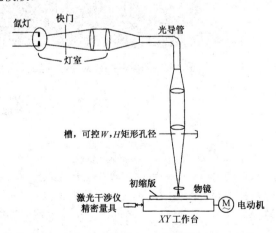

图 3.4　PG 方法掩模制版装置

3．X 射线制版

由于 X 射线（X-ray）具有比可见光短得多的波长，可用来制作更高分辨率的掩模版。X 射线掩模版的衬底材料与光学版不同，要求对 X 射线透明，而不是可见光或紫外线，它们常为硅或硅的碳化物，而金的沉淀薄层可使得掩模版对 X 射线不透明。X 射线可提高分辨率，但要想控制好掩模版上每一小块区域的扭曲度是很困难的[9]。

4．电子束扫描法

现在，装备先进的掩模公司、实验室、半导体制造厂都采用电子束来制作掩模，称为电子束扫描法（E-Beam Scanning）。这种技术采用电子束对抗蚀剂进行曝光，由于高速电子的波长很短，分辨率很高，高级的电子束制版设备的分辨率可达 50 nm，这就意味着电子束的步进距离为 50 nm，轰击点的大小也为 50 nm。

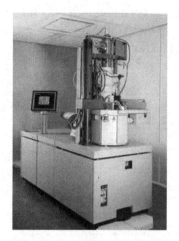

电子束制版可细分成三部分。

① 涂抗蚀剂：抗蚀剂采用 PMMA。

② 电子束曝光：曝光可用精密扫描仪，电子束制版的重要参数是电子束的亮度或电子束的能量。

③ 显影：用二甲苯显影。二甲苯是一种较柔和的有弱极性的显影剂，显像速度大约是 MIBK/IPA 的 1/8。用 IPA 清洗可停止显像过程[10]。

图 3.5　LEICA 公司的型号为 EBPG5000＋的电子束光刻装置

电子束制版可用于制造掩模和直接进行光刻。图 3.5 所示为 LEICA 公司的型号为 EBPG5000＋的电子束光刻装置。

3.3　光刻原理与流程

在 IC 的制造过程中，光刻是一道重要工序，其作用是把掩模上的图形转换成晶圆上的器件结构。

3.3.1　光刻步骤

1．晶圆涂光刻胶

① 清洗晶圆，在 200 ℃温度下烘干 1 小时，目的是防止水汽引起光刻胶薄膜出现缺陷。

② 待晶圆冷却下来，立即涂光刻胶。光刻胶有两种：负性（Negative）和正性（Positive）。使用负性光刻胶时，未感光部分能被适当的溶剂刻蚀，而感光的部分则留下，所得图形与掩模版图形相反，所以适合做接触孔（Contact）、通孔（Via）和焊盘（Pad）等窗口结构。使用正性光刻胶时，其感光部分能被适当的溶剂刻蚀，而未感光的部分则留下，所得图形与掩模版图形相同，所以适合做金属连线等长条形状[11]。常用的 OMR83 为负性光刻胶。光刻胶对大部分可见光灵敏，对黄光不灵敏，因此可在黄光下操作。

③ 涂光刻胶的方法如图 3.6 所示，光刻胶通过过滤器滴入晶圆中央，被真空吸盘吸牢的晶圆以 2 000～8 000 r/min 的转速高速旋转，从而使光刻胶均匀地涂在晶圆表面上。

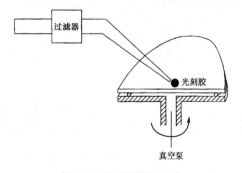

图 3.6　涂光刻胶的方法

④ 再烘干晶圆，将溶剂蒸发掉，准备曝光。

2．曝光

光源可以是可见光、紫外线、X 射线或电子束。曝光光量的大小和时间的长短取决于光刻胶的型号、厚度和成像深度。

3．显影

晶圆用真空吸盘吸牢，高速旋转，将显影液喷射到晶圆上，即可实现显影操作。显影后，用清洁液喷洗。

4．烘干

将显影液和清洁液全部蒸发掉。

3.3.2 曝光方式

曝光方式有接触和非接触两种[12, 13]。

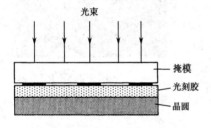

图 3.7 接触式光刻示意图

1．接触式光刻

如图 3.7 所示，在接触光刻方式中，把掩模以 0.05～0.3 标准大气压的压力压在涂光刻胶的晶圆上，曝光光源的波长在 0.4 μm 左右[14]。

技术关键在于，需要一股很粗的光束、一个很大的透镜，以及一套良好的光学系统。

图 3.8 中点光源产生的光经凹面镜反射得到发散光束，再经凸透镜变成平行光束，经 45° 反射后，投射到工作台上。

这套光学系统必须非常精密，还要配上微调（Alignment）用的双筒望远镜、微调机构、电动机驱动、自动送料机、工作台等。这种光刻机按晶圆大小分为 2～8 英寸等多种型号。

这种方式精确度较高，但是如果光束不平行，又接触不紧密、有间隙时，就会造成如图 3.9 所示的图像偏差。

例如，若 $\theta=3°$，$y+2d=10\ \mu m$，则有 $(y+2d)\tan\theta=0.5\ \mu m$，即光刻尺寸产生 0.5 μm 偏差。

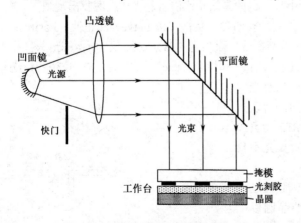

图 3.8 点光源到平行光转换系统

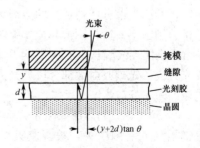

图 3.9 图像偏差

实际上，图像偏差还与光的波长有关。最高的分辨率通常定义为 $0.8\lambda/NA$，λ 是曝光光源的波长，NA 是投影光的数值孔径。要提高分辨率，一个直接的办法就是减小光源波长。例如，使用 248 nm 或 193 nm 的深紫外激光[15]，目前正在开发 157 nm 的更短波长曝光光源。另一个减小波长的办法是使用相移掩模。这种掩模提高了分辨率及工艺范围的潜力，从而可获得更高的产量。

要使掩模和晶圆之间全面地实现理想接触是不可能的，因为：

① 掩模本身不平坦。

② 晶圆表面有轻微凹凸。

③ 掩模和晶圆之间有灰尘。

LSI 芯片合格率不高，50%的原因在于非理想接触。此外，掩模和晶圆每次接触都会产生磨损，掩模消耗大，所以出现了非接触式光刻系统。

2．非接触式光刻

非接触方式又可分为接近式和投影式两种。在接近式光刻系统中，掩模和晶圆之间有 20～50 μm 的间隙，这样，磨损问题就可以解决了，但分辨率下降了。当λ<3 μm 时，无法工作。这是因为，根据惠更斯原理，小孔成像出现绕射，图形发生畸变，如图 3.10 所示。

在投影方式中，电路版图通过透镜或镜像系统被投影到基片上。

缩小投影曝光系统如图 3.11 所示。工作原理是，水银灯光源通过聚光镜投射在掩模上。

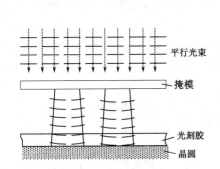

图 3.10 绕射产生图形畸变示意图

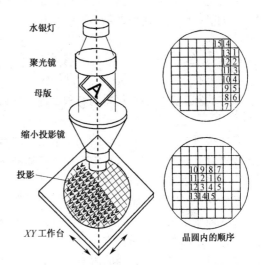

图 3.11 缩小投影曝光系统

这个掩模比晶圆小，但比芯片大得多。在这个掩模中，含有一个芯片或几个芯片的图案，称为母版（Reticle）。光束通过掩模后，进入一个缩小的透镜组，把母版上的图案缩小为原来的 5%～10%，在晶圆上成像。

这种缩小投影曝光系统的特点如下：

① 由于一次曝光只有一个母版上的内容，也就是只有一个或几个芯片，生产量不高。

② 由于一次曝光只有一个或几个芯片，要使全部晶圆面积曝光，就得步进。步进包括 XY 工作台的分别以芯片长度和宽度为步长的移动和母版内容的重复曝光。

投影方式分辨率高，且基片与掩模间距较大，不存在掩模磨损问题。

3.4 氧 化

硅的一个独有的特性是，可以在其表面生成非常均匀的氧化层而几乎不在晶格中产生应力，从而允许栅氧化层的制造薄到几十埃（只有几个原子层）。除了作为栅的绝缘材料，二氧化硅在很多制造工序中可以都作为保护层。在器件之间的区域，也可以生成一层称为"场氧"（FOX）的厚 SiO_2 层，使后面的工序可以在其上制作互连线，如图 3.12 所示。

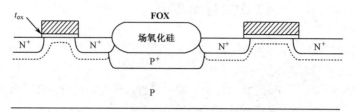

图 3.12　场氧

二氧化硅是将裸露的硅片放在 1000℃ 左右的氧化气氛（如氧气）中生长而成的。其生长速度取决于氧化气氛的类型和压强、生长的温度及硅片的掺杂浓度。

栅氧化层的生长是非常关键的一道工序。因为氧化层的厚度 t_{ox} 决定了晶体管的电流驱动能力和可靠性，所以其精度必须控制在几个百分点以内。例如，在晶片上相距 20 cm 的两个晶体管，它们的氧化层厚度差必须小于几埃，这就要求整个晶片上的氧化层厚度具有极高的均匀性，并因此要求氧化层缓慢生长。其下面的硅表面的"清洁程度"也会影响沟道中载流子的迁移率，并会因此影响晶体管的电流驱动能力、跨导和噪声。

3.5　淀积与刻蚀

器件的制造需要各种材料的淀积。这些材料包括多晶硅、隔离互连层的绝缘材料和作为互连的金属层。

在厚绝缘层上生长多晶硅的一个常用方法是"化学气相淀积"（CVD）。这种方法是将晶片放到一个充满某种气体的扩散炉中，通过气体的化学反应生成所需的材料。在现代工艺中，通常采用低压 CVD 以获得更好的均匀性。

在制作不同的器件结构，如线条、接触孔、台式晶体管、凸纹、栅等的过程中，刻蚀是重要的一环。被刻蚀的材料有抗蚀剂、半导体、绝缘体、金属等。

刻蚀有湿法和干法两种方法。

湿法刻蚀首先要用适当的溶液浸润刻蚀面，溶液中包含有可以分解表面薄层的反应物。例如，SiO_2 在室温下可被 HF 酸刻蚀。在 VLSI 中，许多基本结构，如接触孔的面积变得越来越小。所以，湿法刻蚀的问题在于抗蚀剂中的小窗口会由于毛细作用而使得接触孔不能被有效地浸润。另外，被分解的材料不能被有效地从反应区中清除[17]。

干法刻蚀是用等离子体对薄膜线条进行刻蚀的一种新技术，按反应机理可分为等离子刻蚀、反应离子刻蚀（RIE）、磁增强反应离子刻蚀和高密度等离子刻蚀等类型，是大规模和超大规模集成电路工艺中不可缺少的工艺设备。如图 3.13 所示，RIE 发生在反应炉中，基片被放在一个已用氮气清洗过的托盘中的固定器上，然后，固定器被送进接收室中，在那里被接在下方的电极上。刻蚀气体通过左方的喷口进入刻蚀室。RIE 的基板是带负电的。因为正离子受带负电的基板吸引，最终以近乎垂

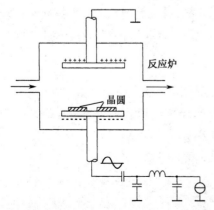

图 3.13　反应离子刻蚀（RIE）示意图

直的方向射入晶体，从而使刻蚀具有良好的方向性。

3.6 掺杂原理与工艺

1．掺杂目的

掺杂的目的是改变半导体的导电类型，形成 N 型层或 P 型层，以形成双极型晶体管及各种二极管的 PN 结，或改变材料的电导率。经过掺杂，原材料的部分原子被杂质原子代替，材料的导电类型决定于杂质的化合价，可用于制作隔离层。掺杂可与外延生长同时进行，也可在其后进行。例如，双极型硅 IC 的掺杂过程主要在外延之后，而大多数 GaAs 及 InP 器件和 IC 的掺杂与外延同时进行。

2．热扩散掺杂

热扩散是最早使用也是最简单的掺杂工艺，主要用于 Si 工艺。施主杂质可用磷（P）、砷（As）等，受主杂质可用硼（B）。为缩短少数载流子的寿命，也可掺杂少量的金。SiO_2 隔离层常被用作热扩散掺杂的掩模。在扩散过程中，温度与时间是两个关键参数。在生产双极型硅 IC 时，至少要二次掺杂，一次是形成基区，另一次是形成发射区。在基片方向上的掺杂浓度对于器件性能有重要意义。

图 3.14 所示为一个扩散炉的照片。

图 3.14　扩散炉

3．离子注入法

离子注入法于 20 世纪 50 年代开始研究，20 世纪 70 年代进入工业应用阶段。随着 VLSI 超精细加工技术的发展，现已成为各种半导体掺杂和注入隔离的主流技术。

离子注入机原理图如图 3.15 所示，离子注入机由离子源、质量分离器、偏移管、加速器、偏向系统及注入室等部分组成[18]。

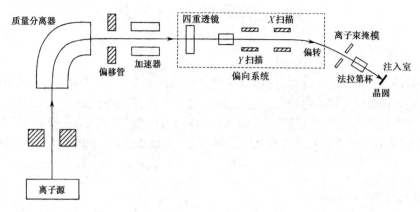

图 3.15　离子注入机原理图

离子注入机的工作原理如下：

① 把待掺杂物质（如 B、P、As 等）离子化。

② 利用质量分离器（Mass Separator）取出需要的杂质离子。分离器中有磁体和屏蔽层。由于质量和电量的不同，不需要的离子会被磁场分离，并且被屏蔽层吸收。

③ 通过加速器，离子被加速到一个特定的能级，如 10～500 keV。

④ 通过四重透镜，聚成离子束，在扫描系统的控制下，离子束轰击在注入室中的晶圆上。

⑤ 在晶圆上没有被遮盖的区域里，离子直接射入衬底材料的晶体中，注入的深度取决于离子的能量。

⑥ 最后一次偏转（Deflect）的作用是把中性原子分离出去。

⑦ 法拉第杯（Faraday Cup）的作用是用来吸收杂散的电子和离子。注入掺杂后，晶圆还要进行一次退火处理，以恢复衬底材料的晶格。

同热扩散相比，离子注入法的优点如下：

① 掺杂的过程可通过调整杂质剂量及能量来精确控制杂质分布。

② 可进行小剂量的掺杂。

③ 可进行极小深度的掺杂。

④ 较低的工艺温度，故光刻胶可用作掩模。

⑤ 可供掺杂的离子种类较多，离子注入法也可用于制作隔离岛。在这种工艺中，器件表面的导电层被注入的离子（如 O^+）破坏，形成绝缘区。

该方法的缺点是费用高昂。此外，在大剂量注入时，半导体晶格会遭到严重破坏且难以恢复。在许多工艺流程中，离子注入法常和其他方法混合使用。

思　考　题

1．写出晶体外延的意义，列出三种外延生长方法，并比较各自的优缺点。

2．写出掩模在 IC 制造过程中的作用，比较整版掩模和单片掩模的区别，列举 3 种掩模的制造方法。

3．写出光刻的作用，光刻有哪两种曝光方式？

4．X 射线制版和直接电子束直写技术替代光刻技术有什么优缺点？

5．说出半导体工艺中掺杂的作用，举出两种掺杂方法，并比较其优缺点。

6. 列出干法和湿法氧化法形成 SiO₂ 的化学反应式。

本章参考文献

[1] Long J A. Epitaxial growth methods for lightwave devices. Optical Fiber Telc-communication II. Orlando: S.E. Miller and I. P. Kaminow, Academic Press, 1988.

[2] Logan R A, Reinhart F K. Integrated GaAs-AlxGa1-xAs double-heterostructure laser with independently controlled optical output divergence. IEEE J. Quant. Electron. QE-11, 1975：461.

[3] Logan R A, et al.. GaInAsP/InP buried heterostructure formation by liquid phase epitaxy. Appl. Phys. Lett. 45, 1984：1275.

[4] Nordland W A, et al.. Modified single-phase LPE technique for In1-xGaxAs1-yPy laser structures. Electron. Lett. 20, 1984：806.

[5] Watanabe H. Halogen transport epitaxy. in Handbook of Crystal Growth 3. Amsterdam: D.T.J. Hurle, Elsevier, Amsterdam, et al. 1994.

[6] Seki H, Koukitou A. Thermodynamic calculation of the VPE growth of In1-xGaxAs1-yPy by the trichloride method, Jpn. J. Appl. Phys, 1985(24)：458.

[7] Vohl P. Vapor-phase epitaxy of InGaAsP and InP. J. Crystal Growth, 1981(54)：101.

[8] Cox H M, et al. Vapor-phase epitaxy of high purity InGaAs, InP, and InGaAs/InP multilayer structures. J. Crystal Growth,1985(73)：523.

[9] Alles D S, Thomson M G R. Electron-beam pattern generators at AT&T Bell Laboratories. in VSLI Electronics Microstructure Science. Orlando: N. G. Einspruch, Academic Press, 1987(16)：61.

[10] Hülsmann A, Kaufel G, Köhler K. GaAs/AlGaAs HEMTs with sub 0.5μm gatelength written by E-beam and recessed by dry-etching for direct-coupled FET logic (DCFL). Inst. Phys. Conf. Ser. 1990(112)：429-434.

[11] Siegel B M, Ion-beam lithography. Chapter 5 in VSLI Electronics Microstructure Science. Orlando: N. G. Einspruch, Academic Press, 1987(16).

[12] Gordon E I, Herriot D R. Pathways in device lithography. IEEE Trans. Electron. Dev, 1975(22)：371-375.

[13] Broers A N. Review of high-resolution microfabrication technique. Solid State Devices, Bristol, London: Inst. of Physics, 1977：155-177.

[14] Watts R K. Optical lithography. Chapter 1 in VSLI Electronics Microstructure Science. Orlando: N. G. Einspruch, Academic Press, 1987(16).

[15] Lawes R A, Future developments for optical mask technology. Microelectronic Engineering, 1994(23)：23-29.

[16] Einspruch N G , Wattes R K. Lithography for VLSI. Orlando: Academic Press, 1987.

[17] Gildenblat G S h, Cohen S S. Contact Metallization in VSLI Electronics Microstructure Science. Orlando: N. G. Einspruch, Academic Press, 1987(15).

[18] Ruge I. Halbleiter-Technologie, Springer, Berlin, Heidelberg. Berlin: Springer-Verlag Berlin, Heidelberg, 1975.

第 4 章　集成电路器件工艺

利用第 2 章介绍的 IC 制造材料和第 3 章介绍的基本制造工艺可以制造实现不同类型的元件，利用这些元件可以构成不同的逻辑集成电路形式，达到不同的电路规模，如表 4.1 所示。

表 4.1　不同材料对应的工艺、可形成的元件、逻辑集成电路形式和可达到的电路规模

材　料	工　艺	元　件	电路形式	电路规模
Si 硅	Si-Bipolar	D，BJT，R，C，L	TTL，ECL，CML	LSI
	NMOS	D，NMOS，R，C	NMOS，SCL	VLSI
	CMOS	D，P/N-MOS，R，C，L	CMOS，SCL	ULSI，GSI
	BiCMOS	D，BJT，P/N-MOS，R，C，L	ECL，CMOS	VLSI，ULSI
SiGe 锗硅	BiCMOS	D，HBT，P/N-MOS，R，C，L	ECL/SCL，CMOS	LSI，VLSI
GaAs 砷化镓	MESFET	D，LD，PD，MESFET，R，C，L	SCL	LSI，VLSI
	HEMT	D，LD，PD，HEMT，R，C，L	SCL	LSI，VLSI
	HBT	D，LD，PD，HBT，R，C，L	ECL，CML	MSI，LSI
InP 磷化铟	HEMT	D，LD，PD，HEMT，R，C，L	SCL，CML	MSI
	HBT	D，LD，PD，HBT，R，C，L	ECL，CML	MSI

表 4.1 中的英文缩写词注释如下。
- D：Diode，二极管。
- LD：Laser Diode，激光二极管。
- PD：Photo-Detector/Diode，光电探测器/二极管。
- BJT：Bipolar Junction Transistor，双极型三极管。
- HBT：Heterojunction Bipolar Transistor，异质结双极型三极管。
- MESFET：Metal-Semiconductor Field-Effect Transistor，金属半导体场效应晶体管。
- HEMT：High Electron Mobility Transistor，高电子迁移率晶体管。
- TTL：Transistor-Transistor-Logic，晶体管-晶体管逻辑。
- ECL：Emitter-Coupled-Logic，射极耦合逻辑。
- CML：Current-Mode-Logic，电流模逻辑。
- SCL：Source-Coupled-Logic，源极耦合逻辑。

集成电路特别是逻辑集成电路的类型包括以双极型硅为基础的 ECL 技术、PMOS 技术、NMOS 技术、CMOS 技术，以及双极型硅或硅锗异质结晶体管加 CMOS 的 BiCMOS 技术和 GaAs 技术。目前，占统治地位的是 CMOS 工艺。单纯采用双极型硅的 ECL 工艺仅在一定的场合得到应用，但以锗硅异质结晶体管（HBT）为元件的 ECL 电路和 BiCMOS 电路则异军突起，在高频、高速和大规模集成方面都展现出优势。

每种工艺都有各自的特点，最重要的两个特性是速度和功耗。人们追求的目标是高速低功耗。图 4.1 所示为几种 IC 工艺速度功耗区位图。由于这里速度是用门延迟来表示的，门延迟越小表示速度越高，因此工艺开发和电路设计的目标，即高速低功耗就变成向图 4.1 中的左下角靠近。由图 4.1 可以看出，GaAs 的潜在速度最高，而 CMOS 可以做到功耗最小。

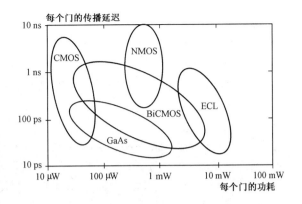

图 4.1 几种 IC 工艺速度功耗区位图

4.1 双极型集成电路的基本制造工艺

4.1.1 双极型硅工艺

由于双极型硅的高速度、高跨导、低噪声及阈值易控制的特性，在高速数字通信系统中，双极型硅技术被广泛应用。典型的应用包括低噪声高灵敏度放大器、微分电路、复接器、振荡器等。

图 4.2（a）所示为典型的双极型硅晶体管的剖面图。这样的晶体管用几张掩模就可进行加工。其缺点如下：

① 由于 B-E 结与基极接触孔之间的 P 型区域而形成较大的基区体电阻。

② 集电极接触孔下 N 区域导致较大的集电极串联电阻。

③ 因 PN 结隔离而形成较大的集电极寄生电容。

为了提高双极型晶体管的性能，科学家和工程师近几十年内做了大量研究。其中最重要的进展是晶体管水平与垂直尺寸的减小。

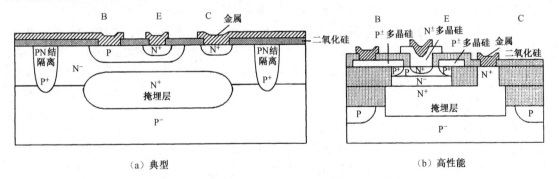

（a）典型　　　　　　　　　　　　　　　　　　　（b）高性能

图 4.2 早期的和先进的双极型硅晶体三极管结构

如图 4.2（b）所示，高性能晶体管具有如下特点：

① P+型多晶硅层用于基极的接触和连接。

② N+型多晶硅层用于发射极的接触。

③ 由于使用了多晶硅层，形成基极和发射极区域时采用了自对准工艺。

④ 基极的 P+低欧姆区域的形成减小了体电阻。

⑤ 重掺杂掩埋层用作集电极低欧姆连接，在此之上，一层薄外延层连接于内部集电极，这样可允许大电流通过。

⑥ 在掩埋层和集电极金属之间形成 N+掺杂区域，从而减小了集电极串联电阻。

⑦ 氧化区取代 PN 结形成器件的隔离，寄生电容大大减小。

⑧ 器件隔离区域下形成 P 型扩散区，防止了寄生 MOS 效应。

双极型晶体管的最高速度取决于通过基区到集电极耗尽层的少数载流子的传输速度、主要器件电容（如基区扩散电容和基区–集电极耗尽层电容）及向寄生电容充放电的电流大小。

4.1.2　HBT 工艺

过去，异质结双极型晶体管 HBT（Heterojunction Bipolar Transistor）在 GaAs 工艺方面首先取得进展。内部阈值电压的一致性和 Si 基 BJT 的成功制造曾激励人们去开发 GaAs 基的 BJT。但是，类似于 Si 基 NPN 型 BJT 的 GaAs 基同质结双极型晶体管并不具有令人满意的性能，主要原因如下。

对于高速、高性能 NPN 型 BJT，发射极注入因子 α_i 高，电子从发射极通过基区到集电极的传输时间 τ_T 短。为了维持高的 α_i，基区的掺杂浓度 N_a 必须限制在发射极掺杂浓度的百分之一。为了减小 τ_T，基区应制作得薄。但是，掺杂浓度低的基区越薄，基区体电阻 R_B 越高。基极的电阻也依赖于空穴的迁移率 μ_p。空穴的迁移率越低，R_B 越高。这样，相对低的 μ_p 对实现高性能的同质结双极型晶体管不利。这种情形出现在 GaAs 材料中，因为它的空穴迁移率 μ_p（约 250 cm^2/(V·s)）低于硅的 μ_p（约 600 cm^2/(V·s)），因此，很难预计 GaAs 同质结双极型晶体管有比硅基 BJT 更好的性能。

幸运的是，高性能的 AlGaAs/GaAs 异质结结构使得制造异质结双极型晶体管 HBT 成为可能，GaAs 同质结双极型晶体管的缺点得以回避。异质结双极型晶体管是指发射区、基区和集电区由禁带宽度不同的材料制成的晶体管。异质结双极型晶体管与传统的双极型晶体管不同，前者的发射极材料不同于衬底材料，后者的整体材料是一样的，因而称为异质结器件。异质结双极型晶体管的发射极效率主要由禁带宽度差决定，几乎不受掺杂比的限制，大大增加了设计的灵活性。其原理是在基区掺入 Ge 组分，通过减小能带宽度，使基区少子从发射区到基区跨越的势垒高度降低，从而提高发射效率，因而在很大程度上提高了电流放大系数 β。在满足一定的放大系数的前提下，基区可以重掺杂，并且可以做得较薄，这样就减小了载流子的基区渡越时间，从而提高器件的截止频率 f_T，这正是异质结在超高速、超高频器件中的优势所在。

典型的 AlGaAs/GaAs HBT 的剖面图如图 4.3（a）所示。HBT 有源层采用 MBE 或 MOVPE 外延技术制作在半绝缘体 GaAs 衬底上。首先，重掺杂的 N$^+$ GaAs 层作为掩埋集电极（BC）。其上部生成一轻掺杂的 N$^-$ 层作为内集电区，从而减小了基极与集电极的电容，提高击穿电压。再向上，一层非常薄的（小于 100 nm）P 掺杂 GaAs 被用作基区。最后，生成 N 掺杂 AlGaAs 层作为 HBT 的发射区。在进一步形成元件和电路的工艺步骤中，基极、发射极、集电极由一系列的金属层形成、光刻胶涂覆、光刻、刻蚀等工序形成。元件之间的隔离则由台阶蚀刻和离子注入形成。

通常，加正常偏置后的 HBT 的能带结构如图 4.3（b）所示。虚线表示用 GaAs 层，而不是 AlGaAs 层用作发射区的情形。由于 N$^-$-AlGaAs 发射极的宽带隙，基区的空穴很难注入发射区。由于空穴迁移引起的基极电流变小，发射极注入效应变高。另外，P$^+$ 型的 GaAs 基区的掺杂程度可以在不降低电流增益情况下大幅度提高。同时，基区掺杂浓度大幅度的提高允许生成很薄的基区而不导致很高的基区电阻。这样就形成了很低的 τ_T，得到很高的 f_T 和 f_{max}。

在模拟电路中，相对于电路的直流偏置电压和电流值，交流信号值较小，在小信号条件下，可以用线性等效模型来表征晶体管。常见的 HBT 小信号等效模型有 T 形和 π 形，其中，T 形小信号等效模型更接近器件的物理特性，而 π 形小信号等效模型在大信号电路，如振荡器、混频器和功率放大电路等非线性电路中的应用很广泛。因为在 SPICE、ADS 等电路 CAD 设计软件中，晶体管的 G-P 模型是大信号电路的标准模型，而 π 形等效电路模型正是 G-P 模型的小信号拓扑结构。因此 π 形等效电路模型也显得至关重要，HBT 的 π 形小信号等效电路模型如图 4.4 所示。

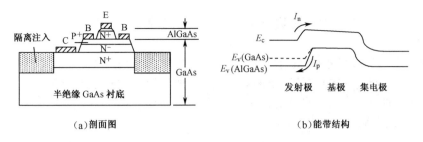

（a）剖面图 （b）能带结构

图 4.3 典型的 GaAs HBT 的剖面图和能带结构

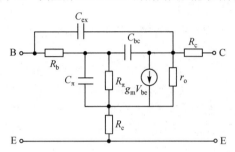

图 4.4 HBT 的 π 形小信号等效电路模型

其中，R_e、R_b、R_c 分别是发射极、基极和集电极的串联电阻与接触电阻之和，R_π 为基极-发射极电阻，C_π 为基极-发射极的电容，r_o 为集电极-发射极输出电阻，C_{bc} 为基极-集电极电容，C_{ex} 为表征集电极电容分布效应的电容。

HBT 的主要性能指标有：$I\text{-}V$ 输出特性、偏移电压、反向击穿电压、电流增益和截止频率。

除了上面讨论的 AlGaAs/GaAs 异质结构，GaAs 基的 HBT 也可以采用 GaInP/GaAs 异质结构构成。与 AlGaAs/GaAs 系统相比，GaInP/GaAs 材料系统的优点是易于制造，且由于价带差与导带差之比（即 $\Delta E_v / \Delta E_c$ 比值）高而便于能带调整。

InP 基的 HBT 则采用 InP/InGaAs 异质结制作，因为 InGaAs 与 InP 晶格匹配。InP/InGaAs HBT 电子迁移率更高，开启电压更低，因此速度更高，功耗更低，性能优于 GaAs HBT，特别适合用于实现光纤通信超高速 IC。

Ⅲ/Ⅴ 化合物构成的高速 HBT 的 f_T 和 f_{max} 已分别超过 300 GHz 和 360 GHz。宽带放大器的增益在大于 40 GHz 的频带内高于 16 dB。由 HBT 构成的静态分频器工作频率高于 50 GHz。HBT 激光驱动器工作速度高于 56 Gbit/s，D 触发器工作速度超过 60 Gbit/s。

除了由 Ⅲ/Ⅴ 化合物构成 HBT，Si/SiGe 材料系统的 HBT 工艺也取得了长足进步。在 Si/SiGe HBT 中，P^+ 掺杂的 SiGe 层用作基区。合成的 SiGe 层带隙小于初始的 Si 衬底，掩埋的集电区和覆盖的发射区，大体上每增加 10% 的 Ge 原子，带隙减小 75 meV。这样的一种异质结在导带处产生一个低的势垒，但在价带处产生一个高的势垒，因为如果选择非对称应力分布，两种材料之间带隙中的几乎整个能带差 ΔE_g 都可作为价带侧的能带差。

SiGe HBT 比硅双极型性结型晶体管具有更高的速度，但其生产成本基本保持不变。重要的是，SiGe HBT 可以与先进 CMOS 工艺相结合，形成 SiGe 的 BiCMOS。迄今为止，截止频率大于 300 GHz 的 SiGe HBT 已成功实现，已经开发出包含 $f_{max}=360$ GHz 的 SiGe HBT 和 55nm CMOS 器件的 SiGe 的 BiCMOS 工艺。

作为双极型晶体管的一种类型，HBT 具有很强的电流驱动能力。因此，这种工艺对于模拟信号的功率放大和门阵列逻辑的输出缓冲电路设计具有重大意义。

4.2　MESFET 和 HEMT 工艺

随着Ⅲ/Ⅴ化合物特别是 GaAs 工艺的发展，以 MESFET 和 HEMT 为基本元件的集成电路技术也得到了很大发展。MESFET 直接在外延衬底上形成，而 HEMT 有复杂得多的层状结构。尽管如此，它们可以通过一个相似的等效电路建立模型，并具有相似的性能。对于电路设计者而言，它们都属于 FET 晶体管类型。

4.2.1　MESFET 工艺

GaAs MESFET 是第一代 GaAs 晶体管类型和工艺标识，是 GaAs 单片集成电路技术的基础，现在仍是 GaAs VLSI 的主导工艺。

图 4.5 所示为 GaAs MESFET 的基本结构。在半绝缘体（SI，Semi-Isolating）GaAs 衬底上的 N 型 GaAs 薄层为有源层。这一层可以采用液相外延（LPE）、气相外延（VPE）或分子束外延（MBE）三种外延方法沉积形成，也可以通过离子注入形成。在外延过程中，Ga、As 连同其他选定的杂质原子沉积在半导体 GaAs 晶圆表面，产生类似于 GaAs 衬底的晶体结构。外延层厚度约为 0.5 μm，施主浓度约为 1.5×10^{17} cm^{-3}。

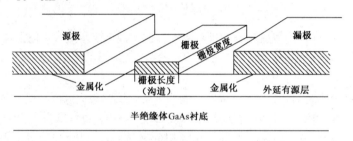

图 4.5　GaAs MESFET 的基本结构

在离子注入过程中，掺杂剂直接注入半绝缘体 GaAs 衬底中。离子能量及工艺时间决定了深度和施主浓度。

有源层上面两侧的金属层通常是金锗合金，通过沉积形成，与有源层形成源极和漏极的欧姆接触。这两个接触区之间的区域定义出有源器件，即 MESFET 的电流沟道。MESFET 通常具有对称的源漏结构。沟道中间区域上的金属层通常是金或合金，与有源层形成栅极的肖特基接触。

在 IC 制造中，为了形成晶体管与晶体管之间的隔离，形成薄膜电阻和金属-绝缘体-金属（MIM）电容，还需要一系列的追加工艺。

由于肖特基势垒的耗尽区延伸进入有源层，使得沟道的厚度变薄。根据零偏压情况下沟道夹断的状况，可形成两种类型的 MESFET：增强型和耗尽型。对于增强型 MESFET，由于内在电势形成的耗尽区延伸到有源区的下边界，沟道在零偏压情况下是断开的。而耗尽型 MESFET 的耗尽区只延伸到有源区的某一深度，沟道在零偏压情况下是开启的。

在栅极加上电压，内部的电势就会被增强或减弱，从而使沟道的深度和流通的电流得到控制。作为控制端的栅极对 MESFET 的性能起着重要的作用。而且，由于控制主要作用于栅极下面的区域，因此栅长即栅极金属层从源极到漏极方向上的尺寸，是 MESFET 技术的重要参数。在常规情况下，栅长越短，器件速度越快。栅长为 0.2 μm 的 MESFET 的截止频率约为 50 GHz。迄今为止，栅长已减小到 100 nm 的量级。

为了提高 MESFET 的性能，就需要改进有源层的导电能力。采用赝晶的 InGaP/InGaAs/GaAs 结构就是一个例子，InGaAs 以其高载子浓度而作为沟道层，而 InGaP 则用来增加击穿电压。由此 MESFET 的截止频率可以达到 $f_\mathrm{T} = 90$ GHz，$f_\mathrm{max} = 160$ GHz。

相对简单和成熟（与以下讨论的 HEMT 相比）的 MESFET 工艺使得光通信中高速低功耗

VLSI 的实现成为可能。

4.2.2 HEMT 工艺

在 N 型掺杂的 GaAs 层中，电子的漂移速度主要受限于电子与施主的碰撞。为了增加电子的漂移速度，应减小电子与施主的碰撞机会。这就是说，掺杂的浓度应减小，最好是没有掺杂，这样完美的晶体结构不易受到破坏，但同时希望在晶体结构中存在大量可高速迁移的电子。这就是高电子迁移率晶体管（HEMT）的原创构思。由于在晶体结构存在着类似于气体的大量可高速迁移电子，HEMT 早期也被称为二维电子气场效应管（TEGFET），MODFET 掺杂调制场效应管[3,4]。

HEMT 也属于 FET 的一种，它有与 MESFET 相似的结构。HEMT 与 MESFET 之间的区别在于有源层。简单的 HEMT 有如图 4.5 所示的结构。在半导体 GaAs 衬底上，一层薄的没有掺杂的 GaAs 层被一层薄（50～100 nm）的 N 掺杂 AlGaAs 层覆盖在上面，形成肖特基栅极，源极与漏极欧姆接触。由于 AlGaAs（1.74 eV）和 GaAs（1.43 eV）的禁带不同，AlGaAs 层的电子将会进入没掺杂的 GaAs 层，并留在 AlGaAs/GaAs 相接处附近，以至于形成二维电子气（2DEG）。根据图 4.6 所示的简单 HEMT 的层结构的 HEMT 栅极下 AlGaAs 层的厚度与掺杂浓度，其类型可为增强型或耗尽型，即自然断开和自然开启。对器件的测量表明，相对于掺杂的 MESFET 层，它有更强的电子迁移能力，例如，0.6 m^2/(V·s)（300 K），相当于以 $10^{23}/m^3$ 掺杂的 0.4 m^2/(V·s)电子迁移率的 MESFET 层。采用简单的 HEMT 结构，实现的室温跨导约为 200 mS/mm，每级逻辑门的延时约为 20 ps。

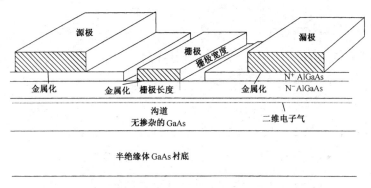

图 4.6 简单 HEMT 的层结构

由于 HEMT 表现的优秀性能，这类器件在近十年有了广泛的发展。它在许多方面取得了进展，例如减小了栅长，优化了水平与垂直结构，改善了 2DEG 限制结构及原料系统。

作为场效应管的一类，HEMT 传输的截止频率 f_T 也随着栅长的减小而增加。栅长越小，GaAs 场效应管的速度越快。所以，工艺师们一直致力于减小栅长。目前，先进 HEMT 工艺的栅长小于 0.2 μm，在实验室环境下也可以获得小于 0.1 μm 的栅长。由于通常光刻没有足够的分辨率，使用电子束技术可获得亚微米栅长。另外，栅极电阻随栅长减小而增大，这是高速器件所不希望的。为了解决这个问题，栅长小于 0.3 μm 时通常考虑采用蘑菇型即 T 形栅。

为了改善 2DEG 限制性能，人们开发了更为复杂的结构，图 4.7 所示为 DPD-QW-HEMT 的层结构。

在半绝缘体 GaAs 衬底上，形成一网格结构作为缓存层（选择 GaAs、AlGaAs 层）。在缓存层上为 HEMT 的基本结构包括 200 nm 不掺杂 AlGaAs 层，厚度仅为 1.7 nm 的 Si-δ 掺杂 GaAs 层。5 nm 不掺杂的 AlGaAs 层为第一层隔离，15 nm 不掺杂 GaAs 沟道，在其中形成二维电子气，作为第二层隔离的 3.3 nm AlGaAs 层，厚度仅为 1.7 nm 的第二层 Si-δ 掺杂 GaAs 层，3.3 nm 不掺杂 AlGaAs 层，6 nm 不掺杂 GaAs。在基本 HEMT 结构上，是形成增强型和耗尽型栅极的垂直结构，包括了第一层抗腐蚀 3 nm AlGaAs 层，7.5 nm 掺杂 GaAs 层控制耗尽型 HEMT 的阈值电压，3 nm 厚的第二层 AlGaAs 作为耗尽型 HEMT 的抗腐蚀层。在此上源极和漏极的欧姆接触为 30 nm 的重掺杂 GaAs 层。使用这样复杂的夹层结构，在室温下可以获得 $1.8 \times 10^{12}/cm^2$ 的载流子密度和 $7000 \sim 8000 \ cm^2/(V \cdot s)$ 的电子迁移速度。

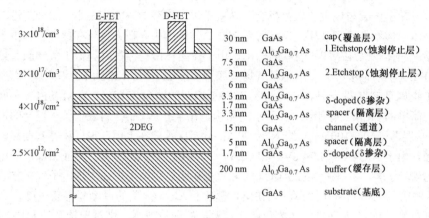

图 4.7　DPD-QW-HEMT 的层结构

HEMT 有源层的优良结构只能通过 MBE 或 MOVPE 形成。

根据 PHEMT 的物理结构，常用的小信号等效电路模型如图 4.8 所示。

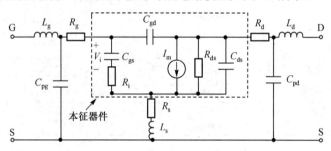

图 4.8　PHEMT 的小信号等效电路模型

由图 4.8 可知，此电路模型分为两部分，即寄生参数部分和本征参数部分。其中，本征参数部分主要描述栅下有源区的特性、参数的大小和外加偏置的情况；而寄生参数部分则描述有源区到焊盘（PAD）之间互连部分的特性，其大小仅和器件尺寸及制作工艺有关，与偏置无关（在一级近似的条件下）。本征参数主要包括：栅电容 C_{gs} 和 C_{gd}、沟道电容 C_{ds}、沟道电阻 R_{ds}、栅下半导体电阻 R_i，跨导 g_m 和传输时间 τ；寄生参数则为模型中所有的其余参数，包括源、漏、栅极的寄生电阻 R_s、R_d 和 R_g，寄生电容 C_{pd}、C_{pg}，寄生电感 L_s、L_d 和 L_g。

0.3 μm 栅长增强型和耗尽型 HEMT 的典型参数列于表 4.2 中。环形振荡器在室温下可以获得 15 ps 的门延迟。

表 4.2　0.3 μm 栅长增强型和耗尽型 HEMT 的典型参数值

	E-HEMTs	D-HEMTs
V_{th}	0.5 V	−0.7 V
I_{dsmax}	200 mA/mm （V_{gs}=0.8 V）	180 mA/mm （V_{gs}=0 V）
G_m	500 mS/mm	400 mS/mm
R_s	0.6 mm	0.6 mm
f_T	50 GHz	45 GHz

　　HEMT 发展的另一方面在于不同材料系统的研究。混合物 InAs 的电子迁移速度在室温下为 30 000 cm²/(V·s)，比 GaAs 的高得多。基于这个想法，人们在 2DEG 沟道的 GaAs 晶格中，用铟原子替代一部分镓原子，这样形成三原子构成的材料——$Ga_{1-y}In_yAs$。因为 In 原子的晶格常量比 Ga 原子的大，所以 GaInAs 与 GaAs 或 AlGaAs 层之间存在着晶格不匹配现象。这样，HEMT 也称为赝晶 HEMT，即 PM-HEMT。对于铟，不匹配容限在 0.25～0.35 之间。这种晶格不匹配是允许的。由于 GaAs 晶格的部分可以被 InAs 晶格代替，电子的迁移率大大提高。这样，跨导增加了 25%，速度增加了 50%。同时，0.2 μm HEMT 传输截止频率 f_T 可超过 100 GHz，f_{max} 超过 150 GHz。

　　除了 AlGaAs，阻挡层也可用其他三原子或四原子系统形成，例如 GaInP、AlInP、AlGaInP。

　　在 InP 衬底上，使用 InAlAs/InGaAs 相异层结构可以形成 HEMT。由 InGaAs 层作为有源层这类 HEMT，尤其在低噪声和高速应用时性能优越。

　　类似Ⅲ/Ⅴ族化合物的 HEMT，在由 Si/SiGe 材料系统研制 HEMT 的方面也取得了很大进展。在 300 K 和 77 K 温度下，N 沟道 HEMT 的跨导分别高达 400 mS/mm 和 800 mS/mm。同样，P 沟道 HEMT 的跨导达到 170 mS/mm 或 300 mS/mm。这些跨导可与Ⅲ/Ⅴ族化合物的 HEMT 相比。

　　由于 HEMT 的有源层中，没有施主与电子的碰撞，因此 HEMT 具有更高的截止频率，更高的跨导，更低的噪声。这些优秀的性能使它不仅在毫米波电路中，而且在光纤通信的超高速电路中得到广泛应用。

　　与 Si 三极管相比，MESFET 和 HEMT 的缺点如下：

　　① 跨导相对低。

　　② 阈值电压较敏感于有源层的垂直尺寸形状和掺杂程度。

　　③ 驱动电流小。对于相等的器件区域，发射集面积为 1 μm×50 μm 的 BJT，按最大 f_T 对应的电流密度 $I_{SC}=8\times10^4$ A/cm² 计算，集电极电流为 40 mA。然而，栅极面积为 0.3 μm×50 μm 的、先进的 HEMT，按最大 f_T 对应的电流密度 $I_{DS}=200$ mA/mm 计算，漏极电流只有 10 mA。

　　④ 由于跨导大，在整个晶圆上，BJT 的阈值电压变化只有几毫伏，而 MESFET、HEMT 要高出 10 倍多。MESFET 阈值电压变化大体为：2 英尺晶圆，$\Delta V_{th}<22$ mV；3 英尺晶圆，$\Delta V_{th}<30$ mV。HEMT 阈值电压变化大体为 $\Delta V_{th}\approx10$ mV。

　　几种工艺的性能比较如表 4.3 所示。

表 4.3　几种工艺的性能比较

参数	Si 双极型	GaAs HBT	SiGe HBT	GaAs FET	GaAs HEMT
增益	一般	优良	优良	优良	优良
功率密度	优良	优良	优良	一般	好
效率	一般	优良	优良	好	优良
优值	好	优良	优良	好	好
击穿电压	好	优良	好	优良	优良

4.3　MOS 和相关的 VLSI 工艺

　　金属-氧化物-半导体（MOS）技术包括 P 沟道 MOS（PMOS）、N 沟道 MOS（NMOS）和互补 MOS（CMOS）。如图 4.9 所示，MOS 工艺可以按其沟道载流子特性和栅极材料及金属层数进行分类。

　　对 MOS 工艺进行标识的另一个重要参数就是特征尺寸。所谓特征尺寸，是指工艺可以实现的平面结构的最小尺寸，通常是指最窄的线宽。由于 MOS 的栅极通常采用最窄的线条来实现，因此特征尺寸往往就是沟道方向上栅极线条的宽度，也就是栅长。图 4.10 所示为 MOS 工艺特征尺寸的演变曲线，可以看出商用器件的最小线宽逐年减小。

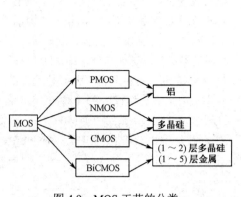

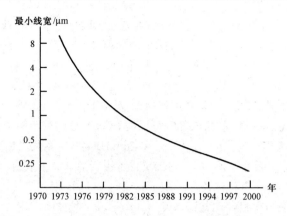

<table>
<tr><td>图 4.9　MOS 工艺的分类</td><td>图 4.10　MOS 工艺特征尺寸的演变曲线</td></tr>
</table>

　　所有的 MOS 器件都属于 FET 类型，它所表现的优点要超过现有的双极型类，主要是由于它的结构简单和体积小。作为现代 VLSI 的基础，MOS 工艺的发展史实际上就是 VLSI 的发展史。下面按照历史的发展对 MOS 工艺加以介绍。

4.3.1　PMOS 工艺

1. 早期的铝栅工艺

　　1970 年以前，标准的 MOS 工艺是铝栅 P 沟道。图 4.11 所示为铝栅 P 沟道 MOS 的剖面图。铝栅 P 沟道 MOS 的特点如下：

① 铝栅，长度为 20 μm。

② N 型衬底，P 沟道。

③ 氧化层厚 150 nm。

④ 电源电压为-12 V。

⑤ 速度低，最小门延迟为 80～100 ns。

⑥ 集成度低，只能制作寄存器等中规模集成电路。

　　铝栅 MOS 工艺的缺点是，制造源、漏极与制造栅极需要两次掩模步骤（MASK STEP），不容易对齐。这就像彩色印刷中各种颜色套印一样，不容易对齐，若对不齐，彩色图像就很难看。

　　在 MOS 工艺中，先在硅片上刻好源极和漏极的位置，再蒸铝，光刻栅极，这两次掩模步骤是不易对齐的。不对齐，就不仅仅是图案难看的问题，也不仅仅是所构造的晶体管尺寸有误差、参数有误差的问题，而可能引起沟道中断，无法形成沟道，无法做好晶体管。

　　铝栅 P 沟道 MOS 工艺中的错位现象如图 4.12 所示，栅极下面所形成的反型层无法同 S（或 D）连通。如果错位不多，也许还能形成 MOS 管；如果错位太大，就无法形成 MOS 管了。

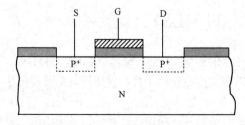

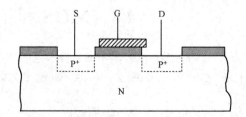

<table>
<tr><td>图 4.11　铝栅 P 沟道 MOS 剖面图</td><td>图 4.12　铝栅 P 沟道 MOS 工艺中的错位现象</td></tr>
</table>

2．铝栅重叠设计

解决错位问题的办法只有一个，将栅极做得长一点，让它同 S、D 重叠一部分。只要重叠量足够，就不怕错位，不怕对不齐。所以，这种设计方法被称为重叠设计，图 4.13 所示为重叠设计的铝栅 P 沟道 MOS 器件示意图。

然而，重叠设计也有缺点：

① C_{GS}、C_{GD} 都增大了。

② 加长了栅极，增大了晶体管尺寸，集成度降低。

克服铝栅 MOS 工艺缺点的根本方法是将两次掩模步骤合为一次，让 D、S、G 三个区域一次成形。这种方法被称为自对准技术。

3．自对准技术与标准硅工艺

1970 年，出现了如图 4.14 所示的采用自对准技术的硅栅工艺。

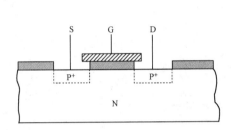

图4.13　重叠设计的铝栅 P 沟道 MOS 器件　　　　图 4.14　采用自对准技术的硅栅工艺

多晶硅（Polysilicon）原是绝缘体，经过重扩散，增加了载流子，可以变为导体。它可以用作电极和电极引线。

在硅栅工艺中，S、D、G 是一次掩模步骤形成的。先利用感光胶保护，刻出栅极，再以多晶硅为掩模，刻出 S、D 区域。那时的多晶硅还是绝缘体或非良导体。经过扩散，杂质不仅进入硅中，形成了 S 和 D，还进入多晶硅，使它成为导电的栅极和栅极引线。

硅栅工艺的优点如下：

① 自对准的，它无须重叠设计，减小了电容，提高了速度。

② 无须重叠设计，减小了栅极尺寸，漏、源极尺寸也可以减小，即减小了晶体管尺寸，提高了速度，增加了集成度。

③ 增加了电路的可靠性。

4.3.2　NMOS 工艺

由于电子的迁移率 μ_e 大于空穴的迁移率 μ_h，即 $\mu_e \approx 2.5\mu_h$，因此 N 沟道 FET 的速度将是 P 沟道 FET 速度的 2.5 倍。那么，为什么 MOS 发展早期不用 NMOS 工艺做集成电路呢？原因在于 NMOS 工艺遇到了难关。所以，直到 1972 年突破了那些难关以后，MOS 工艺才进入了 NMOS 时代。

1．了解 NMOS 工艺的意义

目前，CMOS 工艺已在 VLSI 设计中占有绝对的优势，但了解 NMOS 工艺仍具有以下意义：

① CMOS 工艺是在 PMOS 和 NMOS 工艺的基础上发展起来的。

② 从 NMOS 工艺开始讨论对于学习 CMOS 工艺起到循序渐进的作用。

③ NMOS 电路技术和设计方法可以相当方便地移植到 CMOS VLSI 的设计上。

④ GaAs 逻辑电路的形式和众多电路的设计方法与 NMOS 工艺基本相同。

2. 增强型和耗尽型 MOSFET

FET 按衬底材料划分有 Si、GaAs、InP，按场形成结构划分有 J、MOS、MES，按载流子类型划分有 P、N，按沟道形成方式划分有 E、D。

几种常见的 MOS 晶体管电路符号如图 4.15 所示。

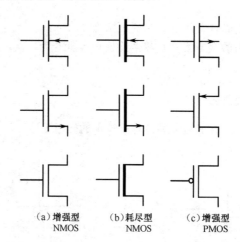

(a) 增强型   (b) 耗尽型   (c) 增强型
NMOS   NMOS   PMOS

图 4.15　几种常见的 MOS 晶体管电路符号

图 4.16 所示为 E-/D-NMOS 和 E-PMOS 的结构示意图。

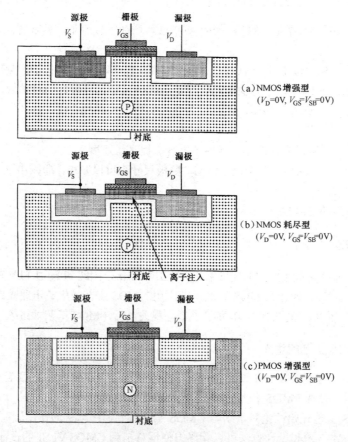

图 4.16　E-/D-NMOS 和 E-PMOS 的结构示意图

3. E-NMOS 工作原理图

图 4.17 所示为在不同电压情况下 E-NMOS 的沟道变化。

如图 4.17（a）所示，随着栅极上的正电压不断升高，P 型衬底中的空穴不断地排斥到衬底方向，当栅极上的电压 V_{GS} 大于阈值电压 V_T 时，在栅极下面的 P 型衬底内就形成了电子分布，建立起反型层，即 N 型层，把同为 N 型的源、漏扩散区连成一体，形成从漏极到源极的导电沟道。

如图 4.17（b）所示，当栅源加上电压 V_{DS} 时，如果 $V_{DS}<V_{GS}-V_T$，在漏源电压的作用下，自由电子从源极向漏极移动，形成自漏极到源极的电流 i_{DS}。由于通过沟道形成自源极到漏极的电位差，因此加在平板电容上的电压将沿着沟道而变化。近漏极端的电压最大，其值为 V_{GS}，相应的沟道最深。离开源极，越靠近漏极，电压越小，沟道越浅。因此，在 V_{DS} 的作用下，导电沟道的深度是不均匀的，呈锥状变化。漏极端的电压最小，其值为 $V_{GD}=V_{GS}-V_{DS}$。

如图 4.17（c）所示，随着 V_{DS} 的不断增大，漏极端的电压 $V_{GD}=V_{GS}-V_{DS}$ 逐渐变小，当 $V_{GD}=V_{GS}-V_{DS}<V_T$，小于开启电压，即 $V_{DS}>V_{GS}-V_T$ 时，近漏极的沟道消失，形成沟道夹断点。随着 V_{DS} 的继续增大，由于栅极对夹断点的反偏电压 V_{GA} 恒为 V_T，夹断点到源极的电压 $V_{AS}=V_{GS}-V_{GA}=V_{GS}-V_T$，也为恒值。

4. NMOS 工艺流程

图 4.18 所示为 NMOS 工艺的基本流程。表 4.4 列出了 NMOS 工艺需要的掩模和典型工艺流程。图 4.19 所示为 NMOS 反相器电路图和对应的示意性芯片剖面图。

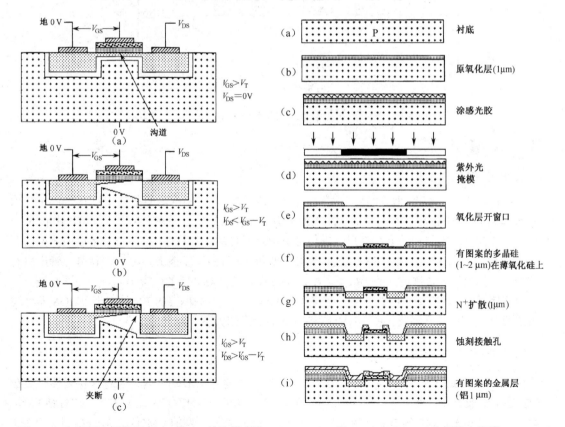

图 4.17 在不同电压情况下 E-NMOS 的沟道变化　　　　图 4.18 NMOS 工艺的基本流程

表 4.4　NMOS 工艺需要的掩模和典型工艺流程

掩模	确 定 对 象	工 艺 流 程
	出发点	P 型掺杂硅晶圆（ϕ =75～200 mm），生长 1 μm 厚氧化层，涂感光胶（Photoresist）
1	有源区	紫外曝光使透光处光胶聚合，去除未聚合处（有源区）光胶，刻蚀（Eching）氧化层，薄氧化层（Thinox）形成，沉淀多晶硅层，涂感光胶
2	离子注入区	曝光，去除未聚合处光胶，耗尽型 NMOS 有源区离子注入，沉淀多晶硅层，涂感光胶
3	多晶硅线条图形	曝光，去除未聚合处光胶，多晶硅刻蚀，去除无多晶硅覆盖的薄氧化层，以多晶硅为掩模进行 N 扩散，漏源区相对于栅结构自对准，再生长厚氧化层，涂感光胶
4	接触孔窗口（Contacts Cut）	曝光，去除未聚合处光胶，接触孔刻蚀，淀积金属层，涂感光胶
5	金属层线条图形	曝光，去除未聚合处光胶，金属层刻蚀，钝化玻璃层形成，涂感光胶
6	焊盘窗口（Bonding Pads）	曝光，去除未聚合处光胶，钝化玻璃层刻蚀

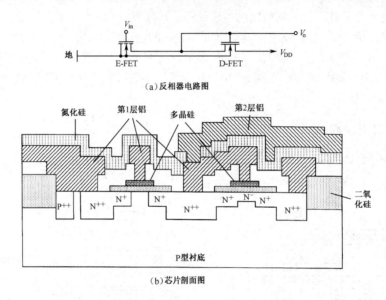

（a）反相器电路图

（b）芯片剖面图

图 4.19　NMOS 反相器电路图和对应的示意性芯片剖面图

4.3.3　CMOS 工艺

1. P 阱 CMOS 工艺

P 阱 CMOS 工艺以 N 型单晶硅为衬底，在其上制作 P 阱。NMOS 管做在 P 阱内，PMOS 管做 N 型衬底上。P 阱工艺包括用离子注入或扩散的方法，在 N 型衬底中掺进浓度足以中和 N 型衬底，并使其呈 P 型特性的 P 型杂质，以保证 P 沟道器件的正常特性。P 阱杂质浓度的典型值要比 N 型衬底中的高 5～10 倍才能保证器件性能。然而，P 阱的过度掺杂会对 N 沟道晶体管产生有害的影响，如提高了背栅偏置的灵敏度，增加了源极和漏极对 P 阱的电容等。

电连接时，P 阱接最负电位，N 衬底接最正电位，通过反向偏置的 PN 结实现 PMOS 器件与 NMOS 器件之间的相互隔离。P 阱 CMOS 芯片剖面示意图如图 4.20 所示。

2. N 阱 CMOS 工艺

N 阱 CMOS 正好和 P 阱 CMOS 工艺相反，它在 P 型衬底上形成 N 阱。因为 N 沟道器件是在 P 型衬底上制成的，这种方法与标准的 N 沟道 MOS（NMOS）的工艺是兼容的。在这种情况下，N 阱中和了 P 型衬底，P 沟道晶体管会受到过渡掺杂的影响。早期的 CMOS 工艺的 N 阱工艺和 P 阱工艺两者并存发展。由于 N 阱 CMOS 中 NMOS 管直接在 P 型硅衬底上制作，有利于发挥 NMOS 器件高速的特点，因此成为常用工艺。N 阱 CMOS 芯片剖面示意图如图 4.21 所示。

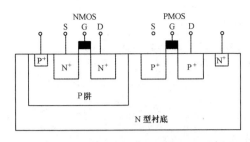

图4.20　P 阱 CMOS 芯片剖面示意图

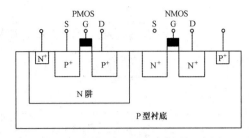

图 4.21　N 阱 CMOS 芯片剖面示意图

3. 双阱 CMOS 工艺

随着工艺的不断进步，集成电路的线条尺寸不断缩小，传统的单阱工艺有时已不满足要求，双阱工艺应运而生。通常，双阱 CMOS 工艺采用的原始材料是在 N^+ 或 P^+ 衬底上外延一层轻掺杂的外延层，然后用离子注入的方法同时制作 N 阱和 P 阱。使用双阱工艺不但可以提高器件密度，还可以有效地控制寄生晶体管的影响，抑制闩锁现象。

双阱 CMOS 工艺主要步骤如下。

① 衬底准备：衬底氧化，生长 Si_3N_4，如图 4.22（a）所示。

② 光刻 P 阱，形成阱版：在 P 阱区腐蚀 Si_3N_4，P 阱注入，如图 4.22（b）所示。

③ 去光刻胶，P 阱扩散并生长 SiO_2：如图 4.22（c）所示。

④ 腐蚀 Si_3N_4，N 阱注入并扩散：如图 4.22（d）所示。

⑤ 有源区衬底氧化：生长 Si_3N_4，有源区光刻和腐蚀，形成有源区版，如图 4.22（e）所示。

⑥ N 管场注入光刻：N 管场注入，如图 4.22（f）所示。

⑦ 场区氧化：有源区 Si_3N_4 和 SiO_2 腐蚀，栅氧化，沟道掺杂（阈值电压调节注入），如图 4.22（g）所示。

⑧ 多晶硅淀积、掺杂、光刻和腐蚀，形成多晶硅版：如图 4.22（h）所示。

⑨ NMOS 管光刻和注入硼，形成 N^+ 版：如图 4.22（i）所示。

⑩ PMOS 管光刻和注入磷，形成 P^+ 版：如图 4.22（j）所示。

⑪ 硅片表面生长 SiO_2 薄膜：如图 4.22（k）所示。

⑫ 接触孔光刻，接触孔腐蚀：如图 4.22（l）所示。

⑬ 淀积铝，反刻铝，形成铝连线：如图 4.22（m）所示。

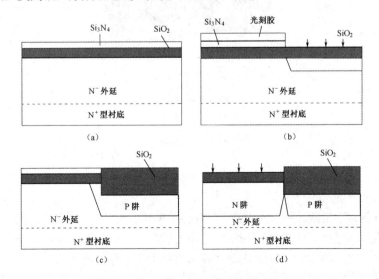

图 4.22　双阱 CMOS 工艺主要步骤

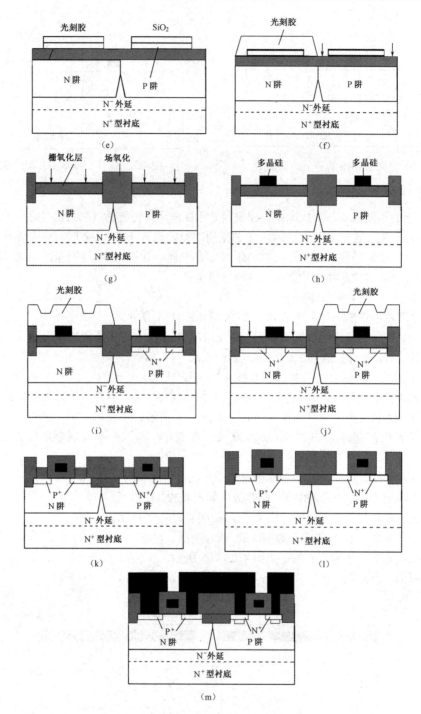

图 4.22　双阱 CMOS 工艺主要步骤（续）

4.4　BiCMOS 工艺

双极型器件具有速度高、驱动能力强和低噪声等特性，但功耗大且集成度低。CMOS 器件具有低功耗、集成度高和抗干扰能力强等优点，但它的速度较低、驱动能力差，在具有高速要求的环境下难以适应。所以，结合了双极型与 CMOS 工艺技术的 BiCMOS 工艺技术应运而生。BiCMOS 工艺技术是将双极型与 CMOS 器件制作在同一芯片上，这样就结合了双极型器件的高跨导、强驱动和 CMOS 器件高集成度、低功耗的优点，使它们互相取长补短，发挥各自优点，从而实现了高速、高集成度、高性能的超大规模集成电路。

BiCMOS 工艺技术大致可以分为两类：以 CMOS 工艺为基础的 BiCMOS 工艺和以双极型工艺为基础的 BiCMOS 工艺。一般来说，以 CMOS 工艺为基础的 BiCMOS 工艺对保证 CMOS 器件的性能比较有利，同样以双极型工艺为基础的 BiCMOS 工艺对保证双极型器件的性能有利。影响 BiCMOS 器件性能的主要部分是双极型部分，因此以双极型工艺为基础的 BiCMOS 工艺用得较多。

1. 以 P 阱 CMOS 工艺为基础的 BiCMOS 工艺

以 P 阱 CMOS 工艺为基础是指在标准的 CMOS 工艺流程中直接构造双极型晶体管，或者通过添加少量的工艺步骤实现所需的双极型晶体管结构。图 4.23 所示为通过标准 P 阱 CMOS 工艺实现的 NPN 晶体管的结构剖面示意图。

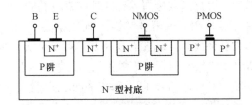

图 4.23　P 阱 CMOS-NPN 晶体管结构剖面图

由图 4.23 可知，P 阱作为 NPN 管的基区，N^- 衬底作为 NPN 管的集电区，以 N^+ 扩散作为 NPN 管的发射区扩散及集电极的接触扩散。这种结构完全在 CMOS 工艺基础上构造 NPN 晶体管，并没有添加新的工艺步骤。这种结构的缺点是：①由于 NPN 晶体管的基区在 P 阱中，所以基区的厚度太大，使得电流增益变小；②集电极的串联电阻很大，影响器件性能；③NPN 管和 PMOS 管共衬底，使得 NPN 管只能接固定电位，从而限制了 NPN 管的使用。

2. 以 N 阱 CMOS 工艺为基础的 BiCMOS 工艺

以 N 阱 CMOS 工艺为基础的 BiCMOS 工艺实现的 NPN 体硅衬底器件结构剖面图如图 4.24 所示。

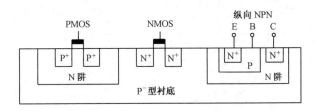

图 4.24　N 阱 CMOS-NPN 体硅衬底器件结构剖面图

N 阱 CMOS 结构的工艺过程将 P 阱 CMOS 结构的 P 阱变为 N 阱，NMOS 管做在 P 型硅衬底上，PMOS 管做在 N 阱内。与以 P 阱 CMOS 工艺为基础的 BiCMOS 工艺相比，优点包括：①工艺中添加了基区掺杂的工艺步骤，这样就形成了较薄的基区，提高了 NPN 晶体管的性能；②制作 NPN 管的 N 阱将 NPN 管与衬底自然隔开，这样就使得 NPN 晶体管的各极均可以根据需要进行电路连接，增加了 NPN 晶体管应用的灵活性。它的缺点是 NPN 管的集电极串联电阻还是太大，影响双极型器件的驱动能力。如果以 P^+ 型 Si 为衬底，并在 N 阱下设置 N^+ 隐埋层，然后进行 P 型外延，可使 NPN 管的集电极串联电阻减小到 1/5～1/6，还可以使 CMOS 器件的抗闩锁性能大大提高。N 阱 CMOS-NPN 外延衬底器件结构剖面图如图 4.25 所示。

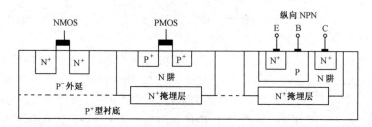

图 4.25　N 阱 CMOS-NPN 外延衬底器件结构剖面图

3. 以双极型工艺为基础的 BiCMOS 工艺[5]

（1）以双极型工艺为基础的 P 阱 BiCMOS 工艺

在以 CMOS 工艺为基础的 BiCMOS 工艺中，影响 BiCMOS 电路性能的主要是双极型器件。显然，若以双极型工艺为基础，对提高双极型器件的性能是有利的。图 4.26 所示为以典型的 PN 结隔离双极型工艺为基础的 P 阱 BiCMOS 器件结构的剖面图。它采用＜100＞P 型衬底、N⁺埋层、N 型外延层，在外延层上形成 P 阱结构。该工艺采用成熟的 PN 结对通隔离技术。为了获得大电流下低的饱和压降，采用高浓度的集电极接触扩散；为防止表面反型，采用沟道截止环。NPN 管的发射区扩散与 NMOS 管的源（S）漏（D）区掺杂和横向 PNP 管及纵向 PNP 管的基区接触扩散同时进行；NPN 管的基区扩散与横向 PNP 管的集电区、发射区扩散，纵向 PNP 管的发射区扩散，PMOS 管的源漏区的扩散同时完成。栅氧化在 PMOS 管沟道注入之后进行。

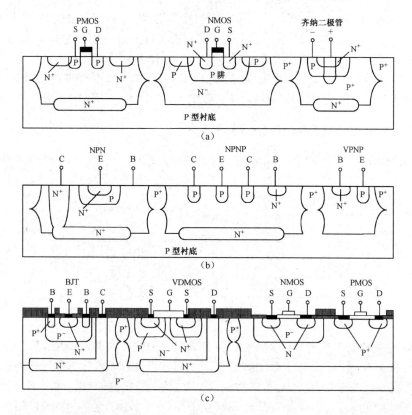

图 4.26　三种以 PN 结隔离双极型工艺为基础的 P 阱 BiCMOS 器件结构剖面图

这种结构不仅克服了以 P 阱 CMOS 工艺为基础的 BiCMOS 结构的缺点，还可以用此工艺获得对高压、大电流很有用的纵向 PNP 管和 LDMOS 及 VDMOS 结构，以及在模拟电路中十分有用的 I²L 等器件结构。

（2）以双极型工艺为基础的双阱 BiCMOS 工艺

以双极型工艺为基础的 P 阱 BiCMOS 工艺虽然得到了较好的双极型器件性能，但是 CMOS 器件的性能不够理想。为了进一步提高 BiCMOS 电路的性能，满足双极型和 CMOS 两种器件的不同要求，可采用如图 4.27 所示的以双极型工艺为基础的双埋层、双阱结构的 BiCMOS 工艺。

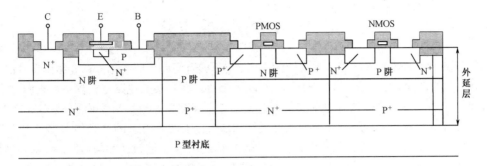

图 4.27　以双极型工艺为基础的双埋层、双阱 BiCMOS 工艺的器件结构剖面图

这种结构的特点是采用 N+ 及 P+ 双埋层双阱结构，采用薄外延层来实现双极型器件的高截止频率和窄隔离宽度。此外，利用 CMOS 工艺的第二层多晶硅做双极型器件的多晶硅发射极，不必增加工艺就能形成浅结和小尺寸发射极。

思　考　题

1. Si 工艺和 GaAs 工艺都有哪些晶体管结构和电路形式？
2. 比较 CMOS 工艺和 GaAs 工艺的特点。
3. 什么是 MOS 工艺的特征尺寸？
4. 为什么硅栅工艺取代铝栅工艺成为 CMOS 工艺的主流技术？
5. 为什么在栅长相同的情况下 NMOS 管速度要高于 PMOS 管？
6. 简述 CMOS 工艺的基本工艺流程。
7. 常规 N 阱 CMOS 工艺需要哪几层掩模？每层掩模分别有什么作用？

本章参考文献

[1]　Sugitani S, Yamane Y, Nittono T, et al.. Self-aligned InGaP/InGaAs/GaAs heterostructure MESFET technology for analog-digital hybrid type ICs. Tech. Dig. of IEEE GaAs IC Symp, 1994：123-128.

[2]　Jakobsen J, Chu E. GaAs router chip for ATM switching. Proc. of ESSCIRC'95, 1995：106-109.

[3]　Mimuma T, Hiyamizu S, Joshin K, et al.. Enhancement mode high electron mobility transistors for logic applications. Jap. J. Appl. Phys，1981(20)：317-319.

[4]　Tung P N, Delescluse P, Delagebeaudeuf D, et al.. High speed low power DCFL using planar 2D electron gas FET technology. Electron. Lett，1982(18)：517-519.

[5]　朱正涌. 半导体集成电路. 北京：清华大学出版社，2001.

第 5 章　MOS场效应管的特性

5.1　MOS场效应管

集成电路中，有源元件起着极为关键的作用。这里的有源元件就是第 4 章介绍的各种晶体管，包括 BJT、HBT、PMOS、NMOS、MESFET 和 HEMT。各种集成电路工艺都是以它们所实现的有源元件进行区分的。CMOS 工艺是指同时制造出包含互补的 P 型与 N 型两种 MOS 元件的一种工艺过程。而 BiCMOS 工艺是指同时制造出包含 BJT 或 HBT 和互补的 P 型与 N 型两种 MOS 元件的一种工艺过程。鉴于当前大多数集成电路是采用 CMOS 工艺设计和制造的，掌握 P 型与 N 型两种 MOS 元件的特性对于设计集成电路特别是大规模集成电路是具有重要意义的。

5.1.1　MOS管伏安特性的推导

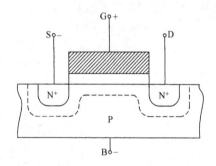

图5.1　MOS晶体管的基本结构

MOS 晶体管的基本结构如图 5.1 所示，实际上就是由两个 PN 结和一个 MOS 电容器组成的。两个 PN 结是：

① N 型源极与 P 型衬底形成的 PN 结；

② N 型漏极与 P 型衬底形成的 PN 结。

这两个 PN 结是与双极型晶体管中的 PN 结一样的。在结周围，由于载流子的扩散、漂移达到动态平衡，而产生了耗尽层。

栅极下面的区域是一个电容器结构，是 MOS 管的核心。MOS 管的伏安特性实际上是由这个电容结构所决定的。当栅极不加电压或加负电压时，栅极下面的区域保持

P 型导电类型，漏和源之间等效于一对背靠背的二极管，当漏源电极之间加上电压时，除了 PN 结的漏电流，不会有更多电流形成。当栅极上的正电压不断升高时，P 型区内的空穴被不断地排斥到衬底方向。当栅极上的电压超过阈值电压 V_T 时，在栅极下的 P 型区域内就形成了电子分布，建立起反型层，即 N 型层，把同为 N 型的源、漏扩散区连成一体，形成从漏极到源极的导电沟道。这时，栅极电压所感应的电荷 Q 为

$$Q = CV_{GE} \tag{5.1}$$

式中，V_{GE} 是栅极对衬底的有效控制电压，其值为栅极到衬底表面的电压减去阈值电压 V_T。

在漏源电压 V_{DS} 作用下，这些电荷 Q 将在 τ 时间内通过长度为 L 的沟道，即

$$\tau = \frac{L}{v} = \frac{L}{\mu E_{DS}} = \frac{L^2}{\mu V_{DS}} \tag{5.2}$$

式中，v 为载流子在沟道中的运动速度；μ 为载流子迁移率；E_{DS} 为漏源间的电场强度。

于是，通过 MOS 管漏源间的电流为

$$
\begin{aligned}
I_{DS} &= \frac{Q}{\tau} = \frac{CV_{GE}}{L^2/\mu V_{DS}} = \frac{\varepsilon_{ox}WL}{t_{ox}} \cdot \frac{\mu}{L^2} V_{GE} V_{DS} \\
&= \frac{\varepsilon_{ox}\mu}{t_{ox}} \cdot \frac{W}{L}(V_{GS} - V_T - \frac{1}{2}V_{DS})V_{DS} \\
&= \frac{\varepsilon_{ox}\mu}{t_{ox}} \cdot \frac{W}{L}\left[(V_{GS} - V_T)V_{DS} - \frac{1}{2}V_{DS}^2\right] \tag{5.3}
\end{aligned}
$$

式中，W 为栅极的宽度；t_{ox} 为氧化层厚度；$\varepsilon_{ox}=3.9\times8.854\times10^{-4}$ F/cm^2，为氧化层的介电常数。

式（5.3）由线性项和平方律补偿项组成。当 $V_{GS}-V_T=V_{DS}$ 时，满足

$$\frac{dI_{DS}}{dV_{DS}}=0$$

I_{DS} 达到最大值为

$$I_{DSmax}=\frac{1}{2}\frac{\varepsilon_{ox}\mu}{t_{ox}}\cdot\frac{W}{L}(V_{GS}-V_T)^2 \tag{5.4}$$

$V_{GS}-V_T=V_{DS}$ 意味着，近漏极的栅极有效控制电压 $V_{GE}=V_{GS}-V_T-V_{DS}=0$，感应电荷为 0，沟道夹断，电流不会再增大，因而这个 I_{DSmax} 就是饱和电流。

由此可见，MOS 晶体管的伏安特性确实是由 MOS 电容产生的。

5.1.2　MOS电容的组成

MOS 电容是一个相当复杂的电容，有多层介质。首先，在栅极电极下面有一层 SiO$_2$ 介质。SiO$_2$ 下面是 P 型衬底，衬底是比较厚的。最后，是一个衬底电极，它同衬底之间必须是欧姆接触。

MOS 电容还与外加电压有关。

（1）当 $V_{GS}<0$ 时

栅极上的负电荷吸引了 P 型衬底中的多数载流子——空穴，使它们聚集在 Si 表面上。这些正电荷在数量上与栅极上的负电荷相等，于是在 Si 表面和栅极之间，形成了平板电容器，其容量为

$$C_{ox}=\frac{\varepsilon_{ox}A}{t_{ox}}=\frac{\varepsilon_{ox}WL}{t_{ox}} \tag{5.5}$$

式中，A 为面积，单位是 cm^2；t_{ox} 为厚度，单位是 cm。

（2）当 $V_{GS}>0$ 时

栅极上的正电荷排斥了 Si 中的空穴，在栅极下面的 Si 表面上，形成了一个耗尽区。耗尽区中没有可以自由活动的载流子，只有空穴被赶走后剩下的固定的负电荷。这些束缚电荷分布在厚度为 X_p 的整个耗尽区内，而栅极上的正电荷则集中在栅极表面。这就说明了 MOS 电容器可以看成两个电容器的串联，即以 SiO$_2$ 为介质的电容器 C_{ox} 和以耗尽层为介质的电容器 C_{Si}。

总电容 C 为

$$C=\left(\frac{1}{C_{ox}}+\frac{1}{C_{Si}}\right)^{-1} \tag{5.6}$$

比原来的 C_{ox} 要小些。

尽管这个耗尽层是由感应产生的，但耗尽层电容的计算方法仍然与 PN 结的耗尽层电容的计算方法相同。

利用泊松公式有

$$\nabla^2\varphi=-\frac{1}{\varepsilon_{Si}}\rho=-\frac{1}{\varepsilon_{Si}}(-qN_A) \tag{5.7}$$

式中，N_A 为 P 型衬底中的掺杂浓度；ε_{Si} 为硅的介电常数。

在一维场合，泊松公式的解为

$$\varphi=\frac{1}{\varepsilon_{Si}}\iint qN_A dxdx'=\frac{qN_A}{2\varepsilon_{Si}}X_p^2 \tag{5.8}$$

$$X_p=\sqrt{\frac{2\varepsilon_{Si}}{q}\frac{\varphi}{N_A}}$$

式中，φ 为耗尽层上的电位差。

这时，在耗尽层中，束缚电荷的总量为

$$Q = qN_A \cdot X_p \cdot WL = qN_A WL \sqrt{\frac{2\varepsilon_{Si}}{q} \cdot \frac{\varphi}{N_A}} = WL \cdot \sqrt{2\varepsilon_{Si} \cdot qN_A \varphi} \tag{5.9}$$

Q 是耗尽层两侧电位差 φ 的函数，因此耗尽电容为

$$C_{Si} = \frac{dQ}{dv} = \frac{dQ}{d\varphi} = WL\sqrt{2\varepsilon_{Si}qN_A} \cdot \frac{1}{2}\varphi^{-\frac{1}{2}} = WL\sqrt{\frac{\varepsilon_{Si}qN_A}{2\varphi}} \tag{5.10}$$

式中，C_{Si} 为一个非线性电容，随电位差的增大而减小。

随着 V_{GS} 的增大，排斥掉更多的空穴，耗尽层厚度 X_p 增大，耗尽层上的电压降 φ 就增大，因而耗尽层电容 C_{Si} 就减小。耗尽层上的电压降的增大，实际上就意味着 Si 表面电位势垒的下降，意味着 Si 表面能级的下降。

一旦 Si 表面能级下降到 P 型衬底的费米能级，Si 表面的半导体呈中性。这时，在 Si 表面，电子浓度与空穴浓度相等，成为本征半导体。

（3）若 V_{GS} 再增大

若 V_{GS} 再增大，则排斥掉更多的空穴，吸引了更多的电子，使得 Si 表面电位下降，能级下降，达到低于 P 型衬底的费米能级。这时，Si 表面的电子浓度超过了空穴的浓度，半导体呈 N 型，这就是反型层。不过，它只是一种弱反型层，因为这时电子的浓度还低于原来空穴的浓度。

随着反型层的形成，来自栅极正电荷发出的电力线，已部分落在这些电子上，耗尽层厚度的增加就减慢了，相应的 MOS 电容 C_{Si} 的减小速度也减慢了。

（4）当 V_{GS} 增加达到 V_T 值

Si 表面电位下降，能级下降已达到 P 型衬底的费米能级与本征半导体能级差的 2 倍。它不仅抵消了空穴，成为本征半导体，而且在形成的反型层中，电子浓度已达到原先的空穴浓度，这样的反型层就是强反型层。显然，耗尽层厚度不再增加，C_{Si} 也不再减小，这样，$C = \dfrac{C_{Si}C_{ox}}{C_{Si} + C_{ox}}$ 就达到最小值。最小的 C_{Si} 是由最大的耗尽层厚度 X_{pmax} 计算出来的。

（5）当 V_{GS} 继续增大

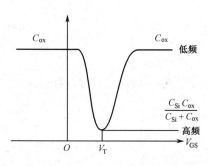

图5.2　MOS电容曲线凹谷形曲线

反型层中电子的浓度增加，来自栅极正电荷的电力线，部分落在这些电子上，落在耗尽层束缚电子上的电力线数目就有所减少。耗尽层电容将增大，两个电容串联后，C 将增加。当 V_{GS} 足够大时，反型层中的电子浓度已大到能起到屏蔽作用，全部的电力线落在电子上。这时，反型层中的电子将成为一种镜面反射，感应全部负电荷，于是，$C = C_{ox}$，电容曲线出现了凹谷形，如图 5.2 所示。

必须指出，上述讨论未考虑到反型层中的电子是哪里来的。若该 MOS 电容是一个孤立的电容，这些电子只能依靠共价键的分解来提供，这是一个慢过程，毫秒（ms）级。

若测量电容的方法是一种慢进程的逐点测量法，那么将测量到这种凹谷形曲线。

若测量电容采用高频方法（如扫频方法），电压变化很快。共价键就来不及瓦解，反型层就无法及时形成，于是，电容曲线就回到 C_{ox} 值。

然而，在大部分场合，MOS 电容与 N⁺ 区接在一起，有大量的电子来源，反型层可以很快形成，故不论测量频率多高，电压变化多快，电容曲线都呈凹谷形。

5.1.3　MOS电容的计算

MOS 电容的计算是复杂的。首先，MOS 电容 C 本身的机理是复杂的。其次，C 仅是栅极对衬底的电容，还不是外电路中可以观察的电容，如 C_G、C_D。然而，MOS 电容 C 将对 C_G、C_D 有所贡献。再次，在源极和衬底之间有结电容 C_{sb}，在漏极和衬底之间也有结电容 C_{db}。

另外，源极耗尽区、漏极耗尽区都渗透进入到栅极下面的区域。栅极与漏极扩散区、栅极与源极扩散区都存在着某些交叠，故客观上存在着 C_{gs} 和 C_{gd}。当然，引出线之间还有杂散电容，可以计入 C_{gs} 和 C_{gd}，如图 5.3 所示。C_G、C_D 的值还与所加的电压有关。

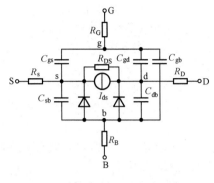

图5.3　MOS晶体管等效电路

（1）若 $V_{GS} < V_T$，沟道未建立，MOS 管漏源沟道不通

MOS 电容 $C = C_{ox}$，但 C 对 C_D 无贡献，即。

$$C_G = C_{gs} + C_{ox}, \quad C_D = C_{db}$$

（2）若 $V_{GS} > V_T$，沟道建立，MOS 管导通

MOS 电容是变化的，变化曲线呈凹谷形，从 C_{ox} 下降到最低点，又回到 C_{ox}。这时，MOS 电容 C 对 C_G 和 C_D 都有贡献，它们的分配取决于 MOS 管的工作状态。

① 若处于非饱和状态，则按 1/3 与 2/3 分配，即

$$\left. \begin{aligned} C_G &= C_{gs} + \frac{2}{3}C \\ C_D &= C_{db} + \frac{1}{3}C \end{aligned} \right\} \tag{5.11}$$

那是因为在非饱和状态下，与栅极电荷成比例的沟道电流为

$$I_{GS} = \frac{\varepsilon\mu}{t_{ox}}\left(\frac{W}{L}\right)\left[(V_{GS} - V_T) - \frac{1}{2}V_{DS}\right]V_{DS} \tag{5.12}$$

由 V_{GS} 和 V_{DS} 的系数可知，栅极电压 V_{GS} 对栅极电荷的影响力与漏极电压 V_{DS} 对栅极电荷的影响力为 2：1 的关系，故 V_{GS} 与 V_{DS} 贡献将分别为 $\frac{2}{3}$ 与 $\frac{1}{3}$。

② 若处于饱和状态，则

$$I_{DS} = \frac{1}{2}\frac{\varepsilon\mu}{t_{ox}}\left(\frac{W}{L}\right)(V_{GS} - V_T)^2 \tag{5.13}$$

表明沟道电荷已与 V_{ds} 无关，沟道已夹断，那么

$$C_G = C_{gs} + \frac{2}{3}C, \quad C_D = C_{db} + 0$$

但实际上，在饱和状态下，沟道长度受到 V_{DS} 的调制

$$I_{DS} = \frac{1}{2}\frac{\varepsilon\mu}{t_{ox}}\left(\frac{W}{L - \Lambda}\right)(V_{GS} - V_T)^2 \tag{5.14}$$

式中，Λ 为沟道漏极的耗尽区长度。

当 V_{DS} 增加时，Λ 增大，I_{DS} 增加，那是因为载流子速度增加了，它与 C 的分配无关。然而，Λ 的增大是由于漏极耗尽层宽度有所增加，增大了结电容，故有

$$\left. \begin{aligned} C_G &= C_{gs} + \frac{2}{3}C \\ C_D &= C_{db} + 0 + \Delta C_{db} \end{aligned} \right\} \tag{5.15}$$

5.2　MOSFET的阈值电压V_{T}

阈值电压是 MOS 器件的一个重要参数。按 MOS 沟道随栅压正向和负向增加而形成或消失的机理，存在着两种类型的 MOS 器件。

① 耗尽型：沟道在 $V_{\mathrm{GS}}=0$ 时已经存在。当 V_{GS}"负"到一定程度时截止。一般情况下，这类器件用作负载。

② 增强型：在正常情况下它是截止的，只有当 V_{GS}"正"到一定程度时才会导通，故用作开关。V_{T}是设计 MOS 器件构造的关键之一。V_{T}值与很多因素有关，首先介绍 V_{T}与衬底掺杂浓度的关系。

从概念上讲，V_{T}就是将栅极下面的 Si 表面从 P 型 Si 变为 N 型 Si 所必要的电压，故这个电压自然与衬底浓度 N_{a}有关。

P 型与 N 型半导体的能级图如图 5-4 所示。

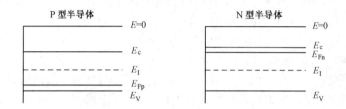

图 5.4　P 型与 N 型半导体的能级图

在半导体理论中，P 型半导体的费米能级是靠近满带的，而 N 型半导体的费米能级则是靠近导带的，如图 5.4 所示。要想把 P 型变为 N 型，外加电压必须补偿这两个费米能级之差。E_{c}、E_{V}、E_{I}分别为导带、价带和本征费米能级，E_{Fp}和 E_{Fn}分别为 P 型和 N 型半导体的费米能级。

Si 是四价元素。P 型 Si 是用三价元素掺杂的，每个杂质原子都少 1 个电子，它将在 Si 的晶格中产生 1 个空穴，故 P 型半导体中空穴的数目就等于受主杂质原子的个数

$$N_{\mathrm{a}}=p=n_{\mathrm{I}}\mathrm{e}^{(E_{\mathrm{I}}-E_{\mathrm{Fp}})/kT} \tag{5.16}$$

式中，N_{a}为硅材料中的受主杂质浓度，n_{I}为硅材料的本征载流子浓度。由式（5.16）可得

$$E_{\mathrm{Fp}}=-kT\ln\left(\frac{N_{\mathrm{a}}}{n_{\mathrm{I}}}\right)+E_{\mathrm{I}} \tag{5.17}$$

可见，P 型 Si 的费米能级比本征硅的费米能级低 $kT\ln\left(\dfrac{N_{\mathrm{a}}}{n_{\mathrm{I}}}\right)$ eV。

如果希望在栅极下面的 Si 表面上，将 P 型变为 N 型，而且 N 型中的电子浓度与原来衬底中的空穴浓度一样，那么，外加电压必须要提供 $2kT\ln\left(\dfrac{N_{\mathrm{a}}}{n_{\mathrm{I}}}\right)$ eV 的势能。令

$$\varPhi_{\mathrm{bp}}=kT\ln\left(\frac{N_{\mathrm{a}}}{n_{\mathrm{I}}}\right) \tag{5.18}$$

式（5.18）是 P 型衬底的费米能级与本征费米能级之差，于是，为了建立强反型层，外加电压必须有

$$\frac{2\varPhi_{\mathrm{bp}}}{q}=\frac{2kT}{q}\ln\left(\frac{N_{\mathrm{a}}}{n_{\mathrm{I}}}\right) \tag{5.19}$$

显然，MOS 管的阈值电压 V_{T}与衬底的掺杂浓度 N_{a}密切相关，掺杂浓度越大，V_{T}值越大。为此，人们喜欢选用电阻率比较高的 P 型材料做衬底，然后利用离子注入器来控制 N_{a}，以调整必要的 V_{T}值。

必须指出，$\dfrac{2\Phi_{bp}}{q}$ 这个电压是降在 Si 衬底内的。因为衬底是接地的，这个电压实际上就是 Si 表面的电位。然而，Si 表面的电位并不代表栅极上的电位，因为中间还有一层 SiO$_2$。为了在衬底上建立 $\dfrac{2\Phi_{bp}}{q}$ 电压，SiO$_2$ 层上还得有一个电压降 V_{ox}，这相当于电源的内阻降。MOS 晶体管栅极到地的结构和电压分配如图 5.5 所示。

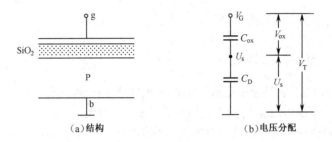

（a）结构　　　　　　　　　　　（b）电压分配

图 5.5　MOS 晶体管栅极到地的结构和电压分配

外加的栅电压 V_G 必须扣除 V_{ox}，才能得到表面电位。

因为

$$U_s = \frac{2\Phi_{bp}}{q} = \frac{2kT}{q}\ln\left(\frac{N_a}{n_I}\right) \tag{5.20}$$

所以 V_T 值为

$$V_T = U_s + V_{ox} \tag{5.21}$$

分析得知

$$V_{ox} = \frac{qN_a}{C_{ox}}\sqrt{\frac{4\varepsilon_{Si}kT\ln(N_a/n_I)}{q^2 N_a}} \tag{5.22}$$

所以 V_T 值为

$$V_T = U_s + V_{ox} = \frac{2kT}{q}\ln\frac{N_a}{n_I} + \frac{qN_a}{C_{ox}}\sqrt{\frac{4\varepsilon_{Si}kT\ln(N_a/n_I)}{q^2 N_a}} \tag{5.23}$$

必须指出，上面计算出来的阈值电压 V_T 仅是一个理想值，它与实际值有很大的差距，达到一个数量级。经过深入研究，人们发现影响 V_T 的因素有 4 个：材料的功函数之差、SiO$_2$ 层中可移动的正离子的影响、氧化层中固定电荷的影响和界面势阱的影响。

综合以上 4 个因素后的 MOS 器件阈值电压 V_T 为

$$V_T = \frac{2\Phi_{bp}}{q} + \frac{Q_d}{C_{ox}} + \frac{\Phi_{ms}}{q} - \frac{Q_m\gamma_m}{C_{ox}} - \frac{Q_F}{C_{ox}} - \frac{Q_{it}(U_s)}{C_{ox}} \tag{5.24}$$

式中，

- $\dfrac{2\Phi_{bp}}{q} = 2kT\ln\left(\dfrac{N_a}{n_I}\right)$ 是能带弯曲而形成的强反型层所必要的电压。

- $\dfrac{Q_d}{C_{ox}} = \dfrac{qN_a t_{ox}}{\varepsilon_{ox}}\left[\dfrac{4\varepsilon_{Si}kT\ln(N_a/n_I)}{q^2 N_a}\right]^{\frac{1}{2}}$ 是 SiO$_2$ 层上的电压降，相当于"内阻降"，其数值等于 Si 中的耗尽层电荷所产生的电位。

- $\dfrac{\Phi_{ms}}{q}$ 是栅极材料与衬底材料之间的功函数之差。

- $\dfrac{Q_{\mathrm{m}}\gamma_{\mathrm{m}}}{C_{\mathrm{ox}}} = \dfrac{1}{\varepsilon_{\mathrm{ox}}}\displaystyle\int_0^{t_{\mathrm{ox}}} x\rho_{\mathrm{ox}}(x)\mathrm{d}x$ 是 SiO_2 中可移动正离子的效应。写成规范形式，即

$$\gamma_{\mathrm{m}} = \frac{\displaystyle\int_0^{t_{\mathrm{ox}}} x\rho_{\mathrm{ox}}(x)\mathrm{d}x}{t_{\mathrm{ox}}\displaystyle\int_0^{t_{\mathrm{ox}}} \rho_{\mathrm{ox}}(x)\mathrm{d}x} \tag{5.25}$$

- $Q_{\mathrm{m}} = \displaystyle\int_0^{t_{\mathrm{ox}}} \rho_{\mathrm{ox}}(x)\mathrm{d}x$ 是可移动正离子的总电荷量。

- $\dfrac{Q_{\mathrm{F}}}{C_{\mathrm{ox}}}$ 是 SiO_2 中固定电荷的影响。

- $\dfrac{Q_{\mathrm{it}}(U_{\mathrm{s}})}{C_{\mathrm{ox}}}$ 是界面势阱的影响。

式（5.24）指出，在工艺环境确定后，MOS 管的阈值电压 V_{T} 主要决定于衬底的掺杂浓度 N_{a}。在 P 型衬底中，若杂质浓度 N_{a} 增大，则为了形成强反型层，需要赶走更多的空穴，要建立更厚的耗尽层，故需要较高的电压，V_{T} 值就增大。不言而喻，如果能正确控制掺杂浓度 N_{a}，就能精确定义 V_{T} 值，做出精密的 MOS 器件，故离子注入技术是非常重要的。另外，公式中 C_{ox} 的影响是很大的，t_{ox} 越小，SiO_2 层越薄，C_{ox} 越大，这些电荷的影响都可以降低。故在 VLSI 电路中，t_{ox} 很小，如小于 $100\,\mathrm{nm}$。

5.3　体　效　应

前面所有的推导，都假设源极和衬底都接地，认为 V_{GS} 是加在栅极与衬底之间的。实际上，在许多场合，源极与衬底并不连接在一起。

NMOS 管 VT_2 和 VT_3 源极不接地的情况下电压随源极-衬底电压的变化曲线如图 5.6 所示，通常情况下，衬底是接地的，但源极未必接地，它将影响 V_{T} 值，称为体效应。

图 5.7 所示为某 CMOS 工艺条件下，NMOS 阈值电压随源极-衬底电压的变化曲线。从图中可以看出，阈值电压的变化约为 $1.3\,\mathrm{V}$。如果不考虑这么大的变化，设计就会出现严重问题。由于衬底偏置效应在多数数字电路中是不可避免的，因此电路设计者要根据需要采用合适的方法对阈值电压的变化加以补偿。

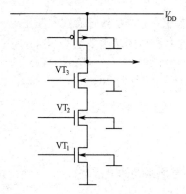

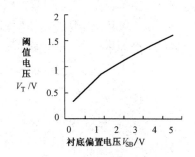

图5.6　NMOS 管 VT_2 和 VT_3 源极不接地的
情况下电压随源极-衬底电压的变化曲线

图 5.7　某 CMOS 工艺条件下，
NMOS 阈值电压随源极-衬底电压的变化曲线

5.4　MOSFET的温度特性

MOSFET 的温度特性主要来源于沟道中载流子的迁移率 μ 和阈值电压 V_{T} 随温度的变化。载

流子的迁移率随温度变化的基本特征是 $T\uparrow\rightarrow\mu\downarrow$。

因为 $g_m=\dfrac{\mu\varepsilon}{t_{ox}}\dfrac{W}{L}(V_{GS}-V_T)$，所以 $T\uparrow\rightarrow g_m\downarrow$。

阈值电压 V_T 的绝对值同样是随温度的升高而减小，即

$$T\uparrow\rightarrow|V_T|\downarrow$$

$$\Delta|V_T(T)|\approx(2\sim4)\,\text{mV/°C}$$

$|V_T|$ 的变化与衬底的杂质浓度 N_i 和氧化层的厚度 t_{ox} 有关，即

$$(N_i\downarrow,t_{ox}\downarrow)\rightarrow\Delta|V_T(T)|\downarrow$$

5.5　MOSFET的噪声

MOSFET 的噪声来源主要有两部分：热噪声（Thermal Noise）和闪烁噪声（Flicker Noise，$1/f$-Noise）。

热噪声是由沟道内载流子的无规则热运动造成的，通过沟道电阻生成热噪声电压 $v_{eg}(T,t)$，其等效电压值可近似表达为

$$\bar{v}_{eg}^2\propto T\frac{2}{3g_m}\Delta f \tag{5.26}$$

式中，Δf 为所研究的频带宽度；T 为热力学温度。

设 MOS 模拟电路工作在饱和区，g_m 可写为

$$g_m=\sqrt{\frac{2\mu\varepsilon W}{t_{ox}L}I_{DS}}$$

所以，$W\uparrow\rightarrow\bar{v}_{eg}^2\downarrow$，$I_{DS}\uparrow\rightarrow\bar{v}_{eg}^2\downarrow$。

可以得到结论：增加 MOS 的栅宽和偏置电流，可减小器件的热噪声。

闪烁噪声是由沟道处二氧化硅与硅界面上电子的充放电引起的。闪烁噪声的等效电压值可表达为

$$\bar{v}_{1/f}^2=\frac{K_2t_{ox}}{\varepsilon WL}\frac{1}{f^\alpha}\Delta f \tag{5.27}$$

式中，K_2 为一个系数，典型值为 3×10^{24} $\text{V}^2\text{F/Hz}$；因为 $\alpha\approx1$，所以闪烁噪声被称为 $1/f$ 噪声。电路设计时，增加栅长 W，可降低闪烁噪声。

两点重要说明：

① 有源器件的噪声特性对于小信号放大器、振荡器等模拟电路设计是至关重要的。

② 所有 FET（MOSFET、MESFET 等）的 $1/f$ 噪声都高出相应的 BJT 的 $1/f$ 噪声约 10 倍。这个特征在考虑振荡器电路方案时必须要给予重视。

5.6　MOSFET尺寸按比例缩小

1. MOSFET 尺寸缩小（Scaling-down）对器件性能的影响

下面对 MOSFET 的特性做进一步讨论。由前面分析可知，MOSFET 的漏极电流在非饱和区和饱和区内分别为

$$I_{DS}=\frac{\beta}{2}[2(V_{GS}-V_T)V_{DS}-V_{DS}^2]\qquad\text{（非饱和区）} \tag{5.28}$$

$$I_{DS}=\frac{\beta}{2}[V_{GS}-V_T]^2\qquad\text{（饱和区）} \tag{5.29}$$

$$\beta = \frac{\varepsilon_{ox}\mu}{t_{ox}} \cdot \frac{W}{L} \qquad (5.30)$$

根据式（5.28）~式（5.30），可得出如下结论：

① $\left.\begin{array}{l} L\downarrow \to I_{DS}\uparrow \\ t_{ox}\downarrow \to I_{DS}\uparrow \end{array}\right\} \to I_{DS}\uparrow$

减小 L 和 t_{ox} 将提高 MOSFET 的电流控制能力。

② $W\downarrow \to I_{DS}\downarrow \to P\downarrow$

减小 W 将降低 MOSFET 的电流控制能力和减小输出功率。

③ $(L\downarrow + t_{ox}\downarrow + W\downarrow)\big|_{I_{DS}=const} \to A_{MOS}\downarrow$

同时减小 L、t_{ox} 和 W，可保持 I_{DS} 不变，但将导致器件占用面积的减小和电路集成度的提高，因此缩小 MOSFET 尺寸是 VLSI 发展的总趋势。

问题是在 $V_{DS} \leqslant V_{DSmax} = V_{DD}$ 不变的情况下，减小 L 将导致击穿电压降低，如图 5.8 所示，即

$$L\downarrow \big|_{V_{DS}=const} \to (E_{ch}\uparrow, V_{DSmax}\downarrow)$$

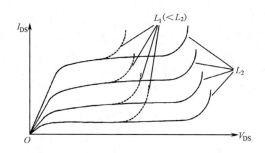

图 5.8　MOSFET 击穿电压随栅长的变化

解决的方案是：减小 L 的同时降低电源电压 V_{DD}，而降低电源电压的关键是降低开启电压 V_T。表 5.1 所示为开启电压 V_T 和电源电压 V_{DD} 的演变历史和趋势。

表 5.1　开启电压 V_T 和电源电压 V_{DD} 的演变历史和趋势

V_T/V	7~9	4	1	0.6	0.4
V_{DD}/V	20	12	5	3.3	1.8

2. V_T 的功能与降低 V_T 的措施

V_T 的功能是：

① 在栅极下面的 Si 区域中形成反型层。

② 克服 SiO_2 介质上的压降。

降低 V_T 的措施包括：

① 降低衬底中的杂质浓度，采用高电阻率的衬底。

② 减小 SiO_2 介质的厚度 t_{ox}。

这两项措施都是工艺方面的问题。

3. MOSFET 的跨导 g_m

MOSFET 的跨导 g_m 的定义为

$$g_m = \frac{\Delta I_{DS}}{\Delta V_{GS}}\bigg|_{V_{DS}=const} \qquad (5.31)$$

由 MOSFET 的 *I-V* 特性求得

$$g_{\mathrm{m}} = \frac{\mu \varepsilon}{t_{\mathrm{ox}}} \frac{W}{L} (V_{\mathrm{GS}} - V_{\mathrm{T}}) \tag{5.32}$$

MOSFET 的优值

$$\omega_0 = \frac{g_{\mathrm{m}}}{C_{\mathrm{G}}} = \frac{\mu}{L^2} (V_{\mathrm{GS}} - V_{\mathrm{T}}) \tag{5.33}$$

$$L \uparrow \to \omega_0 \uparrow$$

4. MOSFET 的动态特性和尺寸缩小的影响

MOSFET 电路等效于一个含有受控源的 RC 网络。

受控源：$I_{\mathrm{DS}}(V_{\mathrm{GS}})$

R：$I_{\mathrm{DS}}(V_{\mathrm{DS}})$，$R_{\mathrm{metal}}$，$R_{\mathrm{poly\text{-}Si}}$，$R_{\mathrm{diff}}$

C：C_{gs}，C_{gd}，C_{ds}，C_{gb}，C_{sb}，C_{db}，C_{mm}，C_{mb}

$C_{\mathrm{G}} = C_{\mathrm{gs}} + C_{\mathrm{gd}} + C_{\mathrm{gb}}$，为关键电容值。

MOSFET 的动态特性，即速度，取决于 RC 网络的充放电的快慢，进而取决于以下几点：

① 电流源 I_{DS} 的驱动能力，跨导的大小。

② RC 时间常数的大小.

③ 充放电的电压范围，即电源电压的高低。

MOSFET 的速度可以用单级非门（反相器）的时延 τ_{D} 来表征。

Scaling-down（$L\downarrow$，$W\downarrow$，$t_{\mathrm{ox}}\downarrow$，$V_{\mathrm{DD}}\downarrow$）对 MOSFET 速度的影响：

$$\left. \begin{array}{c} (L\downarrow,\ W\downarrow,\ t_{\mathrm{ox}}\downarrow)\ I_{\mathrm{DS}}\downarrow \\ V_{\mathrm{DD}}\downarrow \end{array} \right\}$$

所以，R 基本不变，但是

$$(L\downarrow,\ W\downarrow,\ t_{\mathrm{ox}}\downarrow)\left[C_{\mathrm{G}} \approx C_{\mathrm{gs}} + C_{\mathrm{gd}} = \frac{\varepsilon WL}{t_{\mathrm{ox}}} \right]\downarrow$$

所以，器件尺寸连同 V_{DD} 同步缩小后，器件的速度是提高的。

5. 按比例缩小的三种方案

按比例缩小的三种方案为：

- 恒电场（Constant Electrical Field）
- 恒电压（Constant Voltage）
- 准恒电压（Quasi-Constant Voltage）

采用恒电场 CE 缩减方案，缩减因子为 α 时，各电路指标变化如表 5.2 所示。

表 5.2　电路指标变化表

Parameter（参数）	变 化 因 子	备　注
Voltage（电压）	$1/\alpha$	
Circuit density（电路密度）	α^2	$L\downarrow$ 且 $W\downarrow$
Device current（器件电流）	$1/\alpha$	
Power（功率）	$1/\alpha^2$	$I_{\mathrm{DS}}\downarrow$ 且 $V_{\mathrm{DS}}\downarrow$
Capacitance（电容）	$1/\alpha$	
Delay（沟道延迟）	$1/\alpha$	
Line Resistance（连线电阻）	α	

续表

Parameter（参数）	变化因子	备　注
Line Capacitance（连线电容）	$1/\alpha$	
Line Response Time（连线响应时间）	1	$R_L\uparrow$ 且 $C_L\downarrow$
Figure of Merit ω_0（优值）	α^2	$\propto 1/L^2$

MOSFET 特征尺寸按 α（$\alpha>1$）缩减的优点如下：

① 电路密度增加到 $1/\alpha^2$。

② 功耗降低 $1/\alpha^2$。　　　　　　　　　　　　　　　 VLSI，ULSI

③ 器件时延降低 α 倍，则器件速度提高 α 倍。

④ 线路上的延迟不变。

⑤ 优值增加 α^2 倍。

这就是为什么人们把 MOS 工艺的特征尺寸做得一小再小，使得 MOS 电路规模越来越大，MOS 电路速度越来越高的重要原因。

5.7　MOS器件的二阶效应

随着 MOS 工艺向着亚微米、深亚微米的方向发展，采用简化的，只考虑一阶效应的 MOS 器件模型来进行电路模拟，已经不能满足精度要求了，此时必须考虑二阶效应。

二阶效应出于如下两种原因：

① 当器件尺寸缩小时，电源电压还得保持为 5 V 或 3.3 V，于是，平均电场强度增加了，引起了许多二阶效应。

② 当管子尺寸很小时，这些小管子的边缘相互靠在一起，产生了非理想电场，也严重地影响了它们的特性。

下面具体讨论二阶效应在各方面的表现。

5.7.1　L和W的变化

在一阶理论的设计方法中，总认为 L、W 是同步缩减的，是可以严格控制的。事实并非如此，真正器件中的 L、W 并不是原来版图上所定义的 L、W。原因之一是制造误差，原因之二是 L、W 定义本身就不确切，不符合实际情况。W 的变化如图 5.9 所示。

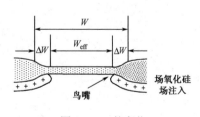

图 5.9　W 的变化

通常，在 IC 中各晶体管之间是由氧化区（Field Oxide）来隔离的。在版图中，凡是没有管子的地方，一般都是场区。场是由一层很厚的 SiO_2 形成的。多晶硅或铝线在场氧化区上面穿过，是不会产生寄生 MOS 管的。因为 MOS 管的开启电压为

$$V_T = V_{FB} + 2\Phi_{FP}\frac{1}{C_{ox}}\sqrt{2\varepsilon_{Si}qN_a(U_s+2\Phi_{FP})} \qquad (5.34)$$

式中，C_{ox} 为 SiO_2 的电容；N_a 为衬底掺杂浓度；U_s 为硅表面电势。公式推导省略，我们只需知道，V_T 是由三部分组成的，即平带电压 V_{FB}、反型电压 $2\Phi_{FP}$ 和氧化层上的压降 Q/C_{ox}。

对于 IC 中的 MOS 管，SiO_2 层很薄，C_{ox} 较大，V_T 较小。对于场区，SiO_2 层很厚，C_{ox} 很小，电容上的压降很大，使得这个场区的寄生 MOS 管的开启电压远大于电源电压，即 $V_{TF}\gg V_{DD}$。这里寄生的 MOS 管永远不会打开，不能形成 MOS 管。

图 5.10 所示为场氧化区和有源区 V_T 的变化曲线。由于场氧化区段 V_T 很高，另外人们又在氧化区的下面注入 P^+ 区，称为注入区（Field Implant），如图 5.11 所示。这样，在氧化区下面衬底的 N_a 值较大，也提高了寄生 MOS 管的开启电压。同时，这个注入区也用来控制表面的漏电流。如果没有这个 P^+ 注入区，那么两个 MOS 管的耗尽区很靠近，漏电增大。由于 P^+ 是连在衬底上的，处于最低电位，因此反向结隔离性能良好，漏电流大大减小。

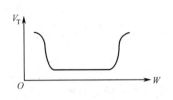

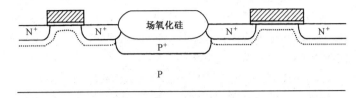

图5.10　场氧化区和胡源区 V_T 的
　　　　变化曲线

图 5.11　氧化区下面的 P^+ 注入区

所以，在实际情况中，需要一个很厚的氧化区和一个注入区，给工艺带来了新的问题。

通常，先用有效区的掩模，在场区外生成一个氮化硅的斑区。然后，再以这个斑区作为注入掩模，注入 P^+ 区。最后，以这个斑区为掩模生成氧化区。然而，在氧化过程中，氧气会从斑区的边沿处渗入，造成了氧化区具有"鸟嘴"形（Bird Beak）。

"鸟嘴"的形状和大小与氧化工艺中的参数有关，但是有一点是肯定的，器件尺寸和有源区的边沿变动了。器件的宽度不再是版图上所画的 W_{drawn}，而是 W，且有

$$W = W_{drawn} - 2\Delta W \tag{5.35}$$

式中，ΔW 就是"鸟嘴"侵入部分厚度，其大小差不多等于氧化区厚度。当器件尺寸还不是很小时，这个 ΔW 影响不大；当器件缩小后，ΔW 的影响是可观的，它影响了开启电压。

另外，注入区也有影响。由于 P^+ 区是先做好的，后来在高温氧化时，这个 P^+ 区中的杂质也扩散了，侵入到管子区域，改变了衬底的掺杂浓度 N_a，影响了开启电压。

同时，扩散电容也增大了，N^+ 区与 P^+ 区的击穿电压降低。另外，栅极长度 L 不等于原先版图上所绘制的 L_{drawn}，也减小了，如图 5.12 所示，L_{drawn} 是图上绘制的栅极长度，L_{final} 是加工完后的实际栅极长度，并有

$$L_{final} = L_{drawn} - 2\Delta L_{poly} \tag{5.36}$$

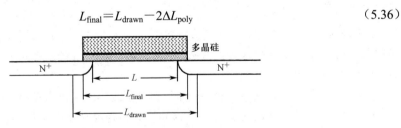

图 5.12　栅极长度 L 的改变

尺寸缩小的原因是在蚀刻（Etching）过程中，多晶硅（Ploy）被腐蚀掉了。另外，扩散区又延伸进去了，两边合起来延伸了 $2\Delta L_{diff}$，故沟道长度仅为

$$L = L_{drawn} - 2\Delta L_{poly} - 2\Delta L_{diff} \tag{5.37}$$

式中，$2\Delta L_{diff}$ 为重叠区，也增加了结电容，有

$$\Delta C_{gs} = W\Delta L_{diff} C_{ox} \tag{5.38}$$

$$\Delta C_{gd} = W\Delta L_{diff} C_{ox} \tag{5.39}$$

式中，C_{ox} 为单位面积电容。

5.7.2　迁移率的退化

众所周知，MOS 管的电流与迁移率 μ 成正比。在设计器件或计算 MOS 管参数时，常常假定 μ 是常数。而实际上，μ 并不是常数。从器件的外特性来看，至少有三个因素影响 μ 值，它们是温度 T、垂直电场 E_v 和水平电场 E_h。

（1）特征迁移率 μ_0

μ_0 与制造工艺密切相关。它取决于表面电荷密度、衬底掺杂和晶片趋向。μ_0 还与温度 T 有关，温度升高时，μ_0 就降低。如果从 25℃ 增加到 100℃，μ_0 将下降一半。因而，在 MOS 管正常工作温度范围内，要考虑 μ_0 是变化的。

（2）迁移率 μ 退化的原因，除了温度，还有电场强度

通常，电场强度 E 增加时，μ 是减小的。然而，电场 E 有水平分量和垂直分量，因而 μ 将随 E_v、E_h 而退化。

通常，μ 可以表示为

$$\mu = \mu_0(T) f_v(V_G, V_S, V_D) f_h(V_G, V_S, V_D) \tag{5.40}$$

式中，$\mu_0(T)$ 为温度的函数，有

$$\mu_0(T) = kT^{-M} \tag{5.41}$$

于是有

$$\frac{\mu_0(T_2)}{\mu_0(T_1)} = \left(\frac{T_2}{T_1}\right)^{-M} \tag{5.42}$$

在半导体 Si 内，$M=1.5$，这是 SPICE 中所用的参数。但在反型层内（NMOS 管），$M=2$，所以，一般认为，M 值是处在 1.5～2 之间。对 N 沟道 MOS 管，$\mu_0 = 600\ \text{cm}^2/(\text{V·s})$；对 P 沟道 MOS 管，$\mu_0 = 250\ \text{cm}^2/(\text{V·s})$。式（5.40）中，$f_v$ 是垂直电场的退化函数，f_h 是水平电场的退化函数。

通常，f_v 采用如下公式，即

$$f_v = \begin{cases} 1, & V_v \leqslant V_c \\ (V_c/V_v)^v, & V_v > V_c \end{cases} \tag{5.43}$$

式中，V_c 为临界电压，$V_c = \varepsilon_c t_{ox}$；$\varepsilon_c$ 为临界电场，$\varepsilon_c = 2 \times 10^5\ \text{V/cm}$。垂直电场 μ 值退化大约为 25%～50%。

水平电场对 μ 的影响比垂直电场大得多。因为水平电场将加速载流子运动，当载流子速度被加速到一个大的数值，水平速度会饱和。一般来讲，N 型 Si 的 μ_0 值远大于 P 型 Si 的 μ_0 值。然而，这两种载流子的饱和速度是相同的。

对于一个高性能器件来说，载流子是以最高速度，即饱和速度通过沟道的。这时，P 沟道管的性能与 N 沟道管的性能差不多相等。这并不是 P 型器件得到改进，而是 N 型器件有所退化。

经过长期研究，已经确定，在电场不强时，N 沟道的 μ 值确实比 P 沟道的 μ 值大得多，约 2.5 倍。但当电场增强时，这个差距就缩小，当电场增强到一定程度时，N 管与 P 管达到同一饱和速度，得到同一个 μ 值，它与掺杂几乎无关。

所以，在 Intel 公司称为 HMOSII 的工艺中，由于电压不能降低，尺寸缩小，电场必强，NMOS 管的 μ 就会降低，这是一种二阶效应。

5.7.3　沟道长度的调制

在简化的 MOS 原理中，认为饱和后，电流不再增加。事实上，在饱和区中，当 V_{DS} 增加时，I_{DS} 仍然是增加的。这是因为沟道两端的耗尽区的宽度增加了，而反型层上的饱和电压不变，沟道

距离减小了，于是沟道中水平电场增强了，增加了电流，故器件的有效沟道长度为

$$L' = L - \Lambda$$

式中，Λ 为漏极区的耗尽区的宽度

$$\Lambda = \sqrt{\frac{2\varepsilon_{Si}}{qN}(V_{DS} - V'_{Dsat})} \tag{5.44}$$

式中，$V_{DS} - V_{Dsat}$ 为耗尽区上的电压。如果衬底掺杂高，那么这种调制效应就减小了。沟道长度调制示意图如图 5.13 所示。

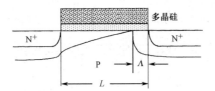

图 5.13　沟道长度调制示意图

5.7.4　短沟道效应引起的阈值电压的变化

迄今为止，我们对 MOS 管的分析全是一维的。无论是垂直方向，还是水平方向，都是一维计算的。我们隐含地假定，所有的电场效应都是正交的。然而，这种假定在沟道区的边沿上是不成立的。因为沟道很短、很窄，边沿效应对器件特性有重大影响（最重要的短沟道效应是 V_T 的减小）。

加在栅极上的正电压首先是用来赶走 P 型衬底中的多数载流子-空穴，使栅极下面的区域形成耗尽层，从而降低 Si 表面的电位。当这个电位降低到 P 型衬底的费米能级时，半导体呈现中性。这时，电子浓度和空穴浓度相等。若再增加栅极电压，则形成反型层。

栅极感应所生成的耗尽区，与源、漏耗尽区是连接在一起的。显然，有部分区域是重叠的，那里的耗尽区是由栅极感应与扩散平衡共同形成的。差不多一半由感应产生，另一半由扩散形成。这样，栅极电压只要稍加一点，就可以在栅极下面形成耗尽区，如图 5.14 所示。

$Q_B' = Q_B - Q_L$，故阈值电压 V_T 必然降低。

对于长沟道 MOS 管，影响不大。但是当沟道长度 $L < 5\,\mu m$ 后，V_T 降低是极其明显的，如图 5.15 所示。

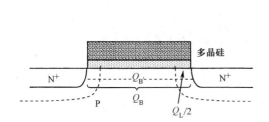

图 5.14　栅极感应与扩散平衡共同形成的耗尽区

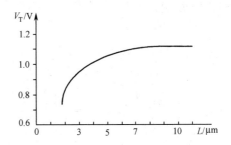

图 5.15　短沟道效应引起的阈值电压的变化

5.7.5　狭沟道效应引起的阈值电压的变化

如果沟道太窄，W 太小，那么栅极的边缘电场也引起了 Si 衬底中的电离化，产生了附加的耗尽区，因而增加了阈值电压，如图 5.16 所示。

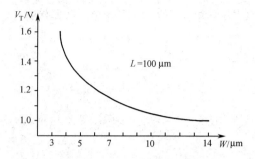

图 5.16　狭沟道效应引起的阈值电压的变化

由此可见，这些短沟道、狭沟道效应，对于工艺控制是比较敏感的。

思　考　题

1．画出 MOSFET 的基本结构。
2．写出 MOSFET 的基本电流方程。
3．MOSFET 的饱和电流取决于哪些参数？
4．为什么说 MOSFET 是平方率器件？
5．什么是 MOSFET 的阈值电压？它受哪些因素影响？
6．什么是 MOS 器件的体效应？
7．说明 L、W 对 MOSFET 的速度、功耗、驱动能力的影响。
8．MOSFET 按比例收缩后对器件特性有什么影响？
9．MOSFET 存在哪些二阶效应？分别是由什么原因引起的？
10．说明 MOSFET 噪声的来源、成因及减小的方法。

本章参考文献

[1]　Phillip E, Allen, Douglas R, et al.. CMOS Analog Integrated Circuit Design. New York: Oxford University Press, 2002.

[2]　Kang Sung-Mo, Leblebici Yusef. CMOS Digital Integrated Circuit：Analysis and Design. Columbus: MrGraw-Hill, 2002.

第6章　集成电路器件及SPICE模型

6.1　无源器件结构及模型

从电路的观点来看，集成电路可以认为是由有源和无源两类元件组成的。有源元件就是各类晶体管，它们将在后面的章节中讨论。集成电路中的无源元件包括互连线、电阻、电容、电感、传输线等。虽然有源元件在集成电路设计中起着决定性的作用，但是无源元件的设计和应用，特别是在模拟、模数混合、超高速和超高频集成电路设计中，也应该受到高度重视。本章对集成电路设计中常用的主要无源元件加以讨论。

6.1.1　互连线

互连线是各种分立和集成电路的基本元件。也许不少人对于这一概念不是特别明确。事实上，互连线的版图设计是集成电路设计中的基本任务，在利用门阵列设计电路中甚至是唯一的任务。

在混合集成电路和单片集成电路的衬底上，互连线大多数是由金属薄层形成的条带。不同衬底上的电路的互连可能用到金属裸线或电缆。

对于各种互连线设计，应该注意以下几方面：

① 通常，为了减少信号或电源引起的损耗，以及为了减少芯片面积，大多数连线应该尽量短。实际上，版图设计中只要对那些传输高频信号的关键互连线按最小长度布线就可以了。在这方面，对已经精心设计的电路单元进行合适的布图有系统性的方法。

② 为了提高集成度，在传输电流非常微弱时（如 MOS 栅极），大多数互连线应以制造工艺提供的最小宽度来布线。

③ 在连接线要传输大电流时（例如，用于接地和提供电源的互连线），应估计其电流容量并保留足够的裕量。

④ 制造工艺提供的多层金属能有效地提高集成度。

⑤ 在微波和毫米波范围内，应注意互连线的趋肤效应和寄生参数。如果可能，为了更易建模和分析，可使用传输线结构。

⑥ 在某些情况下，可有目的地利用互连线的寄生效应。例如，传导电阻可用来实现低值电阻。两条或共面或上下平行互连线间的电容可用作微波或毫米波信号的旁路电容。

CMOS 工艺发展到深亚微米阶段后，互连线的延迟已经超过逻辑门的延迟，成为时序分析的重要组成部分。这时，应采用链状 RC 网络、RLC 网络或进一步采用传输线来模拟互连线。常见的两种寄生效应是串联寄生电阻和并联寄生电容。在电源和地之间，电阻造成直流和瞬态压降；在长信号线上，分布电阻电容带来延迟；在导线长距离并行或不同层导线交叉时，带来相互串扰的问题。为了保证模型的精确度和信号的完整性，需要对互连线的版图结构加以约束和进行规整。

图 6.1 所示为简单长导线的寄生模型。

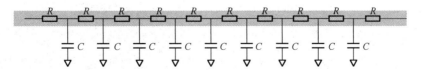

图 6.1　简单长导线的寄生模型

不同材料的串联寄生电阻值不同，金属（铝、铜）的典型值为 0.05 Ω/□，多晶硅的典型值为 10~15 Ω/□，扩散区的典型值为 20~30 Ω/□。对于单位长度电容，有一个经验公式来进行计算

$$C = \varepsilon \left[\frac{w}{h} + 0.77 + 1.06 \left(\frac{w}{h} \right)^{0.25} + 1.06 \left(\frac{t}{h} \right)^{0.5} \right]$$

公式中的各参数含义如图 6.2 所示。

复杂互连线的寄生电容（如图 6.3 所示）是由许多简单的寄生电容叠加而形成的。

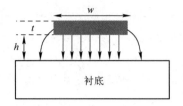

图6.2 简单并联寄生电容

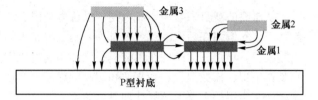

图6.3 复杂互连线的寄生电容

6.1.2 电阻

在集成电路中，实现电阻有 4 种方式。

（1）晶体管结构中不同材料层的片式电阻

在双极型硅工艺中，掩埋集电极的 N^+ 层具有每方块 2~10 Ω 的电阻率。基极 P^- 层有每方块几千欧的电阻率。在 CMOS 工艺中，可以用阱区形成片式电阻。这类片式电阻能实现从 10 Ω 至十几千欧范围的电阻值。由晶体管结构材料层构成的电阻有一个缺点，就是电阻值随工艺和温度的变化较大。

（2）专门加工制造的高质量高精度电阻

在 CMOS 工艺中，通常用多晶硅形成薄膜电阻。在 GaAs 工艺中，通常将镍和铬金属共同蒸发形成薄膜电阻。电阻值由镍铬层的宽、长和方块电阻率确定，范围是 20~2000 Ω。

（3）可用互连线的传导电阻实现相对较低的电阻

图 6.4（a）所示为单线和 U 形两种典型的电阻版图。在高频时，必须考虑电阻的寄生参数，应该采用图 6.4（b）所示的等效电路代替电阻来进行电路模拟。此处，C_1 和 C_2 代表欧姆接触孔对地的电容。C_p 代表两个欧姆接触孔间的电容，显然，图 6.4（a）下面所示 U 形电阻的 C_p 大于上面的 I 型电阻的 C_p。对于一些常用的结构，如 50 Ω 的片上匹配电阻，通过测量的方法可获得寄生参数。对于另一些结构，其寄生参数可根据工艺文件提供的数据进行计算。

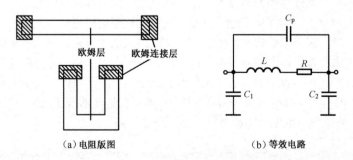

（a）电阻版图 （b）等效电路

图6.4 单线和 U 形电阻版图及其等效电路

任何电阻都只能承受有限的功耗。在给定的工艺中，工艺数据会给出每种电阻单位面积允许的最大功耗。根据这些数据，可以决定每个电阻的最小宽度。

（4）有源电阻

所谓有源电阻，是指采用晶体管进行适当的连接并使其工作在一定的状态，利用它的直流导通电阻和交流电阻作为电路中的电阻元件使用。双极型晶体管和 MOS 晶体管均可担当有源电阻。这里将只讨论以 MOS 器件作为有源电阻的情况，双极型器件作为有源电阻的原理与之类似。

用 MOS 管作为有源电阻可以有多种接法，图 6.5 所示为增强型 NMOS 和 PMOS 作为有源电阻时栅、漏短接的接法及其伏安特性曲线。由第 2 章介绍的 MOS 晶体管的电流方程可知，在 MOS 管的栅极和漏极短接的情况下，只要 V_{GS} 大于阈值电压（V_{TN} 或 V_{TP}），将使导通的 MOS 管始终工作在饱和区，漏极电流与栅源电压呈平方律关系。

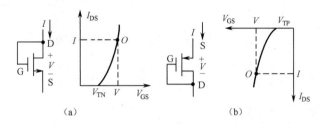

图 6.5　栅、漏短接的 MOS 有源电阻及其伏安特性曲线

在这种应用中，NMOS 的源是接较低电位的一端，NMOS 管的电流从漏极流入，从源极流出，而 PMOS 的漏是接较低电位的一端，电流从源极流入，从漏极流出。

从栅、漏短接的 MOS 管可以得到两种电阻：直流电阻和交流电阻。

以 NMOS 为例，若直流电阻所对应的工作电流为 I，源漏电压为 V，则直流电阻为

$$R_{on}\big|_{V_{GS}} = \frac{V}{I} = \frac{2t_{ox}}{\mu_N \varepsilon_{ox}} \frac{L}{W} \frac{V}{(V - V_{TN})^2} \tag{6.1}$$

而交流电阻是曲线在工作点 O 处的切线。因为 $V_{DS} = V_{GS}$，所以交流电阻为

$$r_{DS} = \frac{\partial V_{DS}}{\partial I_{DS}}\bigg|_{V_{GS}=V} = \frac{\partial V_{GS}}{\partial I_{DS}}\bigg|_{V_{GS}=V} = \frac{1}{g_m} = \frac{t_{ox}}{\mu_N \varepsilon_{ox}} \cdot \frac{L}{W} \cdot \frac{1}{(V - V_{TN})} \tag{6.2}$$

即交流电阻等于工作点电压为 V 的饱和区跨导的倒数。显然，这个电阻是一个非线性电阻，但因为一般交流信号的幅度较小，所以这个有源电阻在模拟集成电路中的误差并不大。

对于 PMOS 有源电阻，也有类似的结果。

从上述的分析和曲线可以看出，栅、漏短接并工作在饱和区的 MOS 器件的直流电阻在一定的范围内比交流电阻大。在许多的电路设计中正是利用了这样结构的有源电阻所具有的交、直流电阻不一样的特性，来满足电路的需要。

还可以通过其他的连接方法，利用 MOS 管的工作区域和特点，得到具有另外特点的直流与交流电阻。从图 6.6 所示的饱和区的 NMOS 晶体管伏安特性可知，工作在 O' 点的 NMOS 晶体管具有直流电阻小于交流电阻的特点。

对于理想情况，O' 点的交流电阻应为无穷大，实际上因为沟道长度调制效应，交流电阻为一个有限值，但远大于在该工作点上的直流电阻。在这个工作区域，当漏源电压变化时，只要器件仍工作在饱和区，它所表现出来的交流电阻几乎不变，直流电阻则将随着漏源电压变大而变大。

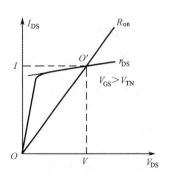

图 6.6　饱和区的 NMOS 有源电阻伏安特性

有源电阻的几种形式如图 6.7 所示。利用增强型 NMOS 管按图 6.7（a）所示的接法，使器件

工作在饱和区并保持栅源电压不变，便可获得具有图 6.6 所示特性的有源电阻。同理，对 PMOS 管按图 6.7（d）所示的接法也能获得与图 6.7（a）NMOS 管类似特性的有源电阻。此外，图 6.7（c）是将一个耗尽型 NMOS 管的栅、源短接作为有源负载的形式，只要该器件工作在饱和区，它也将具有图 6.6 所示的特性，所不同的是它对应的是 $V_{GS}=0$ 的那条曲线。

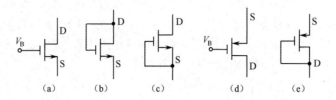

图 6.7　有源电阻的几种形式

综上所述，通过对不同类型的 MOS 管的适当连接，就可以构造出多种有源电阻，最后将它们总结在图 6.7 中。

显然，图 6.7 中的（b）和（e）即为图 6.5 中的两种有源电阻，在此无须重复。

在实际电路中应用这些有源电阻时，根据接入方法的不同，以及节点信号变化的关系不同，它们也将表现出不同的特性。

有源电阻的 SPICE 模型就直接运用相关有源器件的模型。这是它们不同于无源电阻的一个重要方面。

6.1.3　电容

在高速集成电路中，有多种实现电容的方法：

① 利用二极管和三极管的结电容。

② 利用图 6.8 所示的叉指金属结构。

③ 利用图 6.9 所示的金属–绝缘体–金属（MIM）结构[1]。

④ 利用（类似于图 6.9）多晶硅/金属–绝缘体–多晶硅结构。

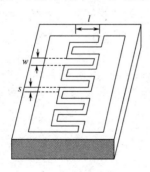

图6.8　叉指金属结构

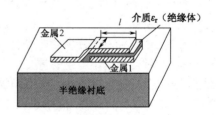

图 6.9　MIM 电容

利用结电容有一个好处，就是不需要额外的工艺。但是可实现电容有一个极性问题，解决的方法是采用两个背靠背连接的二极管[2]。此外，所有的 PN 结电容都是非线性的，是两端电压的函数。根据实际应用，这一特性有优点也有缺点。在大信号线性放大器中，它会引起非线性失真，因此应该采取措施减少这种非线性失真。然而，在需要调整频率和相位的谐振放大器、移相器、压控振荡器中，也可以利用这种非线性。任何 PN 结都有漏电流和从结面到金属连线的体电阻，因而结电容的品质因数通常比较低。结电容的参数可以采用二极管和晶体管结电容同样的方法进行计算。电容值依赖于结面积，例如二极管和晶体管的尺寸。

在半绝缘的 GaAs 衬底上，叉指电容和 MIM 电容有很高的品质因数。它们可以用在单片微波集成电路和速度超过 100 Gbit/s 的集成电路中。叉指结构的电容不需额外的工艺，而 MIM 电容需要额外的电介质和金属层加工工艺。

　　MIM 电容有望做到几十皮法。MIM 电容值可用平板电容公式进行计算

$$C = \frac{\varepsilon_r \varepsilon_o l w}{d} \tag{6.3}$$

式中，ε_o 为真空介电常数；l、w 为平板电容长度和宽度；d 为电容两金属平板之间的距离；ε_r 为绝缘体的相对介质常数。根据成分不同，大多数硅氮氧化物的介质常数为 3.5～6.5。对于成熟的工艺，MIM 电容值通常是 pF/mm 或 fF/μm 量级。此时，微波电路用的电容在芯片上实现较容易。

　　对于高频和高速集成电路应用，电容不仅具有电容值的特征，而且会有一个并联寄生电导 G、串联电感 L 和电阻 R。对于结电容，电导 G 不可忽略。对于 GaAs 衬底上的叉指电容和 MIM 电容，G 代表由漏电流引起的损耗和半绝缘体衬底或绝缘层的介质损耗，在良好的工艺情况下，G 可以被忽略。随着工作频率的增高，串联电感的阻抗变得越来越高。达到某一频率，C 与 L 变成串联谐振回路，其固有的自谐振频率定义如下

$$f_0 = \frac{1}{2\pi\sqrt{LC}} \tag{6.4}$$

此时，电容器的电容特性完全消失。这就意味着任何电容仅在低于 f_0 的频率上才会起电容作用。实际中，经验的准则是电容工作在 $f_0/3$ 以下。

　　电容的品质因数 Q 由以下两项给出。

　　① 介质损耗相关的品质因数 Q_d 为

$$Q_d = \frac{1}{\tan \delta} = \frac{\omega C}{G} \tag{6.5}$$

式中，C 为电容器压值；G 为并电导；ω 为交频率。

　　② 欧姆损耗相关的品质因数 Q_c 为

$$Q_c = \frac{1}{\omega C R} \tag{6.6}$$

合成的品质因数 Q 为

$$Q = \frac{Q_d Q_c}{Q_d + Q_c} \tag{6.7}$$

当厚的两层金属夹着一层优质的 SiON 介质形成 MIM 电容时，它的品质因数 Q 有望超过 50。

6.1.4　电感

　　在集成电路开始出现以后很长一段时间内，人们一直认为电感是不能集成在芯片上的。因为那时集成电路工作的最高频率在兆赫量级，芯片上金属线的电感效应非常小。现在的情况就不同了，首先，近 20 年来集成电路的速度越来越高，微波和毫米波单片集成电路（MMICs 和 M³ICs）已经有了很大的发展，芯片上金属结构的电感效应变得越来越明显。芯片电感的实现成为可能。其次，半绝缘 GaAs 衬底、高阻 Si 衬底（Si/Ge-HBT）、挖去衬底的空气桥形的金属结构[3]使电感元件获得了有用的品质因数。

　　在微波频段，片上电感可以按集总元件的形式加以实现。

1. 集总电感

集总电感可以有下列两种形式：

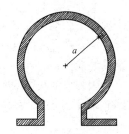

图 6.10　单匝线圈版图

①单匝线圈。（单匝线圈版图如图 6.10 所示。）

② 圆形、方形或其他螺旋形多匝线圈。

假定，衬底足够厚（大于 200 μm），由空气桥组成的单匝线圈电感值为

$$L = 1.26a[\ln(8\pi \ a/w) - 2]\ (\text{pH}) \tag{6.8}$$

式中，a 为线圈半径，单位为 μm；w 为导线宽度，单位为 μm。

多匝螺旋形线圈能做到比单匝线圈更高的电感值。厚衬底空气桥螺旋形线圈简单，其相当精确的计算公式为

$$L = \frac{(r_o + r_i)^2 N^2}{25.4(60r_o - 28r_i)}\ (\text{pH}) \tag{6.9}$$

式中，r_i 为螺旋的内半径，单位为 μm；r_o 为螺旋的外半径，单位为 μm；N 为匝数。

芯片上单匝和多匝螺旋形线圈的双端口等效电路和电阻的双端口等效电路相同，如图 6.4（b）所示，但参数值不同。

电感的电阻 R 可采用与互连线电阻同样的方法进行计算，但在频率超过 2 GHz 时，必须考虑趋肤效应。

与电容一样，芯片电感的最高工作频率受其自谐振频率 f_0 的限制。电感的自谐振频率 f_0 依赖于电感值 L 和总的寄生电容 C。厚衬底上单匝线圈的电容基本上就是导线的电容，其值一般不超过 50 fF[①]。因此，单匝电感的自谐振频率可以超过 35 GHz。多匝螺旋形线圈与单匝线圈相比，寄生电容的影响更大。与仅通过做一空气桥将内环连到外部的紧贴表面螺旋形线圈（$\varepsilon_{\text{reff}} = 7$）相比，空气桥螺旋形线圈（$\varepsilon_{\text{reff}} = 1$）的寄生电容小得多，有可能减少到 20 fF。因此，大约 1 nH 的电感上甚至能实现超过 30 GHz 的自谐振频率。

调谐放大器和振荡器的工作频率必须控制在百分之几的误差范围内，由于没有足够精确的公式计算集总电感的所有参数，因此为了达到设计目标，最可靠的方法是尽可能地使用具有精确模型的库元件。而此方法的前提是必须有成系列的电感库元件可用。设计和提取电感模型属于工艺开发的一项基本工作。

2. 传输线电感

获得单端口电感的另一种方法是使用长度 $l < \lambda/4$（λ为波长）的短电传输线（微带或共面波导）或使用长度在 $\lambda/4 < l < \lambda/2$ 范围内的开路传输线。两种传输线类型的电感值可通过式（6.10）计算得到

$$L = \frac{2\pi Z_0}{\omega}\tanh\beta\ l' \approx \frac{2\pi Z_0}{\omega}\tan\beta\ l' \approx \{Z_0 2\pi\ l'/c_0\}_{l' \ll \lambda/4} \tag{6.10}$$

式中，Z_0 为传输线的特征阻抗，c_0 为光速，β 为波的传播相位。

当 $l' = l$ 时，对应于短路传输线；当 $l' = l - \lambda/4$ 时，对应于开路传输线。开路传输线有一个好处，其长度能通过切割来调整。

由传输线构成的电感的优点是，它们的电感值能够精确地计算出来。

此外，还可以用一小段高阻抗金属线实现很小 L 值的双端口电感。在一个平衡电路中，也能用两个独立电感来实现双端口电感，其中一个电感的头连到另一个电感的尾，其公共节点接地。

通常键合线的电感被认为是无用的寄生参数。事实上，也可以利用它们来提高高频或高速电路的性能[4]。

因为很难获得频率高于 50 GHz 的片上电感，所以利用键合线电感或芯片外衬底上开路或短路微带线之类的片外电感，对 Si 工艺的高速电路设计来讲具有特别的意义。

---

① 1fF = 1×10^{-15}F。

6.1.5　分布参数元件

1. 集总元件和分布元件

由于尺寸小型化，几乎所有集成电路的有源元件都可认为是集总元件。前面讨论的无源元件也是作为集总元件来处理的。随着工作频率的增加，一些诸如互连线的 IC 元件的尺寸变得很大，以至于它们可以与传输信号的波长相比。这时，集总元件模型就不能有效地描述那些大尺寸元件的性能，应该定义为分布元件。集成电路设计中的分布元件主要包括微带（Micro-strip）型和共面波导（CPW，Coplane Wave Guide）型的传输线。集成电路中的传输线主要有两个功能：传输信号和构成电路元件。

2. 微带线

典型微带线的剖面图和覆盖钝化介质膜的微带线如图 6-11 所示。微带线（Micro-strip）是在一片介质薄板两面形成的两条平行带状导线，基本结构剖面图如图 6.11（a）所示。在半导体或半绝缘体上，微带线的上表面通常覆盖一层起保护作用的钝化介质膜，如图 6.11（b）所示。也有另一些微带线结构，如嵌入、倒置、悬挂、屏蔽微带线[5]。但对于高速光纤数据传输系统的 IC 设计，图 6.11 所示的结构是最基本的形式。

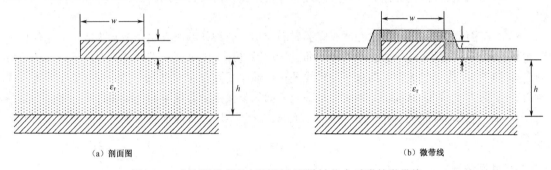

（a）剖面图　　　　　　　　　　　　　　　　　　　　（b）微带线

图 6.11　典型微带线的剖面图和覆盖钝化介质膜的微带线

微带线传导包括 6 个电磁场分量的准 TEM 波。在低频时，纵向分量可以被忽略。这时，微带线被认为是传输 TEM 波的典型传输线之一。可以定义 TEM 波传输线的条件是[6]

$$w, h < \lambda_0 / (40\varepsilon_r^{1/2}) \tag{6.11}$$

例如，对于 GaAs（$\varepsilon_r = 12.9$），$f = 10$ GHz 时，w 和 h 的值应该小于 200 μm。这就是要求制造微带线的 GaAs 衬底的厚度低于 200 μm、通常为 100 μm 的原因。微带传输线已广泛使用在单片和混合集成微波电路中，用来传输信号或构成无源元件。

微带线设计需要的电参数主要是阻抗、衰减、无载 Q、波长、迟延常数。在 $0 \leq w/h \leq 10$ 时（$0 \leq w/h \leq 10$ 是大多数工程应用可选范围），由下列公式计算出的阻抗精度为 ± 0.25 %

$$Z_L = \frac{60}{\sqrt{\varepsilon_{reff}}} \ln\left(\frac{8h}{w} + \frac{w}{4h}\right) \ (\Omega), \quad \frac{w}{h} \leq 1 \tag{6.12}$$

$$Z_L = \frac{120\pi}{\sqrt{\varepsilon_{reff}}\left(\frac{w}{h} + 2.42 - 0.44\frac{h}{w} + \left(1 - \frac{h}{w}\right)^6\right)} \ (\Omega), \quad \frac{w}{h} \geq 1 \tag{6.13}$$

式中，ε_{reff} 为有效介质常数，可用式（6.14）计算得出

$$\varepsilon_{reff} = \frac{\varepsilon_r + 1}{2} + \frac{\varepsilon_r - 1}{2}\left(1 + \frac{10h}{w}\right)^{-\frac{1}{2}} \tag{6.14}$$

有效介质常数是金属层厚度的函数。随着金属变厚，部分电场开始从金属的侧边穿过空气进入衬底，这导致 $\varepsilon_{\text{reff}}$ 变小和阻抗升高。

微带线的衰减 α 由两部分组成——导线损耗 α_{p} 和介质损耗 α_{d}，即

$$\alpha = \alpha_{\text{p}} + \alpha_{\text{d}} \tag{6.15}$$

α_{p} 可由式（6.16）计算得出

$$\alpha = \frac{20}{\ln 10} \frac{R_{\text{o}}}{Z_{\text{L}} \cdot w} \exp\left[1.2 \left(\frac{Z_{\text{L}}}{120\pi} \right)^{0.7} \right] \text{（dB）} \tag{6.16}$$

式中，R_{o} 是金属膜的方块电阻。

α_{d} 可由式（6.17）计算得出

$$\alpha_{\text{d}} = \frac{\varepsilon_{\text{r}}}{\varepsilon_{\text{reff}}} \frac{\varepsilon_{\text{reff}} - 1}{\varepsilon_{\text{r}} - 1} \frac{\pi}{\lambda} \tan \delta_{\varepsilon} \text{（dB）} \tag{6.17}$$

式中，$\tan \delta_{\varepsilon}$ 为衬底材料的损耗系数。

这样，无载 Q 为

$$Q_0 = \frac{\beta}{2\alpha / \text{Np}} = \frac{27.3}{\lambda \alpha / \text{dB}} \text{②} \tag{6.18}$$

使用芯片微带线的优点是，有大量的理论分析结果，可直接应用公式、曲线和数据，技术已经成熟。

形成微带线的基本条件是，介质衬底的背面应该完全被低欧姆金属覆盖并接地，从而使行波的电场主要集中在微带线下面的介质中。通过设计适当尺寸的金属导带，可以得到所期望的阻抗值（如 50 Ω）。为了最大限度地满足传输线条件，通常晶圆在完成电路元件的制造工序后要减薄到合适的厚度，一般是 100 μm。为了将衬底上表面的要接地的金属结构连接到衬底背面的金属层上，必须在衬底上开通孔，并在通孔壁上镀金属。这些工序一方面增加成本，另一方面会减低成品率。

3. 共面波导

典型的共面波导（CPW）如图 6.12（a）所示，由中间金属带和作为地平面的两边的金属带构成。将两边金属带的距离 $d = w + 2s$ 定义为 CPW 的横向尺寸。CPW 总的横向尺寸大约是 $3d$，因为地到地平面金属带的延伸应该有一个可与 d 相比的距离。

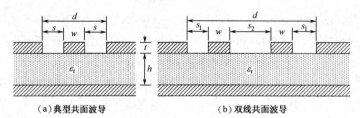

（a）典型共面波导　　　　　　　　（b）双线共面波导

图 6.12　典型共面波导与双线共面波导

CPW 用作传输线，也能传导 TEM 波。对它的要求是

$$d < \lambda_0 / (40 \varepsilon_{\text{r}}^{1/2}) \tag{6.19}$$

例如，对于 GaAs（$\varepsilon_{\text{r}}^{1/2} = 12.9$）和 $f = 10$ GHz，d 的值应该小于 200 μm。

CPW 衬底的背面不必覆盖金属层。然而，衬底可能是粘贴在接地金属板上的。对于大于 500 μm

---

② Np 是衰耗单位，1Np＝8.686 dB。

厚的衬底，接地金属底板的影响可以忽略。

近十多年来，随着微波及毫米波集成电路的发展，CPW 已经成为微带线的最佳替代物[7]。

CPW 的阻抗可通过下列公式计算得到

$$Z_L = \frac{120}{\sqrt{\varepsilon_{\mathrm{reff}}}} \ln\left(2\sqrt{\frac{d}{w}}\right) (\Omega), \quad \frac{w}{d} \leqslant 0.17 \qquad (6.20)$$

$$Z_L = \frac{30\pi^2}{\sqrt{\varepsilon_{\mathrm{reff}}}} \bigg/ \ln\left(2\frac{1+\sqrt{w/d}}{1-\sqrt{w/d}}\right)(\Omega), \quad \frac{w}{d} \geqslant 0.17 \qquad (6.21)$$

对于厚衬底（$d/h \ll 1$），CPW 型传输线的常数与无限厚衬底上传输线的常数相一致。这种情况下，有效介质常数的值为

$$\varepsilon_{\mathrm{reff}} = \frac{\varepsilon_r + 1}{2} \qquad (6.22)$$

在 GaAs 衬底上（$\varepsilon_r = 12.9$），根据式（6.21）和式（6.22），50 Ω CPW 的 w/d 值约为 0.4。如果 $d = 50\ \mu\mathrm{m}$，中间金属带的宽度 w 计算值大约为 20 μm。

对于薄衬底（$d/h > 1$），衬底介质下面的空间存在部分电场，有效介质常数变小。而且，CPW 的有效介质常数对金属的厚度非常敏感。随着金属变厚，部分电场穿过金属带和接地带之间的空间。这导致 $\varepsilon_{\mathrm{reff}}$ 变小和阻抗升高。已经发现，在 $t = 1.5 \sim 6\ \mu\mathrm{m}$（参见图 6.11）时，$\varepsilon_{\mathrm{reff}}$ 有 20% 的减小[8]。实验表明，$d = 50\ \mu\mathrm{m}$ 时，50 Ω CPW 中间金属带的宽度大约是 17 μm。

由于内电感的缘故，$\varepsilon_{\mathrm{reff}}$ 随频率升高呈下降趋势，如在频率为 10~50 GHz 之间其值下降 3%~7%。与同等的微带线相比，芯片上 CPW 的截面尺寸可以缩小得更多。这可导致频带展宽，电路尺寸变小。

CPW 的衰减可通过式（6.23）计算得到[6]

$$\alpha_p = \frac{8.68 R_o}{16 Z_L d K^2(k)\left[1-(w/d)^2\right]} \left\{ \frac{2d}{w}\left[\pi + \ln\frac{4\pi w(1-w/d)}{t(1+w/d)}\right] + 2\left[\pi + \ln\frac{4\pi d(1-w/d)}{t(1+w/d)}\right] \right\} \quad (6.23)$$

式中，R_o 为方块电阻，Z_L 为阻抗，$K(k)$ 为模 $k = w/d$ 的一阶椭圆积分。

相对于微带线，CPW 的优点如下。

① 工艺简单，费用低，因为所有接地线均在上表面而不需接触孔。

② 在相邻的 CPW 之间有更好的屏蔽，因此有更高的集成度和更小的芯片尺寸。

③ 比金属孔有更低的接地电感。

④ 低的阻抗和速度色散。

CPW 的缺点如下。

① 衰减相对高一些，在 50 GHz 时，CPW 的衰减是 0.5 dB/mm[8]。

② 由于厚的介质层导热能力差，不利于大功率放大器的实现。

目前，CPW 重要的设计参数，如阻抗、衰减、相位特性等已经在理论上得到了研究，理论分析得到的数据在实验上得到了验证，以 CPW 技术设计的电路已经广泛应用到工程之中。

对于不致力于元件模型研究的电路设计者来说，有大量基于不同衬底的 CPW 的设计数据可以使用。本章参考文献[7]中列出了 GaAs、InP 和石英衬底上 CPW 特性和设计的大量理论和实验数据。

虽然对称的 CPW 可采用两条平行金属带构成，但在芯片上对称的 CPW 最好采用如图 6.12（b）所示的双线共面波导结构。两边的接地金属使 CPW 有明确的边界，并具有屏蔽功能。否则，CPW 会受到芯片上邻近结构的干扰。对称 CPW 有两个阻抗——差模阻抗和共模阻抗，电路模型也更为复杂。

4．传输线元件

由一条或多条传输线组成的元件包括开路/短路截线、弯头和节点等。正如在 6.1.4 节所讨论的，开路和短路截线可以用来实现电感。在窄带电路中，$\lambda/4$ 交流短路（通过旁路电路）截线可用来为二极管和三极管加偏置电压。弯头、节点和其他结构可用来实现阻抗匹配、功率分配和合成等。

6.2　二极管电流方程及 SPICE 模型

集成电路和半导体器件的各类特性都是 PN 结相互作用的结果，它是微电子器件的基础。如果通过某种方法使半导体中的一部分区域为 P 型，另一部分区域为 N 型，则在其交界面就形成了 PN 结。一般的二极管就是由一个 PN 结构成的，其结构示意图、二极管表示符号和典型的伏安特性已在图 2.4 中给出。以 PN 结构成的二极管的最基本的电学行为是具有单向导电性，这在实际中有非常大的用处。

6.2.1　二极管的电路模型

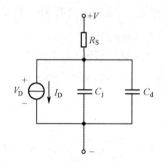

图 6.13　二极管的等效电路模型

一个实际的二极管器件不仅包含一个具有单向导电性的 PN 结或肖特基结，总还包含一个寄生电阻 R_S 和至少两个不同性能的寄生电容 C_j 和 C_d。R_S 代表从外电极到结的路径上通常是半导体材料的电阻，因而称为体电阻。C_j 和 C_d 分别代表 PN 结的势垒电容和扩散电容。因此二极管的等效电路如图 6.13[9]所示。

端电压 V 与结电压 V_D 的关系是

$$V_D = V - I_D \cdot R_S \tag{6.24}$$

式中，I_D 是二极管电流，表示为

$$I_D = I_S \left(e^{\frac{V_D}{n \cdot V_t}} - 1 \right) \tag{6.25}$$

式中，I_S 为饱和电流，n 为发射系数，V_t 由式（6.26）决定

$$V_t = \frac{kT}{q} \tag{6.26}$$

式中，k 为玻耳兹曼常数（1.38×10^{-23} J/K），T 为热力学温度（K），q 为电子电荷（1.6×10^{-19} C）。I_S、n 和 V_t 这 3 个参数代表器件的特性。对于硅材料，n 大多取 1，饱和电流可表示为

$$I_S = J_S \cdot A \tag{6.27}$$

式中，J_S 是工艺参数，称为饱和电流密度；A 是结的截面积。

当反向偏压很大的时候，二极管会发生击穿。专门设计在击穿状态下工作的二极管称为齐纳二极管。不过，二极管的电流电压方程没有预示这种击穿，实际电路设计中需借助 SPICE 等模拟工具来大致确定击穿电压值。

在低频下或直流分析中，二极管的特性可以直接由上述的伏安特性来表示。但在高频下，PN 结的势垒电容 C_j 和扩散电容 C_d 变得很重要。

势垒电容 C_j 的计算表达式为

$$C_j = C_{j0} \left(1 - \frac{V_D}{V_0} \right)^{-m} \tag{6.28}$$

式中，m 是梯度因子，对于突变结，m 取 1/2，对于渐变结，m 取 1/3；V_0、C_{j0} 是工艺参数，分别称为 PN 结内建势垒电压和零偏势垒电容。

扩散电容 C_d 的计算表达式为

$$C_d = \frac{dQ}{dV_D} = \frac{dI_D}{dV_D} \approx \frac{\tau_T I_D}{n \cdot V_t} \tag{6.29}$$

式中，τ_T 表示载流子穿过空间电荷区的时间，称为渡越时间。

二极管模型部分参数对照表如表 6.1 所示，以方便读者查看。

表 6.1　二极管模型部分参数对照表

参 数 名	公式中符号	SPICE 中符号	单 位	SPICE 中默认值
饱和电流	I_S	IS	A	1.0×10^{-14}
发射系数	n	N	—	1
串联体电阻	R_S	RS	Ω	0
渡越时间	τ_T	TT	s	0
零偏势垒电容	C_{j0}	CJ0	F	0
梯度因子	m	M	—	0.5
PN 结内建势垒	V_0	VJ	V	1

6.2.2　二极管的噪声模型

二极管的噪声是假设在 1 Hz 带宽时计算下列噪声的功率谱密度。

1. 热噪声

在寄生电阻 R_S 上产生的热噪声

$$I_n{}^2 = \frac{4kTA}{R_S} \tag{6.30}$$

式中，A 为结面积。

2. 闪烁（1/f）噪声和散粒噪声

理想二极管产生的 1/f 噪声和散粒噪声

$$I_n{}^2 = KF \cdot I_D{}^{AF} \cdot \frac{1}{f} + 2 \cdot q \cdot I_D \tag{6.31}$$

式中，KF 为噪声系数；AF 为噪声指数。

6.3　双极型晶体管电流方程及 SPICE 模型

SPICE 中的双极型晶体管模型常采用 Ebers-Moll（EM）模型和 Gummel-Poon（GP）模型。这两种模型均属于物理模型，其模型参数能较好地反映物理本质且易于测量，所以便于理解和使用。

6.3.1　双极型晶体管的 EM 模型

EM 模型是 Ebers 和 Moll 于 1954 年提出来的。在这个模型中，器件各端点变量之间的关系可表示为[10]

$$I_C = I_S\left(\exp\frac{V_{BE}}{V_t} - 1\right) - \frac{I_S}{\alpha_R}\left(\exp\frac{V_{BC}}{V_t} - 1\right) \tag{6.32}$$

$$I_E = -\frac{I_S}{\alpha_F}\left(\exp\frac{V_{BE}}{V_t} - 1\right) + I_S\left(\exp\frac{V_{BC}}{V_t} - 1\right) \tag{6.33}$$

式中，I_S、α_R、α_F 和 V_t 代表器件的特性。这些参量的定义为：I_S 为晶体管传输饱和电流，α_R 为共基极大信号反向电流增益，α_F 为共基极大信号正向电流增益，V_t 的定义与 6.2 节二极管中所述相同。

这两个 EM 电流方程，加上用于晶体管本身的 KVL 和 KCL 方程

$$I_B = -I_C - I_E \tag{6.34}$$

$$V_{CE} = V_{BE} - V_{BC} \tag{6.35}$$

这 4 个独立的方程描述了双极型晶体管的特性。

NPN 晶体管可以设想为在两个 N 沟层之间夹着一个 P 型区的对称型三层结构。然而，由于集电区与发射区的形状及杂质浓度不一样，因此不能将这两个电极互换。这种几何的不对称导致了 α_R 与 α_F 的巨大差别。参数 α_R 与 α_F 取决于杂质浓度、结深和工艺参数。EM 直流模型如图 6.14 所示。

由于这种 EM 模型将电流增益作为频率的函数来处理，对计算晶体管存储效应和瞬态特性不方便，所以改进的 EM 模型用了电荷控制观点，增加电容到模型中。并进一步考虑到发射极、基极和集电极串联电阻，以及集成电路中集电结对衬底的电容，于是得到图 6.15[11] 所示的 EM2 模型。

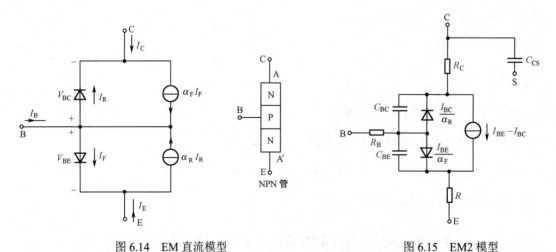

图 6.14　EM 直流模型　　　　　　　　　　　　图 6.15　EM2 模型

EM2 模型由于引入了 3 个电阻，对晶体管直流特性的更精确描述有了改进，使饱和区及小信号下的直流特性更符合实际，电容及电阻的引入也使交流和瞬态特性的表征更为完善，所以 EM2 模型适用于大多数情况。但由于 EM2 只是考虑了欧姆电阻和电荷存储效应的一阶模拟的模型，所以仍存在着一些局限性。

EM 小信号等效电路如图 6.16 所示。

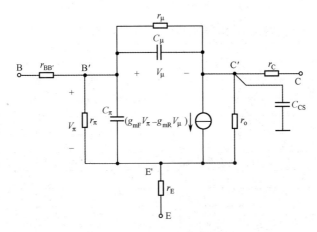

图 6.16　EM 小信号等效电路

图 6.16 中，部分参数的计算公式如下。

（1）正向区跨导 g_{mF}

$$g_{mF} = \left.\frac{dI_C}{dV_{BE}}\right|_{\text{工作点}} = \left.\frac{I_C}{V_t}\right|_{\text{工作点}} \tag{6.36}$$

（2）输入电阻 r_π

$$r_\pi = \frac{\beta_0}{g_{mF}}, \quad \beta_0 = \frac{\Delta I_C}{\Delta I_B} = \left[\frac{d}{dI_C}\left(\frac{I_C}{\beta_F}\right)\right]^{-1} \tag{6.37}$$

（3）输出电阻 r_o

$$r_o = \frac{\Delta V_{CE}}{\Delta I_C} = \frac{1}{\eta\, g_{mF}}; \quad \eta = \frac{1}{V_t V_{AF}} = \frac{kT}{q V_{AF}} \tag{6.38}$$

（4）反向区跨导 g_{mR}

$$g_{mR} = \frac{dI_E}{dV_{BC}} = \frac{I_E}{V_t} \tag{6.39}$$

（5）集电极-基极电阻 r_μ

$$r_\mu = \frac{\Delta V_{CE}}{\Delta I_B} = \frac{\Delta V_{CE}}{\Delta I_C}\frac{\Delta I_C}{\Delta I_B} = r_0\beta_0 \tag{6.40}$$

（6）电容 C_π

该电容由基区电荷电容和发射极-基极耗尽层电容两部分组成。

$$C_\pi = C_b + C_{je} = \tau_F \frac{I_C}{V_t} + C_{je0}\left(1 - \frac{V_{BE}}{V_{E0}}\right)^{-m_E} \tag{6.41}$$

（7）基极-集电极电容 C_μ

$$C_\mu = C_{\mu0}\left(1 - \frac{V_{CB}}{V_{C0}}\right)^{-m_C} \tag{6.42}$$

（8）集电极-衬底电容 C_{CS}

$$C_{CS} = C_{CS0}\left(1 - \frac{V_{CS}}{V_{S0}}\right)^{-m_S} \tag{6.43}$$

表 6.2 所示为以上表达式中的双极型晶体管部分模型工艺参数在 SPICE 中的符号名称，以方便读者查看。

表 6.2　双极型晶体管部分模型工艺参数在 SPICE 中的符号名称

参　数　名	公式中符号	SPICE 中符号	单　位	SPICE 默认值
饱和电流	I_S	IS	A	10^{-16}
理想最大正向电流增益	α_F	BF	—	100
理想最大反向电流增益	α_R	BR	—	1
正向厄利（欧拉）电压	V_{AF}	VAF	V	∞
反向厄利（欧拉）电压	V_{AR}	VAR	V	∞
基极-发射极结梯度因子	m_E	MJE	—	0.33
基极-集电极结梯度因子	m_C	MJC	—	0.33
衬底结指数因子	m_S	MJS	—	0.0
基极-发射极内建电势	V_{E0}	VJE	V	0.75
基极-集电极内建电势	V_{C0}	VJC	V	0.75
衬底结内建电势	V_{S0}	VJS	V	0.75
零偏压基极-发射极耗尽层电容	C_{je0}	CJE	F	0
零偏压基极-集电极耗尽层电容	$C_{\mu0}$	CJC	F	0
零偏压集电极-衬底电容	C_{CS0}	CJS	F	0
正向渡越时间	τ_F	TF	s	0

6.3.2　双极型晶体管的 GP 模型

　　GP 模型是 1970 年由 H.K.Gummel 和 H.C.Poon 提出的。SPICE 中用的是改进的 GP 模型。该 GP 模型对 EM2 模型在以下几方面进行了改进。

　　① 直流特性：反映了集电结上电压的变化引起有效基区宽度变化的基区宽度调制效应，改善了输出电导、电流增益和特征频率；反映了共射极电流放大倍数 β 随电流和电压的变化。

　　② 交流特性：考虑了正向渡越时间 τ_F 随集电极电流 I_C 的变化，解决了在大注入条件下由于基区展宽效应使特征频率 f_T 和 I_C 成反比的特性。

　　③ 考虑了大注入效应，改善了高电平下的伏安特性。

　　④ 考虑了模型参数和温度的关系。

　　⑤ 根据横向和纵向双极型晶体管的不同，考虑了外延层电荷存储引起的准饱和效应。

　　图 6.17 和图 6.18 所示分别为 GP 直流模型和 GP 小信号模型。GP 小信号模型与 EM 小信号模型十分一致，只是小信号参数的值不同而已。

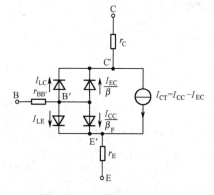

图 6.17　GP 直流模型

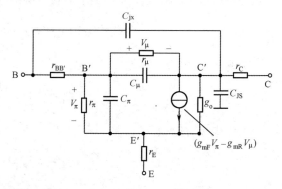

图 6.18　GP 小信号模型

6.4 结型场效应 JFET（NJF/PJF）模型

JFET 模型源于 Shichman 和 Hodges 给出的 FET 模型。其直流特性由反映漏极电流随栅极电压变化的参数 VTO 和 BETA、确定输出电导的参数 LAMBDA 和栅-源结与栅-漏结饱和电流的参数 IS 共同描述。包含了 RD 和 RS 两个欧姆电阻。其电荷存储效应由随结电压的平方根变化的栅-源与栅-漏两个结的非线性耗尽层电容模拟，参数为 CGS、CGD 和 PB。表 6.3 所示为 JFET 的参数定义和默认值。

表 6.3 JFET 的参数定义和默认值

序　号	参　数　名	解　　释	单　位	默　认　值	举　例	面　积
1	VTO	阈值电压（V_{T0}）	V	-2.0	-2.0	
2	BETA	跨导参数（β）	A/V^2	1.0×10^{-4}	1.0×10^{-3}	*
3	LAMBDA	沟道长度调制参数（Λ）	1/V	0	1.0×10^{-4}	
4	RD	漏极欧姆电阻	Ω	0	100	*
5	RS	源极欧姆电阻	Ω	0	100	*
6	CGS	G-S 结零偏电容（C_{gs}）	F	0	5 pF	*
7	CGD	G-D 结零偏电容（C_{gs}）	F	0	1 pF	*
8	PB	栅结电位	V	1	0.6	
9	IS	栅结饱和电流（I_S）	A	1.0×10^{-14}	1.0×10^{-14}	*
10	B	掺杂递减参数	—	1	1.1	
11	KF	闪烁噪声系数	—	0		
12	AF	闪烁噪声指数	—	1		
13	FC	正偏电容公式系数		0.5		

6.5 MESFET（NMF/PMF）模型（SPICE3.x）

MESFET 模型源于 Statz 等给出的 GaAs 模型。其直流特性由反映漏极电流随栅极电压变化的参数 VTO、B 和 BETA，并由确定饱和电压的参数 ALPHA 和确定输出电导的参数 LAMBDA 共同描述，表达式为

$$I_D = \frac{\beta(V_{GS} - V_T)^2}{1 + b(V_{GS} - V_T)}\left[1 - \left(1 - a\frac{V_{DS}}{3}\right)^3\right](1 + \lambda V_{DS}), \quad 0 < V_{DS} < \frac{3}{a}p \tag{6.44}$$

$$I_D = \frac{\beta(V_{GS} - V_T)^2}{1 + b(V_{GS} - V_T)}(1 + \lambda V_{DS}), \quad V_{DS} > \frac{3}{a} \tag{6.45}$$

模型包含了 R_D 和 R_S 两个欧姆电阻，其电荷存储效应由随结电压的平方根变化的栅-源与栅-漏两个结的非线性耗尽层电容模拟，参数为 CGS、CGD 和 PB。表 6.4 所示为 MESFET 的参数定义和默认值。

表 6.4 MESFET 的参数定义和默认值

序　号	参　数　名	解　　释	单　位	默　认　值	举　例	面　积
1	VTO	阈值电压（V_{T0}）	V	-2.0	-2.0	
2	BETA	跨导参数（β）	A/V^2	1.0×10^{-4}	1.0×10^{-3}	*
3	B	掺杂递减参数（b）	1/V	0.3	0.3	*
4	ALPHA	饱和电压参数（a）	1/V	2	2	*
5	LAMBDA	沟道长度调制参数（λ）	1/V	0	1.0×10^{-4}	*
6	RD	漏极欧姆电阻	Ω	0	100	*

续表

序　号	参　数　名	解　　释	单　位	默　认　值	举　　例	面　积
7	RS	源极欧姆电阻	Ω	0	100	*
8	CGS	G-S 结零偏电容（C_{gs}）	F	0	5pF	*
9	CGD	G-D 结零偏电容（C_{gs}）	F	0	1 pF	*
10	PB	栅结电位	V	1	0.6	
11	KF	闪烁噪声系数	—	0		
12	AF	闪烁噪声指数	—	1		
13	FC	正偏电容公式系数		0.5		

6.6　MOS 管电流方程及 SPICE 模型

美国加州伯克利分校（UC Berkeley）在 20 世纪 70 年代末推出的 SPICE 软件包含三个内建 MOS 场效应管模型：1 级模型通过电流-电压的平方律特性描述；2 级模型是一个详尽解析的 MOS 场效应管模型；3 级模型是一个半经验模型。3 级模型和 2 级模型都考虑了短沟道阈值电压、亚阈值电导、速度饱和分散限幅和电荷控制电容等二阶效应的影响。20 世纪 90 年代，在公开发行版本的可用模型目录中增加了 BISM3 版本，即 Berkeley 短沟道 IGFET 模型，对亚微米 MOS 场效应管特性的描述更为精确。SPICE 商业版（如 PSPICE 和 HSPICE）中包含更多更好的器件模型。在特殊模拟任务中使用的 MOS 场效应管模型的类型可用 .MODEL 指令来标明。此外，用户可以在这个指令中描述大量模型参数。特定器件的几何参数如沟道长度、沟道宽度、源极和漏极的面积一般在器件描述行中给出。

电路模拟常用的 HSPICE 中用到下列以 LEVEL 变量标明的几种 MOSFET 模型为：

LEVEL＝1　　Shichman-Hodges

LEVEL＝2　　基于几何图形的分析模型

　　　　　　Grove-Frohman Model (SPICE 2G)

LEVEL＝3　　半经验短沟道模型 (SPICE 2G)

LEVEL＝49　BSIM3V3

注意：在不同商业版本的 SPICE 程序中，MOSFET BSIM3V3 定义的级别可能不同，例如，在 HSPICE 中定义为 LEVEL＝49，而在 SMARTSPICE 中定义为 LEVEL＝8。

MOSFET 器件 LEVEL1、2、3 包含的 SPICE 模型参数列于表 6.5 中。

表 6.5　MOSFET 器件的 LEVEL1、2、3 包含的 SPICE 模型参数

序号	参　数　名	解　　释	单　位	默　认　值	举　　例
1	LEVEL	模型级别	—	—	1
2	VTO	零偏置阈值电压（V_{T0}）	V	0.0	1.0
3	KP	本征跨导参数	A/V^2	2.0×10^{-5}	3.1×10^{-5}
4	GAMMA	本征跨导参数（γ）	V$^{1/2}$	0.0	0.37
5	PHI	表面势垒高度（φ_F）	V	0.6	0.65
6	LAMBDA	沟道长度调制系数（LEVEL1、2）（λ）	1/V	0.0	0.02
7	RD	漏极欧姆电阻	Ω	0.0	1.0
8	RS	源极欧姆电阻	Ω	0.0	1.0
9	CBD	G-S 结零偏电容（C_{gs}）	F	0.0	20 fF
10	CBS	G-D 结零偏电容（C_{gs}）	F	0.0	20 fF
11	IS	本底结饱和电流（I_S）	A	1.0×10^{-14}	1.0×10^{-15}

序号	参 数 名	解　　释	单　位	默 认 值	举　例
12	PB	本底结电势	V	0.8	0.87
13	CGSO	单位沟道宽度栅-源交叠电容	F/m	0.0	4.0×10^{-11}
14	CGDO	单位沟道宽度栅-漏交叠电容	F/m	0.0	4.0×10^{-11}
15	CGBO	单位栅长度-本底交叠电容	F/m	0.0	2.0×10^{-10}
16	RSH	漏源扩散方块电阻	$\Omega/\square$	0.0	10.0
17	CJ	本底底面零偏单位面积结电容	F/m^2	0.0	2.0×10^{-4}
18	MJ	本底底面结梯度系数	—	0.5	0.5
19	CJSW	本底边壁零偏单位长度结电容	F/m	0.0	1.0×10^{-9}
20	MJSW	本底边壁结梯度系数	—	0.50(LEVEL1) 0.33(LEVEL2、3)	
21	JS	单位面积本底结饱和电流密度	A/m^2	0.0	1.0×10^{-8}
22	TOX	栅氧化层厚度	m	1.0×10^{-7}	1.0×10^{-7}
23	NSUB	衬底（阱）掺杂浓度	$1/cm^3$	0.0	4.0×10^{-15}
24	NSS	表面态密度	$1/cm^2$	0.0	1.0×10^{-10}
25	NFS	快表面态密度	$1/cm^2$	0.0	1.0×10^{-10}
26	TPG	栅材料类型：+1 与衬底相反 　　　　　　　−1 与衬底相同 　　　　　　　 0　Al 栅	—	1.0	
27	XJ	合金结深度	m	0.0	1 μ
28	LD	沟道横向扩散长度	m	0.0	0.8 μ
29	UO	表面迁移率（μ_o 或 μ_n）	$cm^2/(V \cdot s)$	600	700
30	UCRIT	迁移率退化临界场强（LEVEL=2）	V/cm	1.0×10^{-4}	1.0×10^{-4}
31	UEXP	迁移率退化临界场强指数（LEVEL=2）	—	0.0	0.1
32	UTRA	迁移率横向场系数（LEVEL=2 时删除）	—	0.0	0.3
33	VMAX	载流子最大漂移速度	M/s	0.0	5.0×10^{-4}
34	NEFF	沟道固定和可移动总电荷系数（LEVEL=2）	—	1.0	5.0
35	KF	闪烁噪声系数	—	0.0	1.0×10^{-26}
36	AF	闪烁噪声指数	—	1.0	1.2
37	FC	正偏电容公式系数	—	0.5	
38	DELTA	阈值电压宽度效应（LEVEL=2，3）	—	0.0	1.0
39	THETA	迁移率调制系数（LEVEL=3）	1/V	0.0	0.1
40	ETA	静电反馈效应（LEVEL=3）	—	0.0	1.0
41	KAPPA	饱和电场系数（LEVEL=3）	—	0.2	0.5

　　LEVEL＝1 的 MOSFET 模型是对 MOSFET 的电流-电压关系最简单的表示。它最初由 Sah 在 20 世纪 60 年代早期提出，随后由 Shichman 和 Hodges 加以发展的渐变沟道近似（GCA，Gradual Channel Approximation）平方率模型。它考虑了衬底调制效应和沟道长度调制效应。直流特性涉及的参数为：VTO、KP、GAMMA、PHI、LAMBDA、UO、L、LD、W、TOX、TPG、NSUB、NSS、IS、JS、N、AS、PS、AD、PD、JSSW。

　　LEVEL＝2 的 MOSFET 模型取消了渐变沟道近似 GCA 分析法中的一些简化假设。特别是在计算整体耗尽电荷时，考虑到了沟道电压的影响。同时对基本方程进行了一系列半经验性的修正，包括表层载流子迁移率随栅极电压的变化，引入了 UCRIT、UEXP，反映载流子速度饱和特性的拟合参数 NEFF（N_{eff}）、窄沟道效应经验参数 DELTA（δ）等。2 级模型本质上也包括了第 7 章中提到的关于短、窄沟道效应的相关方程。模型参数 x_j 和 N_A 可用作短沟道效应的匹配参数。再用来匹配实验数据。

LEVEL＝3 的 MOSFET 模型，即半经验短沟道模型在精确描述各种二级效应的同时，可以节省计算时间。计算公式中考虑了以下几点：

① 漏源电源引起的表面势垒降低而使阈值电压下降的静电反馈效应。

② 短沟道效应和窄沟道效应对阈值电压的影响。

③ 载流子极限漂移速度引起的沟道电流饱和效应。

④ 表面电场对载流子迁移率的影响。

因此，MESFET 的 LEVEL＝3 模型引入了模拟静电反馈效应的经验模型 ETA，迁移率调制系数 THETA 和饱和电场系数 KAPPA。

MOSFET 器件 LEVEL1～3 的直流特性由模型参数 VTO、KP、LAMBDA、PHI 和 GAMMA 描述。这 5 个参数当 SPICE 给出 NSUB、TOX 等工艺参数时由程序计算得到，但用户给出的数据始终优先采用。VTO 对增强型 N 沟道管为正，耗尽型 N 沟道管为负，增强型 P 沟道管为负，耗尽型 P 沟道管为正。

MOSFET 器件 LEVEL1～3 的电荷存储效应由下列几组参数模拟：①3 个表示叠层电容的 CGSO、CGDO 和 CGBO；②分布在栅、漏、源和衬底区域之间的非线性氧化层电容；③漏和源到衬底两个 PN 结的非线性耗尽层电容，它们又分为底面和侧面，分别随结电压的 MJ 和 MJSW 呈次方变化。因此，公用 CBD、CBS、CJ、CJSW、MJ、MJSW 和 PB 这 6 个参数来描述。

MOSFET BSIM3V3 模型是 1995 年 10 月 31 日由加州柏克利分校推出的基于物理的深亚微米 MOSFET 模型，是当前最为精确的模型，可用于模拟和数字电路模拟。该模型考虑了以下内容：

① 阈值电压下降。

② 非均匀掺杂效应。

③ 垂直电场引起的迁移率下降。

④ 载流子极限漂移速度引起的沟道电流饱和效应。

⑤ 沟道长度调制。

⑥ 漏源电源引起的表面势垒降低而使阈值电压下降的静电反馈效应。

⑦ 衬底电流引起的体效应。

⑧ 亚阈值导通效应。

⑨ 寄生电阻效应。

MOSFET BSIM3V3 包括下列 166（3.0 版本为 174 个）个参数：

① 67 个 DC 参数。

② 13 个 AC 和电容参数。

③ 2 个 NQS 模型参数。

④ 10 个温度参数。

⑤ 11 个 W 和 L 参数。

⑥ 4 个边界参数。

⑦ 4 个工艺参数。

⑧ 8 个噪声模型参数。

⑨ 47 个二极管，耗尽层电容和电阻参数。

⑩ 8 个平滑函数参数（在 3.0 版本中）。

思　考　题

1. 芯片电容有几种实现结构？
2. 采用半导体材料实现电阻要注意哪些问题？
3. 画出电阻的高频等效电路。
4. 芯片电感有几种实现结构？
5. 微波集成电路设计中，场效应晶体管的栅极常常通过一段传输线接偏置电压，试解释其作用。
6. 微带线传播 TEM 波的条件是什么？
7. 在芯片上设计微带线时，如何考虑信号完整性问题？
8. 列出共面波导的特点。

本章参考文献

[1] Goyal, R. Editor, Monolithic Microwave Integrated Circuits Technology and Design. Artech House, London, 1989.

[2] Wang Z G, Langmann U, Bosch B G. Multi-Gb/s Silicon Bipolar Clock Recovery IC. IEEE J-SAC, 1991(9)：656-663.

[3] Chang J Y C, Abidi A A, Gaitan M. Large suspended inductors on silicon and their use in a 2 μm CMOS RF amplifier, IEEE Electron Device Lett, 1993(14)：246-248.

[4] Rein H M. Design aspects of 10 to 40 Gb/s digital and analog Si-bipolar ICs. Tech. Dig. 1995 Symp. on VLSI Circuits, Kyoto/Japan, 1995. 49-54.

[5] Schneider M V. Microstrip lines for microwave integrated circuits. Bell System Technical Journal, 1969. 1421-1444.

[6] Zink Braunswig. Lehrbuch der Hochfrequenztechnik Band 1, Springer Verlag, 1986.

[7] Haydl W H, Heinrich W, Bosch R. et al.. Design data for millimeter wave coplanar circuits. Tech. Dig. of 23rd European Microwave Conference, 1993. 223-228.

[8] Heinrich W. Full-wave analysis of conductor losses on MMIC transmission lines. IEEE Trans. MTT, Vol. 38, 1990. 1468-1472.

[9] J.M.Rabaey. Digital Integrated Circuits:A Design Perspective. 北京：清华大学出版社，1999.

[10] Paul R.Gray et al.. Analysis and design of analog integrated circuits. India:Replika Press Pvt Ltd，2001.

第 7 章　SPICE数模混合仿真程序的设计流程及方法

7.1　采用 SPICE 的电路设计流程

SPICE（Simulation Program with Integrated Circuit Emphasis）最早在 1972 年由美国加州大学伯克利分校（UCB）开发，成功应用在电路设计领域，1988 年被定为美国国家标准。由于源码开放，出现了许多类 SPICE 模拟软件，这些产品大都源自伯克利 SPICE，如 HSPICE、SPECTRE、PSPICE 和 SMARTSPICE 等，所以基本语法相同。目前，几乎所有的电路仿真应用软件都是以 SPICE 为内核的，或者是在 SPICE 基础上的扩充，SPICE 已经成为事实上的工业标准，成为 EDA 的语言基础。采用 SPICE 进行电路设计的基本流程如图 7.1 所示。

设计从给定的技术指标出发，首先根据掌握的系统和电路知识，确定电路的初始方案，确定电路元件参数，然后生成 SPICE 电路描述和分析指令文件。SPICE 有语句和图表两种描述形式，语句描述形式是最原始、最基本、互通性最好的形式，所以本章重点介绍这种文件形式的语句格式。

以语句描述形式生成 SPICE 电路描述和分析指令文件之前，首先需要画出电路图，然后对元件命名，对节点编号，编写输入文件。图 7.2 所示为一个给出了元件命名和节点编号的 CMOS 差动放大单元电路图。

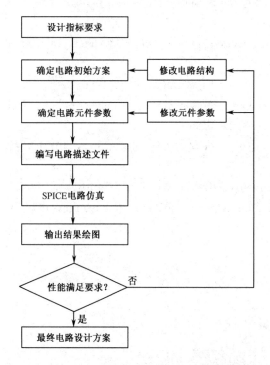

图 7.1　采用 SPICE 进行电路设计的基本流程

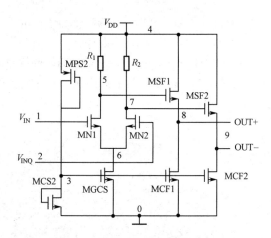

图 7.2　给出了元件命名和节点编号的 CMOS 差动放大单元电路图

接下来调用 SPICE 模拟程序进行电路性能分析，打印输出结果。通过检查输出数据和观察图形，对结果是否满足技术指标做出判断。不满足时，或改变元件参数，或从根本上改变电路结构，进行下一轮分析过程。如此反复多次，直到电路性能满足技术指标，才给出最终电路设计方案，进入版图制作。

本章简要介绍最基本的 SPICE 的器件描述、分析功能和一些应用技巧。

7.2　电路元件的 SPICE 输入语句格式

SPICE 是一个通用的电路模拟程序。与其他计算机程序一样，它的运行流程也包括输入数据、运行程序和输出数据 3 个基本阶段。在输入数据阶段，用户需要把要进行模拟的电路的反映元件连接的拓扑信息、电路元件性质、参数、初始条件、要进行分析的各种功能及要输出的变量和形式等信息输入到程序中。输入可以采用现场形式，也可以事先准备成文件。不管采用何种形式，输入的数据都必须符合 SPICE 程序规定的格式[1]。

SPICE 以语句的形式定义各类输入数据。早期这些语句穿孔在卡片上，再输入到计算机中，现在直接输入后显示在屏幕上，存储到文件中。SPICE 输入语句采用一种自由格式。各个数据项对应的域之间可以用一到多个空格、一个逗号","、等号"＝"、左括号"（"或右括号"）"等分隔，多余的空格常用来实现元件相应项的对齐。一行写不下的语句可以续行，续行前第一个字符位加"＋"。下面分类型给出各种语句的格式。

作为一个用途广泛的模拟软件，SPICE 可以处理电子电路的绝大多数元件（电阻、电容、电感、互感、理想传输线、各种受控源和独立源）及 4 种类型的半导体器件（二极管 D、双极型三极管 BJT、结型场效应管 JFET 和 MOSFET）。它们的电路拓扑和参数信息必须按照规定的格式输入到 SPICE 的执行程序中。电阻、电容、电感、互感、理想传输线、受控源和独立源等基本元件输入格式如下。

1. 电阻 R

格式：

RXXXXXXX N1 N2 VALUE 〈TC＝TC1〈,TC2〉〉

例句：

```
R1   1   2 100
RC   12   17   1K   TC＝0.001,0.015
```

语句中 N1 和 N2 是电阻在电路中连接的两个节点。VALUE 是电阻值，单位为Ω，可正可负，但不能为 0。可选给出的 TC1 和 TC2 是温度系数。作为温度函数给出的电阻值为：

$$VALUE(TEMP)＝VALUE(TNOM)*(1＋TC1*(TEMP－TNOM)＋TC2*(TEMP－TNOM)**2)$$

例句中 VALUE 域内的 K 表示 10^3，SPICE 认可的数字比例因子缩写符如表 7.1 所示。

表 7.1　SPICE 认可的数字比例因子缩写符

缩 写 符	等 效 输 入	比 例 因 子	缩 写 符	等 效 输 入	比 例 因 子
K	1E3	10^3	M	1E–3	10^{-3}
MEG	1E6	10^6	U	1E–6	10^{-6}
G	1E9	10^9	N	1E–9	10^{-9}
T	1E12	10^{12}	P	1E–12	10^{-12}
			F	1E–15	10^{-15}

2. 电容 C 和电感 L

格式：

CXXXXXXX N＋N−VALUE 〈IC＝INCOND〉

LXXXXXXX N＋N−VALUE 〈IC＝INCOND〉

例句：

```
CBYPASS   10   0   1UF
COSCI   2   3   100PF   IC＝3V
LTUNE   35   5   1UH
LSHUNT   20   10   1N   IC＝1MA
```

语句中 N＋和 N−分别是元件在电路中连接的正负节点。VALUE 是单位为 F 的电容值，或单位为 H 的电感值。

对于电容，可选的初始条件是初始（$t=0$）的电容电压，单位为 V。对于电感，可选的初始条件是初始（$t=0$）的电感电流，单位为 A，从 N＋流向 N−。注意，给出的初始条件只有在瞬态分析 TRAN 语句中给出 UIC 定义才是有效的。

非线性电容 C 和电感 L 定义格式如下：

CXXXXXXX   N＋N−   POLY   C0   C1   C2   …〈IC＝INCOND〉

LXXXXXXX   N＋N−   POLY   L0   L1   L2   …〈IC＝INCOND〉

C0 C1 C2 …（L0 L1 L2 …）为元件多项式表达的系数。电容表达为两端电压 V 的函数，电感表达为通过电流 I 的函数，即：

VALUE＝ C0＋C1*V＋C2*V**2＋…

VALUE＝ L0＋L1*I＋L2*I**2＋…

3. MOS 器件

格式：

MXXXXXXX   nd ng ns nb mname   〈L＝val〉〈W＝val〉〈AD＝val〉〈AS＝val〉〈PD＝val〉＋〈PS＝val〉〈NRD＝val〉〈NRS＝val〉〈OFF〉〈IC＝vds, vgs, vbs〉〈TEMP＝val〉〈M＝val〉〈GEO＝val〉

例句：

```
K43   L3   L4   0.99
KOUT   LPRI   LSEC   0.85
M1 2 4 8 0 nmos L＝0.4um W＝1um
```

语句中 2、4、8、0 分别对应于 MOS 器件的栅、源、漏和衬底端的节点名，nmos 为模型名。AD 和 AS 分别为漏区和源区的面积，PD 和 PS 分别为漏区和源区的周长。

4. 互感 M

格式：

KXXXXXXX   LYYYYYYY   LZZZZZZZ   VALUE

例句：

```
K43   L3   L4   0.99
KOUT   LPRI   LSEC   0.85
```

语句中 LYYYYYYY 和 LZZZZZZZ 是两个耦合电感的名称。VALUE 是互感系数 K，它必须大于 0，小于等于 1。应用"·"约定，"·"放在每个电感的 N＋节点上。

5．理想传输线

格式：

　　　TXXXXXXX N1 N2 N3 N4 Z0＝VALUE〈TD＝VALUE〉〈F＝FREQ〈NL＝NRMLEN〉〉＋〈IC
　　　＝V1，I1，V2，I2〉

例句：

　　　TIN 1 0 2 0 Z0＝50 TD＝100PS

N1 和 N2 是端口 1 的节点，N3 和 N4 是端口 2 的节点，Z0 是特征阻抗。传输线长度可从两种输入形式中任选一种：① 传输线延迟 TD，例句中的 TD＝100PS；② 频率 F 加归一化电长度 NL。如果给出了 F，省略了 NL，程序认定 NL＝0.25，即给定频率对应波长的 1/4。

可选的初始条件由两个端口的电压和电流组成。同样，这些初始条件只有在瞬态分析 TRAN 语句中给出 UIC 定义才是有效的。

执行电路分析时，应当保证瞬态步长不超过最小传输线延迟的一半，太短的传输线会导致难以预料的机器运行时间。

6．线性电压控制电流/电压源

线性电压控制电流源 G 和线性电压控制电压源 E 有类似的语句格式，分别为：

　　　GXXXXXXX N＋N−NC＋NC−VALUE
　　　EXXXXXXX N＋N−NC＋NC−VALUE

例句：

　　　G1 2 0 4 0 0.1MS
　　　E1 2 3 10 0 2.0

N＋和 N−是受控源的正负节点，NC＋和 NC−是控制端口的正负节点。G 的 VALUE 是单位为 S 的跨导值，E 的 VALUE 是无量纲的电压增益。

7．线性电流控制电流/电压源

线性电流控制电流源 F 和线性电流控制电压源 H 有类似的语句格式，分别为：

　　　FXXXXXXX N＋N−VNAM VALUE
　　　HXXXXXXX N＋N−VNAM VALUE

例句：

　　　F1 10 5 VSENSOR 5
　　　HX 8 15 VZ 0.5K

N＋和 N−分别是受控源的正负节点，电流从 N＋流向 N−。VNAM 是控制电流支路电压源名称，电流方向从正节点通过电压源流向负节点。F 的 VALUE 是无量纲的电流增益，H 的 VALUE 是单位为Ω的跨阻值。

8．独立电源

独立电压源 V 和电流源 I 的格式分别为：

　　　VXXXXXXX N＋N−〈〈DC〉DC/TRAN VALUE〉〈AC〈ACMAG〈ACPHASE〉〉〉
　　　IXXXXXXX N＋N−〈〈DC〉DC/TRAN VALUE〉〈AC〈ACMAG〈ACPHASE〉〉〉

例句：

  VCC 100 0 DC 5V

  VIN 10 2 0.5 AC 0.5 SIN(0 1 1MEG)

  ISRC 20 21 AC 0.3 45.0 SFFM(0 1 10G 5 1MEG)

  VMEAS 12 13

N＋和N－分别是电源的正负节点。注意，电压源不一定要接地。正电流方向规定从正节点通过电源流向负节点。正值的电流源是强制电流从正节点流出，负节点流入。电压源除用作激励外，在 SPICE 中可以用作电流表。此时，如例句 4，0 值电压源 VMEAS 插入到断开节点为 12 和 13 的支路中，用于测试该支路的电流。由于电压源内阻为 0，相当于短路线，因此对电路不产生影响。

DC/TRAN 是电源的直流和瞬态值。如果两值均为 0，则可省略。如果电源值不变，其 DC 标识符则可有可无。

ACMEG 和 ACPHASE 分别是 AC 信号的幅度与相位，它们用于电路的 AC 分析。如果在 AC 标识符后省略 ACMEG，它的值就假定为 1；如果省略 ACPHASE，它的值就假定为 0。如果该电源不是一个交流小信号输入，AC、ACMEG 和 ACPHASE 均省略。

任何一个电源均可设定为时变信号源，用于瞬态分析。此时，时间等于 0 时的值就用于 DC 分析。有 5 种时变电源，它们的描述在电源标识符，正负节点后给出，分述如下。

（1）PULSE（脉冲）

格式：

  V/IXXXXX N＋N－PULSE（V1 V2 TD TR TF PW PER）

例句：

  VIN 3 0 PULSE（－1 1 2NS 2NS 2NS 50NS 100NS）

脉冲参数、默认值和单位如表 7.2 所示。

表 7.2 脉冲参数、默认值和单位

参　数	意　义	默　认　值	单　位
V1	初始值		V/A
V2	脉冲值		V/A
TD	延迟时间	0.0	s
TR	上升时间	TSTEP	s
TF	下降时间	TSTEP	s
PW	脉冲宽度	TSTOP	s
PER	周期	TSTOP	s

TSTEP 是打印时间步长，TSTOP 是分析终止时间，它们都在.TRAN 语句中给出，如此定义的一个单脉冲时间描述如表 7.3 所示。

表 7.3 单脉冲时间描述

时　间	0	TD	TD+TR	TD+TR+PW	TD+TR+PW+TF	TSTOP
值	V1	V1	V2	V2	V1	V1

（2）SIN（正弦波）

格式：

  V/IXXXXX N＋N－SIN（VO VA FREQ TD THETA）

例句：

　　VIN 4 0 SIN（0 1 10G 1PS 0）

正弦波参数、默认值和单位如表 7.4 所示。

表 7.4　正弦波参数、默认值和单位

参　数	意　义	默　认　值	单　位
VO	偏移值		V/A
VA	幅值		V/A
FREQ	频率	1/TSTOP	Hz
TD	延迟时间	0.0	s
THETA	衰减系数	0.0	1/s

例如，一个正弦脉冲波形描述如表 7.5 所示。

表 7.5　正弦脉冲波形描述

时间	0～TD	TD～TSTOP
值	VO	VO＋VA*exp($-$(t$-$TD)*THETA)*sin(2π*FREQ*(t＋TD))

（3）EXP（指数波）

格式：

　　V/IXXXXX N＋N－EXP（V1 V2 TD1 TAU1 TD2 TAU2）

例句：

　　VIN 5 0 EXP（4 1 2NS 30NS 60NS 40NS）

指数波参数、默认值和单位如表 7.6 所示。

表 7.6　指数波参数、默认值和单位

参　数	意　义	默　认　值	单　位
V1	初始值		V/A
V2	脉冲值		V/A
TD1	上升延迟时间	0.0	s
TAU1	上升延迟常数	TSTEP	s
TD2	下降延迟时间	0.0	s
TAU2	下降延迟常数	TSTEP	s

例如，一个指数波形时间描述如表 7.7 所示。

表 7.7　指数波形时间描述

t	0～TD1	TD1～TD2	TD2～TSTOP
值	V1	V1＋(V2$-$V1)*(1$-$exp($-$(t$-$TD1)/*TAU1))	V1＋(V2$-$V1)*(1$-$exp($-$(t$-$TD1)/*TAU1))＋ (V1$-$V2)*(1$-$exp($-$(t$-$TD2)/*TAU2))

（4）PWL（分段线性）

格式：

　　V/IXXXXX N＋N－PWL（T1 V1〈T2 V2 T3 V3 T4 V4…〉）

例句：

　　ICL 6 0 PWL（0 0 100P 0 300P 10M 600P 10M 800P 0 1.1N 0 1.3N 10M）

语句中的 PWL 之后每一对(T_i, V_i)值表示 t＝T_i 时的一个电压或电流值。介于 T_i 和 T_{i+1} 之间的值通过线性插值求出。

（5）SFFM（单频调频波）

格式：

    V/IXXXXX N＋N－SFFM（VO VA FC MDI FS）

例句：

    VIN 8 0 SFFM（0 1M 20MEG 5 1M）

单频调频波参数、默认值和单位如表 7.8 所示。

表 7.8　单频调频波参数、默认值和单位

参　数	意　义	默　认　值	单　位
VO	偏移值		V/A
VA	幅值		V/A
FC	载波频率	1/TSTOP	Hz
MDI	调制指数		
FS	信号频率	1/TSTOP	Hz

例如，一个单频调频波的波形为：

    $VALUE = VO + VA*\sin((2\pi*FC*t) + MDI*\sin(2\pi*FS*t))$

7.3　电路特性分析语句

电路特性的分析指令语句，包括指定分析类型，如直流、交流、瞬态、噪声、温度、失真分析等。分析控制语句，包括初始状态设置、参数分析、输出格式和任选项语句。所有的分析指令和控制语句都以“.”开头。各语句的次序无关，且可多次设置，但程序对同一类语句只执行最后一次，如写有：

    .TRAN 1NS 100NS

    .TRAN 1NS 100NS 5NS

则程序只执行第二句，即进行瞬态分析，打印或绘图开始时间将从 5NS 开始。

1. 直流工作点分析

在电路中电感短路和电容开路的情况下，计算电路的静态工作点。SPICE 在进行瞬态分析、交流分析前自动进行直流工作点分析，以确定瞬态分析的初始条件、交流分析的非线性器件线性化小信号模型，其格式为.OP。

如果输入中有.OP 语句，SPICE 将打印输出以下内容：

① 所有节点的电压。

② 所有电压源的电流及电路的直流总功耗。

③ 所有晶体管各极的电流和电压。

④ 非线性受控源的小信号（线性化）参数。

否则，只打印输出①的内容。

2. 直流扫描分析

定义对电路进行直流扫描的扫描源及扫描限制，其格式为：

    .DC SRCNAM VSTART VSTOP VINCR〈SRC2 START2 STOP2 INCR2〉

其中，SRCNAM 是用于扫描的独立电压源或电流源，VSTART 是扫描电压（或电流）的起始值，VSTOP 是扫描电压（或电流）的结束值，VINCR 则是增量值。括号〈 〉内是可选择的第二个扫描源，若进行了设置，则对第二个扫描源内的每一个扫描值，第一个扫描源都在其范围内进行一次扫描。这经常用于测试半导体器件的输出特性。

3．小信号传输函数

定义直流小信号分析的输入和输出。SPICE 在电路的偏置点附近将电路线性化后，计算电路的直流小信号传输函数值、输入阻抗和输出阻抗，其格式为：

.TF OUTVAR INSRC

其中，OUTVAR 是小信号输出变量，INSRC 是小信号输入电压或电流源。

4．交流特性分析

计算电流在给定的频率范围内的频率响应，格式为：

.AC DEC ND FSTART FSTOP
.AC OCT NO FSTART FSTOP
.AC LIN NP FSTART FSTOP

其中，DEC、OCT、LIN 是频率变化的方式，分别对应于十倍频、倍频和线性变频；ND、NO、NP 是扫描点数；FSTART、FSTOP 分别是起始频率和结束频率。在电路中，需要至少指定一个独立源为交流源，此分析才起作用。

5．直流或小信号交流灵敏度分析

SPICE 在电路的偏置点附近将电路线性化后，计算在电感短路电容开路的情况下所观测变量 OUTVAR（节点电压或电压源支路的电流）对电路中所有非零器件参数的灵敏度，格式为：

.SENS OUTVAR
.SENS OUTVAR AC DEC ND FSTART FSTOP
.SENS OUTVAR AC OCT NO FSTART FSTOP
.SENS OUTVAR AC LIN NP FSTART FSTOP

其中，OUTVAR 是观测变量，AC 后的参数定义与.AC 语句相同。

6．噪声分析

计算指定节点的噪声输出电压，产生两个输出，一是噪声频谱密度曲线，二是指定频域的全部积分噪声。格式为：

.NOISE OUTVAR SRC DEC ND FSTART FSTOP
.NOISE OUTVAR SRC OCT NO FSTART FSTOP
.NOISE OUTVAR SRC LIN NP FSTART FSTOP

其中，OUTVAR 是噪声电压变量，SRC 是产生等价输入噪声的独立电压或电流源。SRC 后的参数定义与.AC 语句相同。

7．瞬态特性分析

计算电路的瞬态特性响应，格式为：

.TRAN TSTEP TSTOP 〈TSTART 〈TMAX〉〉〈UIC〉

其中，TSTEP 是数据输出的时间增量；TSTOP 是分析结束时间；TSTART 是数据输出的开始时间，默认是 0。瞬态分析总是从 0 开始，但从 0 到 TSTART 的结果不输出，这样可以去除波形中起始段的不规则部分。TMAX 是最大运算步长，默认值是 TSTEP 和(TSTOP— TSTART)/50 两者中的较小者。若定义了 UIC，则在瞬态分析开始时，使用各元件行中定义的 IC 值作为初始瞬态条件进行分析。

8. 傅里叶分析

此语句必须与瞬态分析语句一起用，对瞬态分析的结果进行傅里叶分析（计算至九次谐波），格式为：

.FOUR FREQ OUTVAR 〈OUTVAR2 OUTVAR3〉

其中，FREQ 是基频，OUTVAR 是输出电压或电流变量。

9. 失真分析

对电路进行小信号失真分析，格式为：

.DISTO DEC ND FSTART FSTOP 〈F2OVER1〉
.DISTO OCT NO FSTART FSTOP 〈F2OVER1〉
.DISTO LIN NP FSTART FSTOP 〈F2OVER1〉

其中，.DISTO 后 4 个参数定义与.AC 语句相同。若无 F2OVER1 选项，则 SPICE 对电路定义的交流源进行谐波分析；若指定了 F2OVER1（0.0＜F2OVER1≤1.0），则进行频谱分析，频率 2 来自电源的 DISTOF 选项。

10. 零极点分析

零极点分析的格式为：

.PZ NODE1 NODE2 NODE3 NODE4 CUR POL
.PZ NODE1 NODE2 NODE3 NODE4 CUR ZER
.PZ NODE1 NODE2 NODE3 NODE4 CUR PZ
.PZ NODE1 NODE2 NODE3 NODE4 VOL POL
.PZ NODE1 NODE2 NODE3 NODE4 VOL ZER
.PZ NODE1 NODE2 NODE3 NODE4 VOL PZ

其中，NODE1 和 NODE2 是输入节点，NODE3 和 NODE4 是输出节点；CUR 表示传输函数是输出电压/输入电流；VOL 表示传输函数是输出电压/输入电压；POL 表示作极点分析；ZER 表示作零点分析；PZ 则表示作零极点分析。

7.4　电路特性控制语句

1. 初始节点电压设置

此语句用于帮助 SPICE 直流或初始瞬态方程的求解过程收敛。它在计算的第一次迭代中对指定节点保持给定值，然后再继续迭代以得到最终解。常用于双稳态或非稳态电路中，其格式为：

.NODESET V(NODENUM)＝VAL V(NODENUM)＝VAL …

2. 初始条件设置

初始条件设置的格式为：

.IC V(NODENUM)＝VAL V(NODENUM)＝VAL …

此语句用于设置瞬态特性分析的初始条件，依.TRAN 语句的选项而有所不同。当.TRAN 语句中有 UIC 选项时，本语句设置的节点电压将用于计算电容、二极管、BJT、JFET 和 MOSFET 的初始条件。这相当于在每个器件定义行中设置了 IC 项。如果器件定义行中也有 IC 设置，则它的值优先于.IC 语句的设置。由于定义了 UIC，在瞬态分析之前不再计算电路的直流偏置解，因此需要在此行中设置所有的直流源的电压。

当.TRAN 语句中没有 UIC 选项时，在瞬态分析之前将计算电路的直流偏置解，此.IC 语句中定义的节点电压就被置为偏置求解过程的初始条件。在瞬态分析过程中，不再考虑这些约束条件。

3．输出控制

在设置了特性分析语句之后，计算所得的各种电路参数将自动保存到结果文件中。如果需要以自定义格式查看某些变量，则可以通过.PRINT 语句定义，它将以列表的形式输出 1～8 个变量的值。格式为：

> .PRINT PRTTYPE OUTVAR1〈OUTVAR2 … OUTVAR8〉

其中，PRTTYPE 是分析类型，可以是 DC、AC、TRAN、NOISE 及 DISTO 之一，OUTVAR1～OUTVAR8 为输出变量。

4．重置参数

SPICE 中的仿真控制参数可以通过.OPTIONS 语句改变，以调整仿真精度、速度或某些器件的默认参数等，格式为：

> .OPTIONS OPT1 OPT2 …
> .OPTIONS OPT＝VAL …

表 7.9 所示为 SPICE 的可重置参数，其中 X 代表一个正整数。

表 7.9　SPICE 的可重置参数

参　数	效　果	默　认　值
ABSTOL＝X	重置绝对电流误差容限	$1.0×10^{-12}$
CHGTOL＝X	重置电荷容差	$1.0×10^{-14}$
DEFAD＝X	重置 MOS 漏扩散面积	0.0
DEFAS＝X	重置 MOS 源扩散面积	0.0
DEFL＝X	重置 MOS 沟道长度	100.0 μm
DEFW＝X	重置 MOS 沟道宽度	100.0 μm
GMIN＝X	重置最小电导值	$1.0×10^{-12}$
ITL1＝X	重置直流迭代次数限制	100
ITL2＝X	重置直流转移曲线迭代次数限制	50
ITL3＝X	重置瞬态分析迭代参数限制	4
ITL4＝X	重置瞬态分析时间迭代次数限制	10
ITL5＝X	重置瞬态分析总迭代次数限制	5000
KEEPOPINFO	当 AC、DISTO 或 PZ 分析时保留工作点信息	
PIVREL＝X	重置最大矩阵项与允许的最大主元值的相对比值	$1.0×10^{-3}$
PIVTOL＝X	重置允许的矩阵主元的绝对最小值	$1.0×10^{-13}$
RELTOL＝X	重置相对误差容限	0.001
TEMP＝X	重置电路的运行温度	27℃
TNOM＝X	重置器件参数测量时的额定温度	27℃
TRTOL＝X	重置瞬态误差容限	7.0
TRYTOCOMPACT	试图压缩 LTRA 传输线的输入电压、电流历史记录	
VNTOL＝X	重置绝对电压误差容限	1 μV

7.5　HSPICE 缓冲驱动器设计实例

自 1972 年美国加利福尼亚大学伯克利分校开发的用于集成电路设计的 SPICE 程序诞生以来，为适应现代微电子工业的发展，各种用于集成电路分析的电路模拟工具不断涌现。因为 SPICE 只是一个内核，提供核心的算法，要使用各种各样的功能还需要借助电路模拟工具，其中 Cadence 公司的 PSPICE 和 Synopsys 公司的 HSPICE 是使用比较广泛的两种。这两种工具都采用图形界面输入电路信息。图形界面比较直观形象，但是在处理大工程时图形界面很容易出错且效率低下，这时就要用到网表文件（netlist）进行输入。

HSPICE 是为集成电路设计中的稳态分析、瞬态分析和频域分析等电路分析而开发的一个商业化通用电路模拟程序，目前已被许多公司、大学和研究开发机构广泛应用。因此本节以 HSPICE 为设计平台，首先对集成电路设计中的基本单元电路——缓冲驱动器电路的分析与设计进行介绍。

首先，根据设计的指标要求选择工艺。这里选用的是 1.2 μm CMOS 工艺 level Ⅱ 模型（Models.sp）。模型文件如下：

```
.model nmos nmos level＝2 ld＝0.15u tox＝200.0e-10 vto＝0.74 kp＝8.0e-05
＋nsub＝5.37e＋15 gamma＝0.54 phi＝0.6 u0＝656 uexp＝0.157 ucrit＝31444
＋delta＝2.34 vmax＝55261 xj＝0.25u lambda＝0.037 nfs＝1e＋12 neff＝1.001
＋nss＝1e＋11 tpg＝1.0 rsh＝70.00 pb＝0.58
＋cgdo＝4.3e-10 cgso＝4.3e-10 cj＝0.0003 mj＝0.66 cjsw＝8.0e-10 mjsw＝0.24

.model pmos pmos level＝2 ld＝0.15u tox＝200.0e-10 vto＝-0.74 kp＝2.70e-05
＋nsub＝4.33e＋15 gamma＝0.58 phi＝0.6 u0＝262 uexp＝0.324 ucrit＝65720
＋delta＝1.79 vmax＝25694 xj＝0.25u lambda＝0.061 nfs＝1e＋12 neff＝1.001
＋nss＝1e＋11 tpg＝－1.0 rsh＝121.00 pb＝0.64
＋cgdo＝4.3e-10 cgso＝4.3e－10 cj＝0.0005 mj＝0.51 cjsw＝1.35e－10 mjsw＝0.24
```

其次，准备基本反相器单元的电路网表文件。这一步主要是根据模型参数和设计要求设定晶体管尺寸，即晶体管的宽度 W 和长度 L。反相器的网表文件如下：

```
.title 1.2μm cmos inverter chain
.include "models.sp"
.global vdd
mn out in 0 0 nmos W＝1.2u L＝1.2u
mp out in vdd vdd pmos W＝3u L＝1.2u
cl out0 0.5p
vcc vdd 0 5
vin    in 0 pulse(0 5 10ns 1n 1n 50n 100n)
…
```

1. 直流传输特性分析

```
.title 1.2μm cmos inverter chain
.include "models.sp"
.global vdd
.option probe
mn out in 0 0 nmos W＝1.2u L＝1.2u
mp out in vdd vdd pmos W＝1.2u L＝1.2u
cl out0      0.5p
vcc    vdd 0 5
```

```
vin    in 0 pulse(0 5v 10ns 1n 1n 50n 100n)
.dc vin      0 5 0.1
.op
.probe    dc v(out)
.end
```

输出的直流传输特性曲线如图 7.3 所示。

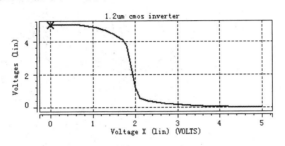

图 7.3　输出的直流传输特性曲线

然后，利用含参数的子电路组成反相器链：

```
.title 1.2μm cmos inverter chain
.include "models.sp"
.global vdd
.subckt inv in out wn＝1.2u wp＝1.2u
mn out in 0 0 nmos W＝wn L＝1.2u
mp out in vdd vdd pmos W＝wp L＝1.2u
.ends

x1 in 1      inv wn＝1.2u wp＝3u
x2 1  2      inv wn＝1.2u wp＝3u
x3 2  out    inv wn＝1.2u wp＝3u
cl out 0    1p
vcc    vdd 0 5
vin    in 0
…
```

进行直流特性分析，温度选择常温，输出波形如图 7.4 所示。

```
…
.dc vin      0 5 0.1
.measure dc    ttrans when v(out)＝2.5
…
.end
```

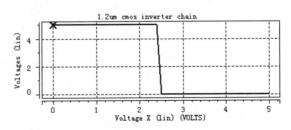

图 7.4　直流特性分析输出波形

分析结果如下：

```
…
ttrans temper alter#
```

2.4500　　25.0000　　　1.0000

2. 时序特性分析

进行时序分析，输出波形如图 7.5 所示。

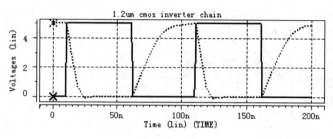

图 7.5　时序分析输出波形

```
...
vin      in 0 pulse(0 5v 10ns 1n＋1n 50n 100n)
*.dc vin    0 5 0.1
.tran    1n 200n
.measure tran tdelay trig v(in) val＝2.5 td＝8ns rise＝1 targ v(out) val＝2.5 td＝9n fall＝1
.print v(out)
.end
```

3. 驱动能力

通过扫描负载电容，观察输出波形，考察驱动能力，根据输出波形选择合适的负载：

```
...
.param cload＝1p
...
.data cv
cloaad
0.5p
1p
2p
.enddata
...
cl         out  0   cload
vin   in 0 pulse(0 5 10ns 1n 1n 50n 100n)
.tran    1n 200n sweep data＝cv
...
```

负载电容输出波形如图 7.6 所示。

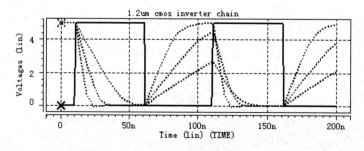

图 7.6　负载电容输出波形

最后，固定负载，扫描管子尺寸。根据扫描结果，来获得管子合适的 *W* 和 *L*：

```
…
.param wu＝1.2u
.param wpt＝'2.5*wu'
…
.data cv
wu
1.2u 2.4u 3u
.enddata
x1 in 1     inv wn＝wu    wp＝wpt
x2 1 2 inv wn＝wu wp＝wpt
x3 2  out inv wn＝wu wp＝wpt
cl out0     1p
…
.tran   1n 200n sweep data＝cv
.measure tran td trig v(in) val＝2.5 td＝8ns   rise＝1     targ v(out) val＝2.5 td＝9n fall＝1
.end
```

扫描结果如下：

```
$data1 source＝'hspice' version＝'1999.4'
.title '.title 1.2μm cmos inverter chain'
 index wu td    temper alter#
     1.0000   1.200e-06  9.121e-09 25.0000      1.0000
     2.0000   2.400e-06  4.724e-09  25.0000     1.0000
     3.0000   3.000e-06  3.891e-09  25.0000     1.0000
```

7.6 HSPICE 跨导放大器设计实例

本节以 HSPICE 为设计工具，给出一个简单的跨导放大器设计实例，对该跨导放大器电路进行偏置电流与功耗、开环增益、GBW 与相位裕度、压摆率、Swing Range、失调、噪声、工艺 corner 分析和温度特性分析等。

设计的跨导放大器电路如图 7.7 所示，根据电路写出网表文件，文件保存在 ota.net 中。

```
V_Vp vdd 0 5
V_Vac vin 0 DC 2.5 AC 1 0
V_Vdc vip 0 2.5
R_Rz vo1 N_0001    rzv
C_Cc N_0001 vo    ccv
C_CL 0 vo    clv
C_Cb 0 vb    10p
R_Rb vb vdd    100k
M_U2 vo1 vip N_0002 0 nm L＝0.6u W＝12u M＝2
M_M1 N_0003 N_0003 vdd vdd pm     L＝2u W＝12u M＝2
M_M3 vo vo1 vdd vdd pm L＝0.6u W＝12u M＝8
M_U1 N_0003 vin N_0002 0 nm L＝0.6u W＝12u M＝2
M_U4 vo vb 0 0 nm L＝5u W＝12u M＝8
M_U5 vb vb 0 0 nm L＝5u W＝12u M＝1
M_U3 N_0002 vb 0 0 nm L＝5u W＝12u M＝4
M_M2 vo1 N_0003 vdd vdd pm L＝2u W＝12u M＝2
```

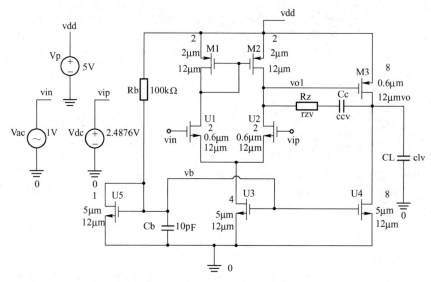

图 7.7　设计的跨导放大器电路

1. 工作点分析

先进行工作点分析，根据分析结果得到电路的偏置电流和功耗：

```
ota simulation
.prot
.lib 'LIB_PATH\csmc.lib' tt
.unprot
*.option post probe
*.probe ac v(vo1) v(vo) vp(vo)
.op
*.dc v_vdc 2.48 2.5 0.0001
*.trans 10ns 200ns 20ns 0.1ns
*.ac dec 10 1k 100meg $sweep rzv 0 2k 0.2k
.para rzv=1k ccv=1p clv=1p
.inc 'NETLIST_PATH\ota.net'
.end
```

根据分析结果进行判断，得到相关数据：

① 浏览并分析.lis 文件的内容。

② .prot 与.unprot 使用将使得其中的内容不在.lis 中出现。

③ 用 oper 查找，即可找到 operating point information 这一段，可看到电路各节点的电压和各元件的工作状态。

④ 注意此时 vo=4.8916。

⑤ 对于提供电源的电压源 v_vp，注意其功耗就是电路功耗，因此可查得电路功耗为 2.47 mW。

⑥ 对于 MOS 管，注意各参量的含义：region、id、vgs、vds、vth、vdsat、gm、gmb、gds等，可查得流过 M_U3 的偏置电流为 149.8 μA，并注意到 M_M3 的 region 为 Linear。

2. 直流扫描分析

进行直流扫描分析。根据工作点分析的结果，先进行粗扫，从而获得精确的扫描范围。粗扫的结果如图 7.8 所示，其中图 7.8（b）所示的曲线为输出对输入求导后得到的放大器增益。

```
ota simulation
.prot
.lib 'LIB_PATH\csmc.lib' tt
.unprot
.option post probe
.probe dc v(vo1) v(vo)
.op
.dc v_vdc 2.45 2.55 0.001
*.trans 10ns 200ns 20ns 0.1ns
*.ac dec 10 1k 100meg $sweep rzv 0 2k 0.2k
.para rzv＝1k ccv＝1p clv＝1p
.inc 'NETLIST_PATH\ota.net'
.end
```

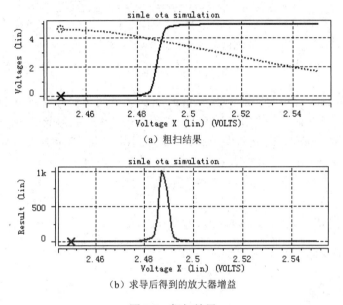

（a）粗扫结果

（b）求导后得到的放大器增益

图 7.8　粗扫结果

　　根据粗扫结果确定精确扫描范围，再进行精确扫描，扫描结果如图 7.9 所示，其中图 7.9（b）所示的曲线为输出对输入求导后得到的放大器增益。

```
ota simulation
.prot
.lib 'LIB_PATH\csmc.lib' tt
.unprot
.option post probe
.probe dc v(vo1) v(vo)
.op
.dc v_vdc 2.48 2.495 0.0001
*.trans 10ns 200ns 20ns 0.1ns
*.ac dec 10 1k 100meg $sweep rzv 0 2k 0.2k
.para rzv＝1k ccv＝1p clv＝1p
.inc 'NETLIST_PATH\ota.net'
.end
```

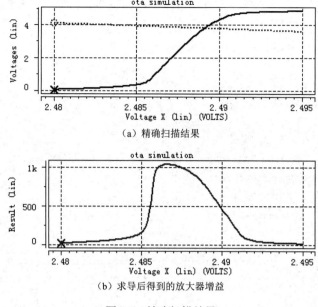

（a）精确扫描结果

（b）求导后得到的放大器增益

图 7.9　精确扫描结果

对于增益要求 G_0，存在对应的输出 swing range，若用小信号增益 gain$>G_0$ 作为 swing range，则一定满足增益要求。例如 $G_0=500$，则根据图 7.9 所示 swing range$\approx$(0.485, 4.29)。若取输出中心电压为 vdd/2，而令 vo＝vdd/2 时，可测得 v_dc＝2.4876 V，故 ota 的系统失调：vos＝12.4 mV。

3．交流扫描分析

下面进行交流扫描，分析放大器的 GBW 和相位裕度：

```
ota simulation
.prot
.lib 'LIB_PATH\csmc.lib' tt
.unprot
.option post probe
.probe ac v(vo1) v(vo) vp(vo)
.op
*.dc v_vdc 2.48 2.495 0.0001
*.trans 10ns 200ns 20ns 0.1ns
.ac dec 10 1k 200meg $sweep rzv 0 2k 0.2k
.para rzv=0 ccv=1p clv=1p
.inc 'NETLIST_PATH\ota.net'
.end
```

此时假设补偿电阻为零，将 ota.net 中的 v_vdc 值设为 V_Vdc vip 0 2.4876 V。进行交流扫描分析，结果如图 7.10 所示。根据分析结果可知 GBW＝99.8 MHz，相位裕度为 34.6 度。

根据分析可知，单位增益带宽 GBW$\approx g_{m1}/(Cc+C_{GD3})$，主极点 $\omega_{p1}\approx 1/[R_{o1}g_{m3}R_o(Cc+C_{GD3})]$，第二极点 $\omega_{p2}\approx g_{m3}/(C_L+C_o)$，零点 $\omega_z\approx 1/[(Cc+C_{GD3})(g_{m3}^{-1}-R_z)]$，查看 .lis 文件可知 $g_{m3}\approx 2$ mS，$g_{m1}\approx 0.83$ mS，$g_{m1b}\approx 0.13$ mS。其中，g_{m1} 为输入管 M_U1 的跨导，g_{m3} 为第二级输入管 M_M3 的跨导。

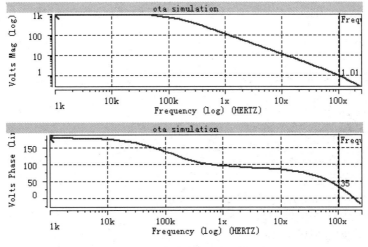

图 7.10　交流扫描分析结果

接下来进行米勒补偿效应的分析，对补偿电容进行扫描，结果如图 7.11 所示。

```
ota simulation
.prot
.lib 'LIB_PATH\csmc.lib' tt
.unprot
.option post probe
.probe ac v(vo1) v(vo) vp(vo)
.op
*.dc v_vdc 2.48 2.495 0.0001
*.trans 10ns 200ns 20ns 0.1ns
.ac dec 10 1k 500meg sweep ccv 0 5p 1p
.para rzv＝0 ccv＝1p clv＝1p
.inc 'NETLIST_PATH\ota.net'
.end
```

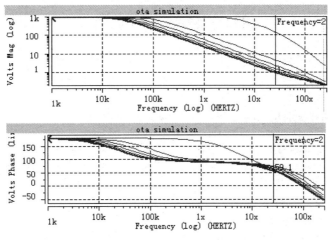

图 7.11　补偿电容扫描结果

根据扫描结果可知，增加 Cc，ω_{p1} 向下移动，GBW 减小，相位裕度增加。增加 Cc 到 5 pF 时，相位裕度增加到约 59 度，而 GBW 已经减小到 24.8 MHz。为减小零点的影响，提高相位裕度，可以通过调节补偿电阻来实现。增加 R_z，可减弱零点的作用，提高相位裕度。当达到零极点抵消时，

应满足 $R_z \cong (C_L + Cc)/(g_{m3}Cc)$，得出 $R_z \cong 1$ kΩ。下面对补偿电阻进行扫描，结果如图 7.12 所示。

```
ota simulation
.prot
.lib 'LIB_PATH\csmc.lib' tt
.unprot
.option post probe
.probe ac v(vo1) v(vo) vp(vo)
.op
*.dc v_vdc 2.48 2.495 0.0001
*.trans 10ns 200ns 20ns 0.1ns
.ac dec 10 1k 500meg sweep rzv 0 2k 0.2k
.para rzv=0 ccv=1p clv=1p
.inc 'NETLIST_PATH\ota.net'
.end
```

根据图 7.12 所示的扫描结果可知，当 R_z 增加到 0.6 kΩ时，相位裕度增加到约 55 度，GBW 约为 76 MHz；当 R_z 增加到 1 kΩ时，相位裕度增加到约 67 度，GBW 约为 103 MHz。

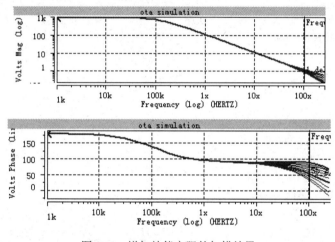

图 7.12　增加补偿电阻的扫描结果

4．噪声分析

```
ota simulation
.prot
.lib 'LIB_PATH\csmc.lib' tt
.unprot
.option post probe
.probe ac v(vo1) v(vo) vp(vo)
.op
*.dc v_vdc 2.48 2.495 0.0001
*.trans 10ns 200ns 20ns 0.1ns
.ac dec 10 1k 500meg $sweep rzv 0 2k 0.2k
.noise v(vo) v_vac 10
.para rzv=1k ccv=1p clv=1p
.inc 'NETLIST_PATH\ota.net'
.end
```

在.lis 文件中会给出每一个频率采样点上的噪声频谱密度,以及从开始频率到该频率点的等效噪声电压等。

分析结果如下:

> **** the results of the sqrt of integral (v**2 / freq)
> 　　from fstart upto　100.0000x　　hz. using more freq points
> 　　results in more accurate total noise values.
> **** total output noise voltage　　=　　2.5009m　　volts
> **** total equivalent input noise　=　　64.7944u

注意:.lis 文件中各 MOS 元件的噪声大小对比,并根据电路图进行对应的分析。

5. 失调分析

假定两个匹配的 MOS 晶体管有同样的漏极工作点电流 I_D,如果晶体管是理想元件,那么它们会有同样的栅极-源极电压 V_{GS}。而实际上,由于不匹配造成这两个电压之间存在电压差ΔV_{GS} $=V_{GS1}-V_{GS2}$。假定晶体管工作在饱和状态,电路图中输入差分对 U1 和 U2、电流镜 M1 和 M2 的失调电压可以表示如下。

U1、U2 电压失调为

$$V_{os1} \cong \Delta V_{tN} - \frac{V_{GSN}}{2}\left(\frac{\Delta W}{W}\right)_N$$

M1、M2 带来的失调为

$$V_{os2} \cong \left[\Delta V_{tP} - \frac{V_{GSP}}{2}\left(\frac{\Delta W}{W}\right)_P\right]*\left(\frac{g_{mP}}{g_{mN}}\right)$$

式中, ΔV_{tP} 和 ΔW 为元件间的阈值电压和跨导之差。

在良好的版图设计条件下,阈值电压(mV)失配的标准偏差 S_{V_t} 可表示为

$$S_{V_t} \approx \frac{0.1t_{ox}}{\sqrt{MWL}}$$

式中, M 为晶体管并联的个数; t_{ox} 的单位为 Å; 对 NMOS 有 $t_{ox}=1.25\times10^{-8}+t_{oxn}$, 对 PMOS 有 $t_{ox}=1.3\times10^{-8}+t_{oxp}$; t_{oxn} 和 t_{oxp} 的值与模型的工艺角有关, 在 tt 情况下, $t_{oxn}=t_{oxp}=0$。

栅宽 W (μm) 的失配可表示为

$$\frac{s_{\Delta W}}{W} \approx \frac{0.04}{\sqrt{MWL}}$$

式中, 0.04 是根据类似工艺得出的一个估计值。可见,阈值电压和栅宽均与栅面积的平方根成反比。

在 MOS 晶体管的参数中考虑失配。例如,原有的 W=12 u,M=2 修改为:

　　W='12u+12u*0.04u*alfa/sqrt(2*12μm*5μm)' M=2 delvto='12.5n*alfa/sqrt(2*12μm*5μm) '

这里, alfa 为(0,1)高斯分布变量。依次将网表 ota.net 的内容按照上面的方法修改,并进行 30 次 monte-carlo 仿真,仿真结果如图 7.13 所示。

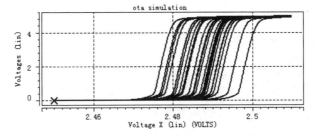

图 7.13　30 次 monte-carlo 仿真结果

```
ota simulation
.prot
.lib 'LIB_PATH\csmc.lib' tt
.unprot
.option post probe
.probe dc v(vo1) v(vo)
.op
.dc v_vdc 2.45 2.51 0.0001 sweep monte ＝ 30
*.trans 10ns 200ns 20ns 0.1ns
*.ac dec 10 1k 500meg $sweep ccv 0 5p 1p
*.noise v(vo) v_vac 20
.para rzv＝1k ccv＝1p clv＝1p alfa＝agauss(0,3,3)
.inc 'NETLIST_PATH\ota.net'
.end
```

根据图 7.13 所示的仿真结果可知，ota 的失调分布可达(-10～10 mV)，可增大晶体管来减小 V_{os}，但是会带来速度问题。

6．压摆率分析

通过在输入端输入一个较大的脉冲信号，以观察输出端的压摆率。方法是，在 ota.net 中将 v_vac 的定义换成：v_vpulse vin 0 PULSE 2 3 20ns 0.1n 0.1n 100n 200n。用瞬态仿真来进行分析，仿真结果如图 7.14 所示。

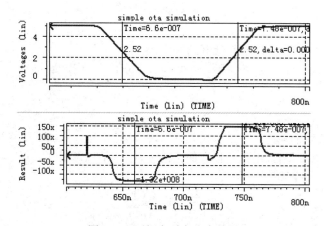

图 7.14　压摆率瞬态仿真结果

```
ota simulation
.prot
.lib 'LIB_PATH\csmc.lib' tt
.unprot
.option post probe
.probe tran v(vo1) v(vo)
.op
*.dc v_vdc 2.45 2.51 0.001 sweep monte ＝ 30
.trans 0.1ns 1000ns
*.ac dec 10 1k 500meg $sweep ccv 0 5p 1p
*.noise v(vo) v_vac 20
.para rzv＝1k ccv＝1p clv＝1p $alfa＝agauss(0,3,3)
.inc 'NETLIST_PATH\ota.net'
.end
```

由图 7.14 可测得，ota 的上升和下降压摆率分别为 146 V/μs 和 132 V/μs。

7．模型 corner 仿真

下面进行工艺角仿真。在 ota.net 中将 V_vpulse 的定义换回来：V_Vac vin 0 DC 2.5V AC 1V 0。首先做 DC 扫描，分析各种 corner 下的增益和失调的变化，仿真结果如图 7.15 所示。

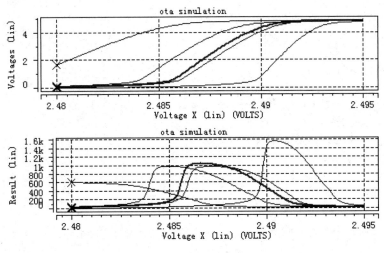

图 7.15　工艺角仿真结果

```
ota simulation
.prot
.lib 'LIB_PATH\csmc.lib' tt
.unprot
.option post probe
.probe dc v(vo)
.op
.dc v_vdc 2.45 2.51 0.0001 $sweep monte ＝ 30
*.trans 0.1ns 1000ns
*.ac dec 10 1k 500meg $sweep ccv 0 5p 1p
*.noise v(vo) v_vac 20
.para rzv＝1k ccv＝1p clv＝1p $alfa＝agauss(0,3,3)
.inc 'NETLIST_PATH\ota.net'
.end
```

在.end 前插入.alter 语句，如下：

```
ota simulation
...
.alter
.lib 'LIB_PATH\csmc.lib' ff
.alter
.lib 'LIB_PATH\csmc.lib' fs
.alter
.lib 'LIB_PATH\csmc.lib' sf
.alter
.lib 'LIB_PATH\csmc.lib' ss
.end
```

在图 7.15 中，各条曲线从左到右依次为 ff、fs、tt、sf、ss 下的仿真结果。可见，ff 时增益最小，ss 时增益最大。Vo＝vdd/2 分别对应于 v_vdc 为：2.4876、2.4814、2.4861、2.4881、2.4912。

知道了各种 corner 下的失调后，就可以设置 v_vdc 做 AC 扫描，分析各种 corner 下的增益和 GBW 的变化：

```
ota simulation
.prot
.lib 'LIB_PATH\csmc.lib' tt
.unprot
.option post probe
.probe ac v(vo) vp(vo)
.op
*.dc v_vdc 2.45 2.51 0.0001 $sweep monte ＝ 30
*.trans 0.1ns 1000ns
.ac dec 10 1k 500meg $sweep ccv 0 5p 1p
*.noise v(vo) v_vac 20
.para rzv＝1k ccv＝1p clv＝1p $alfa＝agauss(0,3,3)
.inc 'NETLIST_PATH\ota.net'
.end
```

对于各种 corner 加入了对应的 v_vdc 定义，仿真结果如图 7.16 所示。

```
...
.alter
v_vdc      vip 0 2.4814V
.lib 'f:\spice\userlib\csmc.lib' ff
.alter
v_vdc      vip 0 2.4861V
.lib 'f:\spice\userlib\csmc.lib' fs
.alter
v_vdc      vip 0 2.4881V
.lib 'f:\spice\userlib\csmc.lib' sf
.alter
v_vdc      vip 0 2.4912V
.lib 'f:\spice\userlib\csmc.lib' ss
.end
```

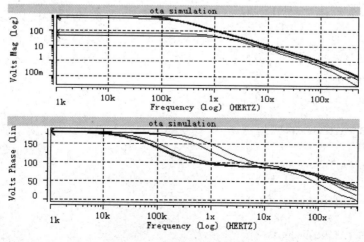

图 7.16　工艺角仿真结果

仿真结果如表 7.10 所示。

表 7.10　不同模型 corner 仿真结果

	gain	GBW	Phase margin
tt	989	103 MHz	67.2
ff	585	122 MHz	75.9
fs	922	108 MHz	64.8
sf	939	97.9 MHz	71.2
ss	1.46 k	87.4 MHz	62.4

最后进行温度分析。首先做温度扫描，分析各种温度下增益和失调的变化。其中，vo＝vdd/2 分别对应于 v_vdc 为：2.4882、2.4877、2.4873、2.4868、2.4863、2.4858，温度变化对系统失调和增益的影响如图 7.17 所示。

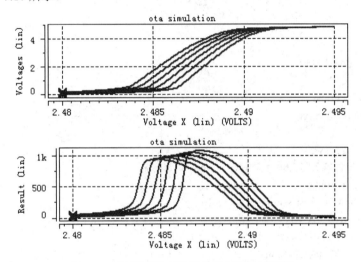

图 7.17　温度变化对系统失调和增益的影响

```
ota simulation
.prot
.lib 'LIB_PATH\csmc.lib' tt
.unprot
.option post probe
.probe dc v(vo)
.op
.dc v_vdc 2.45 2.51 0.0001 sweep temp 0 100 20
*.trans 0.1ns 1000ns
*.ac dec 10 1k 500meg $sweep ccv 0 5p 1p
*.noise v(vo) v_vac 20
.para rzv＝1k ccv＝1p clv＝1p $alfa＝agauss(0,3,3)
.inc 'NETLIST_PATH\ota.net'
.end
```

知道了各种温度的失调后，就可以设置 v_vdc 做 AC 扫描，分析各种温度下的增益和 GBW 的变化。不同温度下的 AC 分析结果如图 7.18 所示。

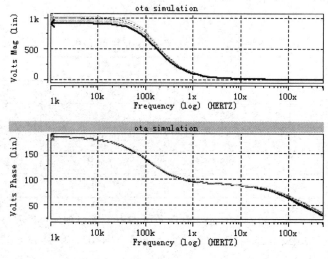

图 7.18　不同温度下的 AC 分析结果

```
ota simulation
.prot
.lib 'LIB_PATH\csmc.lib' tt
.unprot
.option post probe
.probe ac v(vo) vp(vo)
.temp 0
v_vdc vip 0 2.4882V
*.dc v_vdc 2.45 2.51 0.0001 $sweep monte ＝ 30
*.trans 0.1ns 1000ns
.ac dec 10 1k 500meg $sweep ccv 0 5p 1p
*.noise v(vo) v_vac 20
.para rzv＝1k ccv＝1p clv＝1p $alfa＝agauss(0,3,3)
.inc 'NETLIST_PATH\ota.net'
.end
```

在.end 前插入.alter 语句，目的是对于各种温度加入对应的 v_vdc 定义，具体如下：

```
.alter
.temp 20
v_vdc    vip 0 2. 4877V
.alter
.temp 40
v_vdc    vip 0 2. 4873V
.alter
.temp 60
v_vdc    vip 0 2. 4868V
.alter
.temp 80
v_vdc    vip 0 2. 4863V
.alter
.temp 100
v_vdc    vip 0 2. 4858V
.end
```

温度分析仿真结果如表 7.11 所示。由表 7.11 可见，温度升高，电路性能变差。

表 7.11　温度分析仿真结果

temp	gain	GBW	Phase margin
0	1.03 k	109 MHz	68.3
20	998	104 MHz	67.4
40	962	98.3 MHz	66.8
60	936	94.5 MHz	66.2
80	913	90.7 MHz	65.7
100	890	86.7 MHz	65.4

7.7　PSPICE 电路图编辑器简介

PSPICE 是一个 PC 版的 SPICE（Personal-SPICE），可以从属于 Cadence 设计系统公司的 OrCAD 公司获得，本书随书奉送学生版（功能受限）软件光盘。PSPICE 采用自由格式语言的 5.0 版本，自 20 世纪 80 年代以来在我国得到广泛应用，并且从 6.0 版本开始引入图形界面，图表描述形式具有了直观易懂的优点，使得 PSPICE 具有强大的电路图绘制功能、电路模拟仿真功能、图形后处理功能和元器件符号制作功能，以图形方式输入，自动进行电路检查，生成图表，模拟和计算电路。另外，PSPICE 有标准元件的模拟和数字电路库，如 NAND、NOR、触发器、多选器、FPGA、PLDs 和许多数字元件，这使得它成为一种广泛用于模拟和数字应用的有用工具，不仅可以用于电路分析和优化设计，还可用于电子线路、电路和信号与系统等课程的计算机辅助教学，与印制版设计软件配合使用，还可实现电子设计自动化，被公认为通用电路模拟程序中最优秀的软件，具有广阔的应用前景。

1. 电路图编辑器界面

首先对本书配套的 PSPICE 学生版软件进行安装，安装过程中注意增加勾选电路图编辑选项，安装完毕后在任务栏中单击 Schematics 选项，生成电路编辑器界面，如图 7.19 所示，此时在窗口的上面显示 Schematics。可以在菜单 File 中选择 New 选项，创建新的电路图。

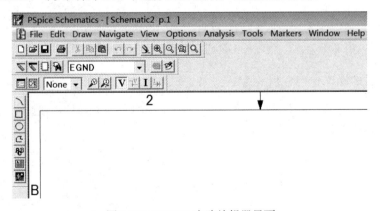

图 7.19　PSPICE 电路编辑器界面

2. 元件放置

① 在菜单 Draw 中选择 Get New Part 选项，打开的元件浏览对话框如图 7.20 所示。通过右下角的按钮 Basic 或 Advanced 可以让用户在两种不同的界面中使用该对话框。

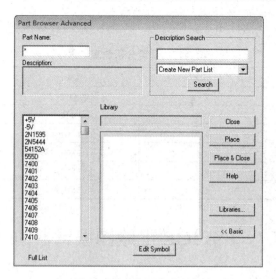

图 7.20　元件浏览对话框

② 在元件名称（Part Name）中选择需要的元件。

③ 用鼠标单击 Place & Close 按钮。

④ 用鼠标将元件放置在合适的位置，再单击左键（按右键表示放弃）。按 Ctrl＋R 组合键可以使元件旋转到合适的位置，然后放置，也可以选用主功能菜单 Edit 中的 Rotate 或 Flip 选项对元件进行旋转或镜像。

3．连接线

① 在菜单 Draw 中选择 Wire 选项，光标变成铅笔的形状。

② 在一个元器件的一端单击鼠标左键，然后到另一个元件的一端单击左键，就可以把这两个元件连接，单击右键表示这根导线结束，否则可以将这根导线继续连下去。

4．元件移动

用鼠标左键单击选中元件，然后拖动到合适的位置单击左键放置。

5．元件删除

用鼠标左键单击选中元件，然后按 Del 键即可删除该元件。

6．元件属性的修改

① 双击元件就可打开元件的属性对话框，有关该元件的所有属性都在这个列表中，图 7.21 所示为 VDC 的属性对话框。

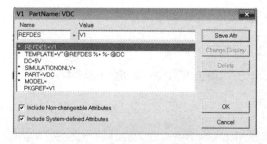

图 7.21　VDC 的属性对话框

② 选择要修改的元件属性，在 Value 文本框中输入希望的参数值，如 MOS 管的栅长、栅宽等参数。

7.8　PSPICE 缓冲驱动器设计实例

本节对模拟电路和数字电路中常用的单元电路——缓冲驱动器进行设计，首先，在电路图编辑器窗口中绘制 CMOS 反相器结构的电路，如图 7.22 所示。

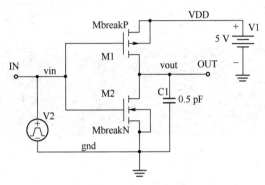

图 7.22　反相器的电路图

在 Schematics 的菜单 Analysis 中选择 Create Netlist 选项，然后选择 Examine Net 选项。可以查看到输入网单文件如下：

```
* Schematics Netlist *
M_M1        VDD IN OUT VDD MbreakP
V_V1        VDD 0 5V
M_M2        OUT IN 0 0 MbreakN     L＝1.2u  W＝1.2u
V_V2        IN 0   PULSE 0 5v 10n 1n 1n 50n 100n
```

可以看出，Schematics 自动生成的网单文件实际上是由各元件语句组成的，其中各节点的名称为在电路原理图中定义的节点或导线的名称，各元件的名称由该元件的类型关键字加上电路原理图中定义的名称组成。

1. 直流传输特性分析

① 在菜单项 Analysis 中选择 Setup 选项，弹出 Analysis Setup 对话框，选中 DC Sweep 复选框，如图 7.23 所示。

② 单击 DC Sweep 按钮，弹出 DC Sweep 对话框，如图 7.24 所示。

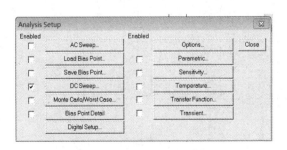

图 7.23　Analysis Setup 对话框

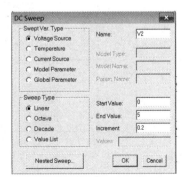

图 7.24　设置直流扫描特性

③ 选中 Voltage Source 单选按钮，然后在 Name 文本框中输入 V2。在 Sweep Type 选项区域中选中 Linear 单选按钮，在 Start Value、End Value 和 Increment 文本框中分别输入 0、5 和 0.2，单击 OK 按钮确认。

④ 在菜单项 Analysis 中选择 Simulate 选项，Schematics 就会自动调用 Pspice A/D 对产生的网单输入文件进行模拟，如果文件中有 .probe，就会自动调用 PROBE，如图 7.25 所示。

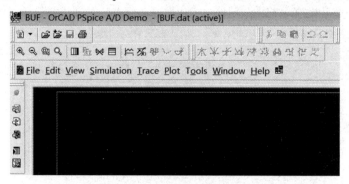

图 7.25　仿真自动调用的 PROBE

⑤ 在 PROBE 界面中单击 Add Traces 按钮，出现输出选择界面，如图 7.26 所示。在 Trace Expression 下接列表中选择 V（OUT），单击 OK 按钮确认。

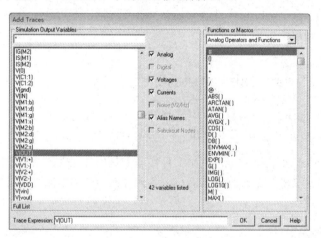

图 7.26　输出选择界面

⑥ 输出的直流传输曲线如图 7.27 所示。

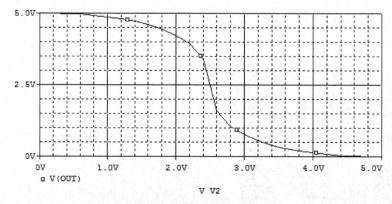

图 7.27　输出的直流传输曲线

2．多级反相器直流传输特性分析

将单级反相器电路进行级联构成三级反相器电路，如图 7.28 所示，下面对三级反相器的直流传输特性进行分析。

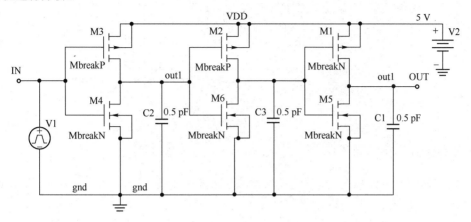

图 7.28　三级反相器电路

① 在菜单项 Analysis 中选择 Setup 选项，单击 DC Sweep 按钮，在弹出的对话中选中 Voltage Source 单选按钮，然后在 Name 文本框中输入 V1。在 Sweep Type 选项区域中选中 Linear 单选按钮，在 Start Value、End Value 和 Increment 文本框中分别输入 0、5 和 0.2，单击 OK 按钮确认。

② 在菜单 Analysis 中选择 Simulate 选项，Schematics 就会自动调用 Pspice A/D 对产生的网单输入文件进行模拟，如果文件中有.probe，就会自动调用 PROBE。

③ 在 PROBE 界面中单击 Add Traces 按钮，出现输出选择界面，选择 V（OUT），单击 OK 按钮确认。

④ 输出的直流传输曲线如图 7.29 所示。

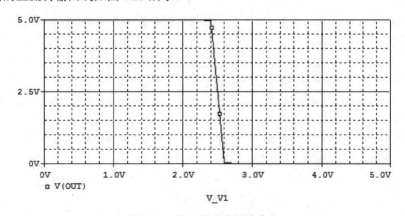

图 7.29　输出的直流传输曲线

3．时序特性分析

① 激活 Schematics，在菜单项 Analysis 中选择 Setup 选项。

② 在 Analysis Setup 对话框中单击 Transient 按钮，设置 Print Step 为 1 ns，Final Time 为 200ns，单击 OK 按钮确认。

③ 在菜单项 Analysis 中选择 Simulate 选项，仿真结束后出现 PROBE 界面。在 PROBE 界面中单击 Add Traces 按钮，出现输出选择界面，选择 V（OUT）和 V（IN），单击 OK 按钮确认。

④ 输出时序特性分析的结果如图 7.30 所示。

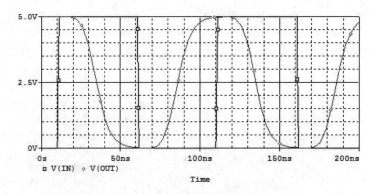

图 7.30　时序特性分析结果

4．驱动能力分析

① 把电路图中的电容 C1 的值设置为 cload，并在电路里插入 PARAM，并设置初值为 0.5 pF，用于参数扫描的电路图如图 7.31 所示。

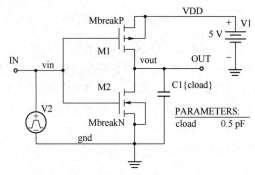

图 7.31　用于参数扫描的电路图

② 激活 Schematics，在菜单项 Analysis 中选择 Setup 选项，在 Analysis Setup 对话框中单击 Parametric 按钮，在 Swept Var. Type 选项区域中选中 Global Parameter 单选按钮，然后在右边的 Name 文本框中输入 cload，Sweep Type 选择 Linear，起始值和终止值分别设为 0.5 p 和 2 p，步长设为 0.5 p。

③ 在 Analysis Setup 对话框中单击 Transient 按钮，设置 Print Step 为 1 ns，Final Time 为 200 ns，单击 OK 按钮确认。

④ 在菜单项 Analysis 中选择 Simulate 选项，仿真结束后出现 PROBE 界面。在 PROBE 界面中单击 Add Traces 按钮，出现输出选择界面，选择 V（OUT）和 V（IN），单击 OK 按钮确认。

⑤ 负载电容变化时的输出波形如图 7.32 所示。

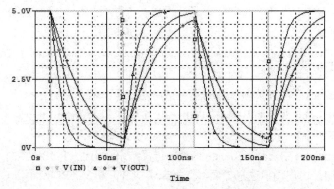

图 7.32　负载电容变化时的输出波形

7.9　PSPICE 跨导放大器设计实例

在 PSPICE 中画出跨导放大器的电路图，如图 7.33 所示。

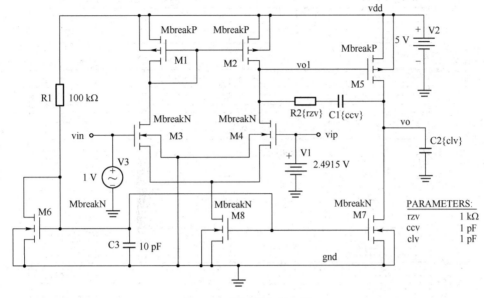

图 7.33　跨导放大器电路

1. 工作点分析

先进行工作点分析，根据分析结果得到电路的偏置电流和功耗以及各器件的参数等。

① 在菜单项 Analysis 中选择 Setup 选项，在弹出的 Analysis Setup 对话框中选中 Bias Point Detail 复选框。

② 在菜单 Analysis 中选择 Simulate 选项，Schematics 就会自动调用 Pspice A/D，对产生的网单输入文件进行模拟。

③ 在菜单 View 中选择 Output File 选项，可以得到相关的直流输出数据，包括电路各节点的电压和各元件的工作状态等，如对于 MOS 管，给出了 id、vgs、vds、vth、vdsat、gm、gmb、gds 等各参量的值。

2. 直流扫描分析

① 在菜单项 Analysis 中选择 Setup 选项，选中 DC Sweep 复选框，单击 DC Sweep 按钮，选中 Voltage Source 单选按钮，然后在 Name 文本框中输入 V1。在 Sweep Type 中选中 Linear 单选按钮，Start Value、End Value 和 Increment 文本框中分别输入 2.45、2.55 和 0.001，单击 OK 按钮确认。

② 在菜单 Analysis 中选择 Simulate 选项，Schematics 就会自动调用 Pspice A/D，对产生的网单输入文件进行模拟，如果文件中有 .probe，就会自动调用 PROBE。

③ 在 PROBE 界面中单击 Add Traces 按钮，分别选择 V(o) 和 D(V(o))，单击 OK 按钮确认，粗扫结果如图 7.34 所示。

④ 根据粗扫结果确定精确扫描范围，再进行精确扫描，扫描的结果如图 7.35 所示。

3. 交流扫描分析

① 将电路中的电容 C1 和 C2 的值设为 1p，将电阻 R1 的值设为 0。

② 在菜单项 Analysis 中选择 Setup 选项，选中 AC Sweep 复选框，单击 AC Sweep 的按钮，扫描类型设为 Decade，每个数量级扫描点数为 10，扫描的频率范围为 1kHz～200MHz。

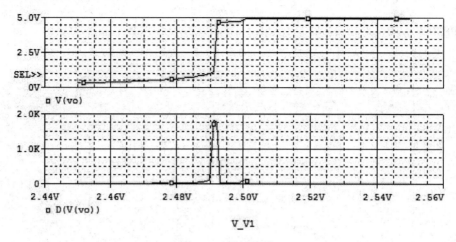

图 7.34　粗扫结果

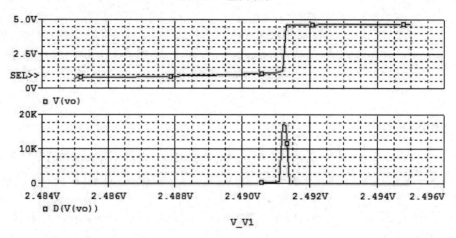

图 7.35　精确扫描结果

③ 在菜单项 Analysis 中选择 Simulate 选项，Schematics 就会自动调用 Pspice A/D，对产生的网单输入文件进行模拟，如果文件中有.probe，就会自动调用 PROBE。

④ 在 PROBE 界面中单击 Add Traces 按钮，分别选择 V(vo)和 p(V(vo))，单击 OK 按钮确认，交流分析结果如图 7.36 所示。

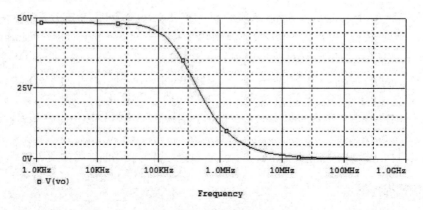

图 7.36　交流分析结果

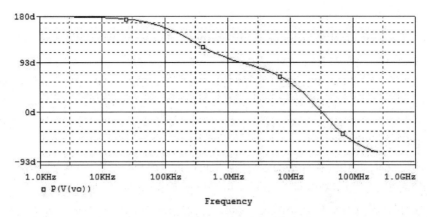

图 7.36　交流分析结果（续）

下面进行密勒补偿效应的分析，首先对补偿电容进行扫描。

① 在菜单项 Analysis 中选择 Setup 选项，选中 AC Sweep 复选框，单击 AC Sweep 按钮，扫描类型设为 Decade，每个数量级扫描点数为 10，扫描的频率范围为 1 kHz～200MHz。

② 在菜单项 Analysis 中选择 Setup 选项，在 Analysis Setup 中单击 Parametric 按钮，在 Sweep Var. Type 中选中 Global Parameter 单选按钮，然后在右边的 Name 中输入 clv，在 Sweep Type 中选中 Linear 单选按钮，起始值和终止值分别设为 0 和 5 p，步长设为 1 p。

③ 在菜单 Analysis 中选择 Simulate 选项，Schematics 就会自动调用 Pspice A/D，对产生的网单输入文件进行模拟，如果文件中有.probe，就会自动调用 PROBE。

④ 在 PROBE 界面中单击 Add Traces 按钮，分别选择 V(vo)和 p(V(vo))，单击 OK 按钮确认，补偿电容扫描结果如图 7.37 所示。

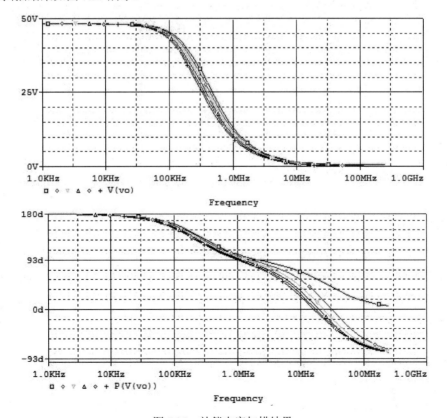

图 7.37　补偿电容扫描结果

下面对密勒补偿效应中的补偿电阻进行扫描分析。

① 在菜单项 Analysis 中选择 Setup 选项，选中 AC Sweep 复选框，单击 AC Sweep 按钮，扫描类型设为 Decade，每个数量级扫描点数为 10，扫描的频率范围为 1k～200MEG。

② 在电路图中画出电阻 R2，R2 的变量名为 rzv。在菜单项 Analysis 中选择 Setup 选项，在 Analysis Setup 中选择 Parametric 按钮，在 Sweep Var. Type 中选中 Global Parameter 单选按钮，然后在右边的 Name 中输入 rzv，在 Sweep Type 中选中 Linear 单选按钮，起始值和终止值分别设为 1 和 51 k，步长设为 5 k。

③ 在菜单 Analysis 中选择 Simulate 选项，Schematics 就会自动调用 Pspice A/D，对产生的网单输入文件进行模拟，如果文件中有.probe，就会自动调用 PROBE。

④ 在 PROBE 界面中单击 Add Traces 按钮，分别选择 V(vo)和 p(V(vo))，单击 OK 按钮确认，补偿电阻的扫描结果如图 7.38 所示。

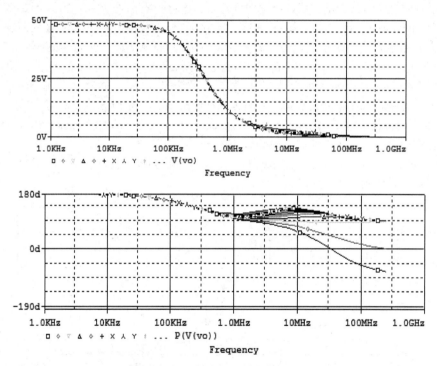

图 7.38　补偿电阻的扫描结果

4．噪声分析

① 将跨导放大器电路中的电容 C1 和 C2 的值设为 1p，将电阻 R1 的值设为 1k。

② 在菜单项 Analysis 中选择 Setup 选项，选中 AC Sweep 复选框，单击 AC Sweep 按钮。选择 AC Sweep Type 为 Linear，每个数量级扫描点数为 10，扫描的频率范围为 1 kHz～200MHz。在 Noise Analysis 中选中 Noise Enabled 复选框，在 Output Voltage 中输入 V(vo)，在 I/V Source 中输入 V1，在 Interval 中输入 30，单击 OK 按钮确认，如图 7.39 所示。

③ 在菜单 Analysis 中选择 Simulate 选项，Schematics 就会自动调用 Pspice A/D，对产生的网单输入文件进行模拟。

④ 选择 View Output File 选项，观察输出文件中有关噪声分析结果，包括总的等效输入噪声和总的输出噪声等，或者在 PROBE 界面中单击 Add Traces 按钮，查看用曲线形式给出的结果。

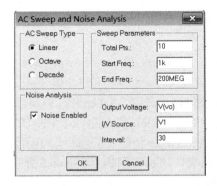

图 7.39　噪声分析设置

5. 压摆率分析

① 将电路中 vin 和地之间的交流电压源换成 0～5 V 的脉冲信号，设置延迟时间为 10 ns，上升时间为 10 ns，下降时间为 10 ns，脉冲宽度为 1000 ns，周期为 2000 ns。

② 在 Analysis Setup 中单击 Transient 按钮，设置 Print Step 为 10 ns，设置 Final Time 为 2000 ns，单击 OK 按钮确认。

③ 在菜单项 Analysis 中选择 Simulate 选项，仿真结束后出现 PROBE 界面。在 PROBE 界面中单击 Add Traces 按钮，单击后会出现输出选择界面，选择 V(vo) 和 D(V(vo))，单击 OK 按钮确认。

④ 压摆率仿真结果如图 7.40 所示，由图可得 ota 的上升、下降压摆率分别为 37 V/µs 和 18 V/µs。

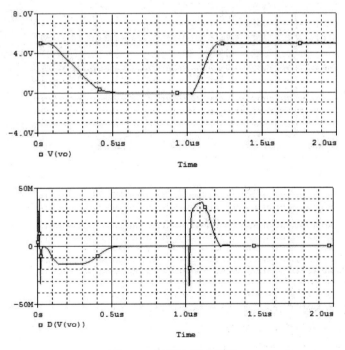

图 7.40　压摆率仿真结果

6. 温度分析

可以进行温度扫描，分析各种温度下失调的变化，该步骤需要和直流扫描分析相结合。

① 在菜单项 Analysis 中选择 Setup 选项，选中 DC Sweep 复选框，单击 DC Sweep 按钮，选中 Voltage Source 单选按钮，然后在 Name 文本框中输入 V1。在 Sweep Type 中选中 Linear

单选按钮，Start Value、End Value 和 Increment 文本框中分别输入 2.48、2.52 和 0.001，单击 OK 按钮确认。

② 在 Analysis Setup 中单击 Parametric 按钮，在 Sweep Var. Type 中选中 Temperature 单选按钮，在 Sweep Type 选中 Linear 单选按钮，起始值和终止值分别设为 0 和 100，步长设为 20。

③ 在菜单 Analysis 中选择 Simulate 选项，Schematics 就会自动调用 Pspice A/D，对产生的网单输入文件进行模拟，如果文件中有 .probe，就会自动调用 PROBE。

④ 在 PROBE 界面中单击 Add Traces 按钮，分别选择 V(vo) 和 D(V(vo))，单击 OK 按钮确认，温度变化对系统失调的影响如图 7.41 所示。其中，vo＝vdd/2 分别对应于 v1 为：2.4727、2.4785、2.4838、2.4884、2.4925、2.4960。

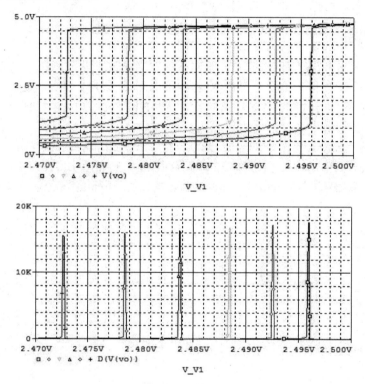

图 7.41　温度变化对系统失调的影响

思　考　题

1. 集成电路电路级模拟的标准工具是什么软件？画出采用 SPICE 进行电路设计的基本流程框图。

2. 写出 MOS 的 SPICE 元件输入格式与模型输入格式。

3. 用 HSPICE 程序仿真出 MOS 管的输出特性曲线。

4. 对跨导放大器进行设计时，需要进行哪些类型的分析？

5. 构思一个基本电路如一个放大器，画出 PSPICE 电路图，执行分析，观察结果。

本章参考文献

[1]　姚立真. 通用电路模拟技术及软件应用. 北京：电子工业出版社，1994.

[2]　吴建强. PSPICE 仿真实践. 黑龙江：哈尔滨工业大学出版社，2001.

第 8 章　集成电路版图设计与工具

通过电路模拟和优化确定出集成电路的结构和元器件参数之后，就可以开始版图设计了。版图（Layout）是集成电路设计者将设计、模拟和优化后的电路转化成为一系列几何图形，它包含了集成电路尺寸、各层拓扑定义等器件相关的物理信息数据。集成电路制造厂家根据这些数据来制造掩模。根据复杂程度，不同工艺需要的一套掩模可能有几层到十几层。一层掩模对应于一种工艺制造中的一道或数道工序。掩模上的图形决定着芯片上器件或连接物理层的尺寸。因此版图上的几何图形尺寸与芯片上物理层尺寸直接相关。由于器件的物理特性和工艺限制，芯片上物理层的尺寸对版图的设计有着特定的规则，这些规则是各集成电路制造厂家根据本身的工艺特点和技术水平而制定的，因此不同的工艺，就有不同的设计规则。设计者只能根据厂家提供的设计规则进行版图设计。严格遵守设计规则可以极大地避免由于短路、断路造成的电路失效和容差及寄生效应引起的性能劣化。版图在设计的过程中要进行定期的检查，避免错误的积累而导致难以修改。很多集成电路的设计软件都有设计版图的功能，如 Cadence 公司的 Virtuoso Layout™、Synopsys 公司的 Columbia™、Mentor Graphics 公司的 IC Station SDL™和华大九天的 EDA 系统等。

8.1　工艺流程的定义

以中国台湾地区半导体制造公司（TSMC）的 0.35 μm CMOS 工艺为例，介绍从工艺文件开始到设计出版图的过程。TSMC 的 0.35 μm CMOS 工艺是 MOSIS 1998 年以来提供的深亚微米工艺，以下简要介绍利用该工艺的技术文件进行芯片设计的流程。

TSMC 的 0.35 μm CMOS 的沟道尺寸和对应的电源电压、电路布局图中金属布线层数及其性能参数如表 8.1 所示。表 8.2 所示为 MOSIS 对应于 TSMC 的 0.35 μm CMOS 工艺定义的全部工艺层。

这里需要指出，画版图时所给出的工艺层通常是版图设计者定义工艺的抽象工艺层，它们并不一一对应于芯片制造时所需要的掩模层。在 Cadence 版图设计环境下，它们用.dg 标识，表示为画图层（Drawing）。芯片制造时真正需要的掩模层则由.dg 给出的版图数据经过逻辑操作（如"与"、"或"或"取反"）获得。

表 8.1　TSMC 的 0.35 μm CMOS 的基本特征

沟道尺寸/μm	金属布线层数	多晶硅布线层数	电源电压/V	阈值电压/V			31 级环形振荡器频率/MHz
				W/L	NMOS	PMOS	
0.35	3	2	3.3	0.6/0.40	0.54	−0.77	196.17
				3.6/0.40	0.58	−0.76	

表 8.2　MOSIS 对应于 TSMC 的 0.35 μm CMOS 工艺定义的全部工艺层

层　　名	层号（GDSII）	对应的 CIF 名称	说　　明
Contact	25	CCC	接触孔
N-well	42	CWN	N 阱
Active	43	CAA	有源层
P-plus-select	44	CSP	P 型扩散
N-plus-select	45	CSN	N 型扩散

续表

层　　名	层号（GDSII）	对应的 CIF 名称	说　　明
Poly	46	CPG	多晶硅
Electrode	56	CEL	第二层多晶硅
Metal1	49	CMF	第一层金属
Via	50	CVA	连接第一层与第二层金属的接触孔
Metal2	51	CMS	第二层金属
Via2	61	CVS	连接第二层与第三层金属的接触孔
Metal3	62	CMT	第三层金属
Glass	52	COG	钝化玻璃

8.2　版图几何设计规则

集成电路的制造必然受到工艺技术水平的限制和器件物理参数的制约。芯片在加工过程中会受到多种非理想因素的影响，如制版光刻的分辨率问题、多层版之间的套准问题、芯片表面不平整性问题、制作中的扩散和刻蚀问题以及因载流子浓度不均匀分布所导致的梯度效应等，这些非理想因素会降低芯片的性能和成品率。图 8.1 和图 8.2 分别为设计好的版图和加工后最终得到的实际芯片。为了保证器件正确工作并提高芯片的成品率，要求设计者在版图设计时遵循一定的设计规则，这些设计规则直接由流片厂家提供。设计规则（Design Rule）是版图设计和工艺之间的接口。符合设计规则的版图设计是保证工艺实现的第一个基本要求。

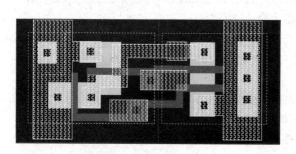

图8.1　设计好的版图

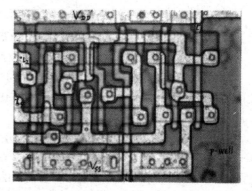

图 8.2　实际芯片

设计规则主要可以分为以 μm（Micron）为单位和以 λ（Lambda）为单位两种。以 μm 为单位的设计规则是一种绝对单位，以 λ 为单位的设计规则则是一种相对单位。如果一种工艺的特征尺寸为 S μm，通常选取 λ 等于 $S/2$ μm。选用 λ 为单位的设计规则主要与 MOS 工艺的成比例缩小相关联。人们可以通过对 λ 值的重新定义很方便地将为一种工艺设计的版图改变为适合另一种工艺的版图，大大节省了集成电路的开发时间和费用。集成电路版图上的基本图形通常仅限于正多边形（Rectilinear Polygons），即由水平和垂直线段构成的封闭图形，如图 8.3（a）所示。然而，某些工艺准许带 45° 角的多边形，如图 8.3（b）所示。

设计规则主要包括各层的最小宽度、层与层之间的最小间距等。

1. 最小宽度（minWidth）

宽度指封闭几何图形的内边之间的距离，如图 8.3 所示。

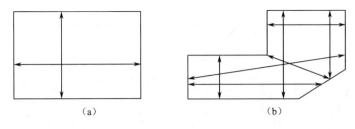

　　　　　（a）　　　　　　　　　　　　　　　　（b）

图 8.3　宽度定义

　　在利用 DRC（设计规则检查）对版图进行几何规则检查时，对于宽度低于规则中指定的最小宽度的几何图形，计算机将给出错误提示。

　　表 8.3 所示为 TSMC 0.35 μm CMOS 工艺中各版图层的线条最小宽度。

表 8.3　TSMC 0.35 μm CMOS 工艺中各版图层的线条最小宽度

层（Layer）	最小宽度，单位λ为 0.2μm
N 阱（N_well）	12
扩散层（P_plus_select/N_plus_select）	2
多晶硅（Poly）	2
有源层（Active）	3
接触孔（Contact）	2×2（固定尺寸）
第一层金属（Metal1）	3
接触孔（Via1）	2×2（固定尺寸）
第二层金属（Metal2）	3
第二层多晶硅（Electrode）	3
接触孔（Via2）	2×2（固定尺寸）
第三层金属（Metal3）	5

2．最小间距（minSep）

　　间距指各几何图形外边界之间的距离，如图 8.4 所示。

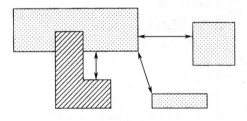

图 8.4　间距的定义

　　表 8.4 所示为 TSMC 0.35 μm CMOS 工艺版图各层图形之间的最小间距。

表 8.4　TSMC 0.35 μm CMOS 工艺版图各层图形之间的最小间距

最小宽度（minSep）单位λ为 0.2 μm	N_well	Active	Poly	P_l\plus_select/N_plus_select	Contact	Metal1	Via1	Metal2	Electrode	Via2	Metal3
N_well	18										
Active	6	3									
Poly		1	3								
P_plus_select/N_plus_select			3	2							

续表

最小宽度(minSep) 单位λ为0.2 μm	N_well	Active	Poly	P_l\plus_select/ N_plus_select	Contact	Metal1	Via1	Metal2	Electrode	Via2	Metal3
Contact		2	2	3							
Metal1						3					
Vial		2	2		2		3				
Meltal2								4			
Electrode	2	2			3				3		
Via2							2			3	
Metal3		15	15		15				15		3

3. 最小交叠（minOverlap）

交叠有两种形式：

① 一几何图形内边界到另一图形的内边界长度（Overlap），如图 8.5（a）所示。

② 一几何图形外边界到另一图形的内边界长度（Extension），如图 8.5（b）所示。

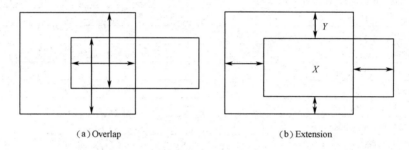

（a）Overlap　　　　　　　　　（b）Extension

图 8.5　交叠的定义

表 8.5 所示为 TSMC 0.35 μm CMOS 工艺版图各层图形之间最小交叠。

表 8.5　TSMC 0.35 μm CMOS 工艺版图各层图形之间最小交叠

Y \ X	N_well	Active	Poly	P_l\plus_select/N_plus_sel	Contact	Metal1	Via1	Metal2	Electrode	Via2	Metal3
N_well		6									
Active											
Poly		2									
P_plus_select/ N_plus_select		2									
Contact		1.5	1.5	1							
Metal1					1						
Via1						1					
Metal2							1				
Electrode		2			2						
Via2								1			
Metal3										1	
Glass											6

4. 设计规则举例

一个先进的深亚微米 CMOS 工艺大约需要 10～20 层掩模，产生这 10～20 层掩模需要 10 多层版图定义层。比如，3 层金属的 TSMC 0.35 μm CMOS 需要有如表 8.2 所示的 13 层版图层。因为对每一层的图形（通常为矩形或多边形）都需要给出最小宽度和最小间距，至少两个相邻的关联层之间需要给出最小交叠，所有的设计规则加起来会有几十条到上百条之多。为了条理化，通常将这些设计规则编成 "xx.yy" 形式的代码，xx 表示版图层，yy 表示序号。这些按代码为序给出的设计规则以表格形式列出，同时在图形上给出标识，使人一目了然。例如，表 8.6 所示为 MOSIS 给出的可按比例缩小的 CMOS 工艺中与多晶硅（Poly）层的设计规则，图 8.6 所示为与多晶硅层相关的设计规则的图形关系。

表 8.6 MOSIS 给出的可按比例缩小的 CMOS 工艺中与多晶硅层的设计规则

Rule（规则）	Description（描述）	Lambda（λ）
3.1	Minimum width（最小宽度）	2
3.2	Minimum spacing over field（场域最小间隔）	2
3.2.a	Minimum spacing over active（有源区域最小间隔）	2
3.3	Minimum gate extension of active（栅向右源区外的最小延伸）	2
3.4	Minimum active extension of poly（有源区相对于多晶硅的最小延伸）	3
3.5	Minimum field poly to active（场域多晶硅到右源区最小间隔）	1

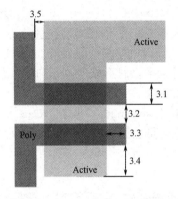

图 8.6 与多晶硅层相关的设计规则的图形关系

8.3 图　元

从理论上说，根据 8.2 节给出的设计规则，就可以设计版图了。事实上，仅根据这些规则就设计版图，还是难以入手的，因为电路所涉及的每一种元件都是由一套掩模决定的几何形状和一系列物理、化学和机械处理过程的有机组合。这些有机组合是工艺线开发的结果。对版图设计者来讲，工艺能够制造的有源元件和无源元件的版图应该作为工艺图形单元库，简称为图元库，是事先从工艺厂家得到的。必要时，设计者需要自己建立相应的图元库。这里之所以称为图元（Instance），而不是元件（Element），原因在于图元可以是一些不具有电路功能的图形组合，比如以图形组成的字母、图标（Logo）等。

8.3.1 MOS 晶体管

图 8.7（a）和图 8.7（b）分别为 NMOS 管的版图及剖面图，图 8.8（a）和图 8.8（b）为 PMOS 管版图及剖面图。

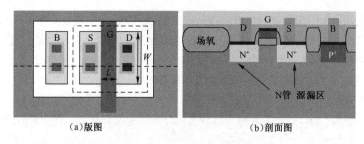

（a）版图　　　　　　　　（b）剖面图

图 8.7　NMOS 管版图及剖面图

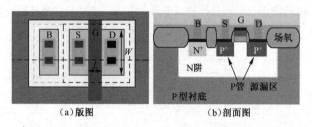

（a）版图　　　　　　　　（b）剖面图

图 8.8　PMOS 管版图及剖面图

　　图 8.7 和图 8.8 中多晶硅形成 MOS 管的栅极（G）。N^+ 扩散和有源区（Active）共同形成 N 型有源区，P^+ 扩散和有源区共同形成 P 型有源区。有源区分别在栅极两侧构成源区（S）和漏区（D）。源区和漏区又分别通过接触孔（Contact）与第一层金属（Metal1）连接构成源极和漏极。在物理版图中，只要一条多晶硅跨过一个有源区就形成了一个 MOS 晶体管，将其 S、G、D、B 四端用连线引出即可与电路中其他元器件连接。

　　MOS 管的可变参数为：栅长（Gate_length）、栅宽（Gate_width）和栅指数（Gates）。栅长指栅极下源区和漏区之间的沟道长度，栅宽指栅极下有源区（沟道）的宽度，栅指数指栅极的个数。

　　在集成电路中，两个无关的晶体管都是用场氧隔离的，利用场氧隔离无关晶体管示意图如图 8.9 所示。

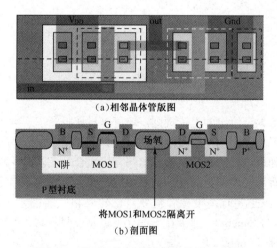

（a）相邻晶体管版图

将MOS1和MOS2隔离开

（b）剖面图

图 8.9　利用场氧隔离无关晶体管示意图

　　另外，在设计过程中，也常遇到多个晶体管串联或并联的情况，如图 8.10 所示。晶体管的串联是指晶体管的 S 端和另一个晶体管的 D 端相连。晶体管的串联和电阻的串联规律相同，等效电阻增大，电流不变：$I=I_1=I_2$，如图 8.10（a）所示。晶体管的并联是指晶体管的 D 端相连且 S 端相连。如果两个晶体管中有一个晶体管导通，从 D 到 S 就有电流流过，若两个晶体管都导通，则 $I=I_1+I_2$。每只晶体管相当于一个电阻，它的并联和电阻并联的规律一样，等效电阻减小，电流增大，如图 8.10

（b）所示。串联和并联的晶体管都可以等效为一个晶体管，如图 8.10（c）所示。

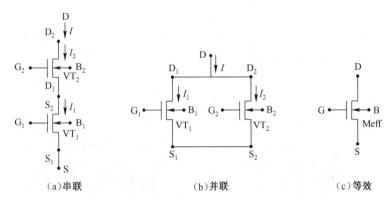

（a）串联　　　　　　　　　　　（b）并联　　　　　　　　　（c）等效

图 8.10　晶体管的串联与并联

图 8.11 所示为 MOS 晶体管的串联与并联的物理实现方式，其中 P_1 管和 P_2 管为并联，N_1 管和 N_2 管为串联。

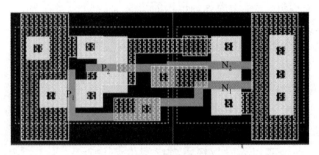

图 8.11　串联和并联的物理实现

8.3.2　集成电阻

电阻是集成电路中最基本的无源元件，是输入、输出静电保护电路，是模拟电路中必不可少的元件。与标准集成电路工艺技术兼容的制造电阻的方法有多种，不同方法制作的电阻其阻值和精度不同。常见的集成电阻有多晶硅电阻、阱电阻、MOS 管电阻、导线电阻等，下面将分别介绍。

1．多晶硅电阻

如图 8.12 所示，多晶硅电阻被做在场区上，多晶硅被厚氧化物所包围，其阻值取决于掺杂浓度。通常情况，形成 MOS 器件栅极的多晶硅需要有低的电阻率，因此是重掺杂的，而形成具有一定阻值电阻的多晶硅则是轻掺杂的。例如，在多晶硅处注入杂质，使其方块电阻变大，可制作阻值很大的高阻多晶硅电阻，如图 8.13 所示。多晶硅电阻的阻值计算公式为

$$R = R_{\square\text{poly-Si}} \times \frac{L}{M}$$

式中，$R_{\square\text{poly-Si}}$ 的典型值为 0.5kΩ。

图 8.12　多晶硅电阻

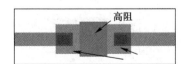

图 8.13　高阻多晶硅电阻

2．阱电阻

阱电阻有 N 阱电阻和 P 阱电阻两种。在 N 阱两端用 N^+ 源/漏扩散做欧姆接触就形成了 N 阱电阻；同样，在 P 阱两端用 P^+ 源/漏扩散做欧姆接触就形成了 P 阱电阻。因为阱是低掺杂的，方块电阻较大，所以大阻值的电阻也可以用阱来做。下面以 N 阱电阻为例进行说明，图 8.14（a）和图 8.14（b）分别为 N 阱电阻俯视图和剖面图。N 阱电阻的阻值计算公式为

$$R = R_{\square \text{well}} \times L / W$$

式中，$R_{\square \text{well}}$ 的典型值为 0.85 kΩ。

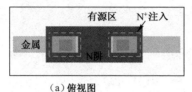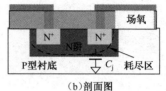

（a）俯视图　　　　　　　　　　（b）剖面图

图 8.14　N 阱电阻

上面的阻值计算是在场区上不考虑外加电压的情况下得出的，在有外加电压时，N 阱电阻等效为图 8.15（a）所示的低频等效电路，其阻值将呈现非线性特性，此时阻值计算公式变为

$$R \approx R_0(1 + \alpha_1 V + \alpha_2 V^2)$$

式中，R_0 为无外加电压时 N 阱电阻的阻值；V 为外加电压；α_1 的典型值为 $8.5 \times 10^{-3} \ V^{-1}$；$\alpha_2$ 的典型值为 $9.8 \times 10^{-4} \ V^{-2}$。另外，当频率很高时，还得考虑寄生电容的影响，N 阱电阻的高频等效电路如图 8.15（b）所示。

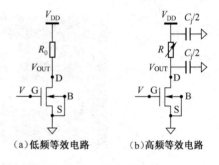

（a）低频等效电路　　（b）高频等效电路

图 8.15　N 阱电阻等效电路

3．MOS 管电阻

工作在线性区的 MOS 管可用作电阻，根据 MOS 管在线性区的工作特性，可得 MOS 管电阻的计算公式为

$$R = \frac{V_{\text{DS}}}{I_{\text{DS}}} = \frac{V_{\text{D}} - V_{\text{S}}}{k\left[\left(V_{\text{G}} - V_{\text{T}} - V_{\text{S}}\right)^2 - \left(V_{\text{G}} - V_{\text{T}} - V_{\text{D}}\right)^2\right]}$$

式中，k 为常数。可以看出，MOS 管电阻是一个可变电阻，其阻值变化取决于各极电压的变化。

4．导线电阻

导线电阻可分为多晶硅导线（如图 8.16 所示）和扩散区导线（如图 8.17 所示）两种，其中，多晶硅导线的典型值为 10～15 Ω/□，扩散区导线的典型值为 20～30 Ω/□。

　　　　　　　　　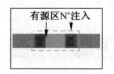

图8.16　多晶硅导线　　　　　　　　　　图 8.17　扩散区导线

8.3.3　集成电容

电容是集成电路中最基本的无源元件之一，是电源滤波电路、信号滤波电路、开关电容电路中必不可少的元件。根据结构的不同，可以分为多晶硅-扩散区电容、多晶硅-多晶硅电容、MOS电容、夹心电容等。

1. 多晶硅-扩散区电容

如图 8.18 所示，多晶硅-扩散区电容做在扩散区上，它的上极板是一层多晶硅，下极板是扩散区，中间的介质是氧化层。多晶硅-扩散区电容的电容值呈现非线性特性，计算公式为

$$C \approx C_0(1 + \alpha_1 V + \alpha_2 V^2)$$

式中，α_1 的典型值为 $5 \times 10^{-4} V^{-1}$；α_2 的典型值为 $5 \times 10^{-5} V^{-2}$。多晶硅-扩散区电容的单位面积电容要小于 MOS 栅电容。

另外，如图 8.19 所示，衬底和扩散区之间还存在寄生电容，其值大约为 $20\%C$。

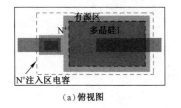

（a）俯视图

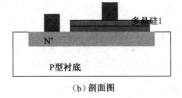

（b）剖面图

图 8.18　多晶硅-扩散区电容

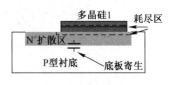

图 8.19　寄生电容

2. 多晶硅-多晶硅电容

如图 8.20 所示，多晶硅-多晶硅电容做在场区上，它的两个电极分别是两层多晶硅，中间的介质是氧化层，线性特性和底板寄生与多晶硅-扩散区电容相近。多晶硅-多晶硅电容的典型值为 $0.7\,\mathrm{fF/\mu m^2}$。

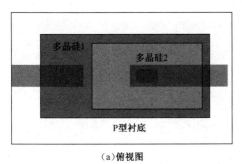

（a）俯视图

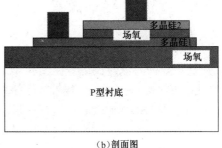

（b）剖面图

图 8.20　多晶硅-多晶硅电容

3. MOS 电容

如图 8.21 所示，MOS 电容的结构与 MOS 晶体管一样，是一个感应沟道电容，当栅上加电压形成沟道时电容存在。一极是栅，另一极是沟道，沟道这一极由 S(D)端引出。电容的大小取决于面积、氧化层的厚度及氧化层的介电常数。其电容值计算公式为

$$C = \varepsilon \cdot \frac{WL}{t_{\mathrm{ox}}}$$

MOS 电容是单位面积电容最大的电容类型。图 8.22 所示为 MOS 电容的 C-V 特性曲线。可以

看出，MOS 电容是一个非线性电容，可用于电源滤波。

但是，MOS 电容存在沟道电阻的问题。MOS 电容的等效电路如图 8.23 所示，其中，R_s 就是沟道电阻。为减小沟道电阻，可以采取图 8.24 所示的方法，由图 8.24（a）所示的连接方式变换到图 8.24（b）所示的连接方式，来增加 MOS 管的沟道长度。

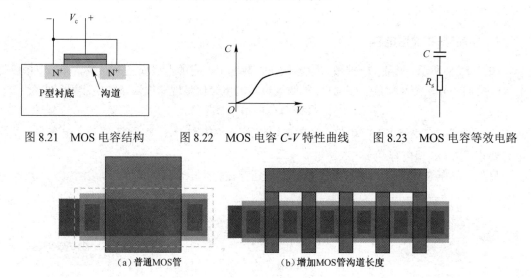

图 8.21　MOS 电容结构　　　图 8.22　MOS 电容 C-V 特性曲线　　　图 8.23　MOS 电容等效电路

（a）普通MOS管　　　　　　　（b）增加MOS管沟道长度

图 8.24　减小 MOS 管沟道电阻

4．夹心电容

如图 8.25 所示，夹心电容实际上就是由多层金属和多晶硅所构成的平板电容，其电容值计算公式为：$C = C_1 + C_2 + C_3 + C_4$。另外，多晶硅与衬底间也存在一个寄生电容，底板寄生电容的大小 $50\%C \sim 60\%C$。

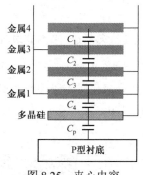

图 8.25　夹心电容

8.3.4　寄生二极管与三极管

1．二极管

二极管是重要的有源器件之一，主要用于 ESD 保护电路，对于 N 阱 CMOS 工艺，有 PSD/NWELL 和 NSD/P-epi 两种二极管，下面将分别介绍。

图 8.26 所示为 PSD/NWELL 二极管的版图和剖面结构图。PSD/NWELL 二极管有以下三个特点：

① 存在寄生 PNP BJT 问题，电流容易漏到衬底，BJT 的 β 范围可从小于 0.1 到大于 10。

② 有较大的串联寄生电阻。

③ 结构上的主要参数：结面积 A。

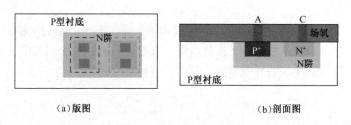

（a）版图　　　　　　　　　　　（b）剖面图

图 8.26　PSD/NWELL 二极管

图 8.27 所示为 NSD/P-epi 二极管的版图和剖面结构图。NSD/P-epi 二极管有以下三个特点：

① C 端的电压要低于衬底电压才能正向导通。

② 在 ESD 中用于抑制负的尖峰电压。

③ 结构上的主要参数：结面积 A。

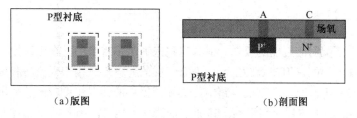

（a）版图　　　　　　　　　　（b）剖面图

图 8.27　NSD/P-epi 二极管

二极管在电性能上又都有以下的共性，饱和电流 I_s 正比于 A，电流-电压关系公式为

$$i_D = I_S \left[\exp\left(\frac{v_D}{V_t}\right) - 1 \right]$$

另外，都存在 PN 结电容。

2. 衬底双极型晶体管（BJT）

BJT 是重要的有源元件之一，可用于电压基准电路，对于 N 阱 CMOS 工艺，可实现 PNP BJT。图 8.28 所示为 PNP BJT 的版图和剖面结构图。

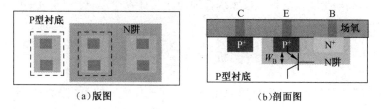

（a）版图　　　　　　　　　　（b）剖面图

图 8.28　PNP BJT

PNP BJT 有以下特点：

① 集电极 C 电压受到限制，须接地。

② 基区宽度 W_B 没有很好控制，电流增益差别较大。

③ 结构上的两个主要参数：基区宽度 W_B 和 BE 结面积 A。

PNP BJT 的集电极电流的计算公式为

$$i_C = I_S \exp\left(\frac{v_{BE}}{V_t}\right)$$

式中，I_S 为发射结反向饱和电流，其大小与 BE 结面积成正比，与基区宽度 W_B 成反比。共发射极电流增益为 $\beta_F = i_C/i_B$，另外，当 i_C 一定时，v_{BE} 具有负温度系数。

8.4　版图设计准则

对于工作频率不高的数字电路或者对性能要求不高的低频模拟电路来说，版图设计只要满足版图设计规则就可以了。但对于高频数字电路、高性能模拟电路及所有的射频电路来说，仅仅满足版图设计规则是不够的，设计者还应该掌握一定的版图设计准则（Rule for Performance）。这些设计准则可以指导版图设计者采用合适的版图设计技术来提高电路的匹配性能、抗干扰性能和高频工作性能等。尤其对于高性能的模拟电路和射频电路模块来说，合理的版图设计是获得高性能的前提条件[3]。版图设计规则读者都已经比较熟悉了，本节仅介绍常用的版图设计准则，以指导读者进行高性能版图设计。

8.4.1　匹配设计

元器件之间的匹配对高性能的模拟和射频电路来说是很重要的。在电路设计上，可以很容易地做到元器件之间的匹配，但在版图上两个完全相同的元器件，由于受到各种失配因素的影响，它们之间可能会存在不匹配。在集成电路中，集成元器件的绝对精度较低，如电阻和电容，误差可达 $\pm 20\% \sim 30\%$，由于芯片面积很小，其加工条件几乎相同，因此同一芯片上的集成元件可以达到比较高的匹配精度，如 1%，甚至 0.1%。这些采用特定结构以获得一个确定不变的比值的器件被称为匹配器件。

1. 失配测量

两个元器件之间的失配通常用实测器件比值与设计的元器件比值之间的偏差来表示，归一化的失配定义为

$$\delta = \frac{x_2/x_1 - X_2/X_1}{X_2/X_1} = \frac{X_1 x_2}{X_2 x_1} - 1 \tag{8.1}$$

式中，X_1、X_2 为元器件的设计值；x_1、x_2 为元器件的实测值。

失配 δ 是一个高斯型随机变量。按照统计理论，若有 N 个测试样本，δ_i（$i = 1, 2, 3, \cdots, n$），则 δ 的平均值为

$$m_\delta = \frac{1}{N} \sum_{i=1}^{N} \delta_i$$

均值 m_δ 反映了系统失配的大小，因此可以用来衡量元器件之间的系统失配性能。

δ 的方差为

$$s_\delta = \sqrt{\frac{1}{N-1} \sum_{i=1}^{N} (\delta_i - m_\delta)^2} \tag{8.2}$$

方差 s_δ 反映了随机失配的大小，因此可以用来衡量元器件之间的随机失配性能。按照高斯分布的统计特性，失配落在 $|m_\delta| \pm 3 s_\delta$ 范围内的概率约为 99.7%。

版图上两个完全相同的元器件之间存在失配的原因可以分为随机失配和系统失配两种。随机失配是指由于元器件的尺寸、掺杂浓度、氧化层厚度等影响元器件特性的参量发生微观波动所引起的失配，这种失配可以通过选择合适的元器件值和尺寸来减小。系统失配是指由于工艺偏差、接触孔电阻、扩散区之间的相互影响、机械压力和温度梯度、工艺参数梯度等引起的元器件失配，这种失配可以通过版图设计技术来降低。

2. 减小随机失配

元器件的随机失配原因又可以分为元器件周围随机波动和元器件所在区域随机波动两种。周围随机波动发生在元器件的周围（如电阻条的周边形状发生锯齿状波动，引起电阻条的阻值随机波动，如图 8.29 所示），这种失配会随着元器件周长的增加而减小。而区域随机波动发生在元器件所覆盖的区域范围内

图 8.29　电阻条的阻值受到周围形状随机波动的影响

（如晶体管源漏极的掺杂浓度发生随机波动、两层多晶电容之间的厚度发生随机波动等），这种失配会随着面积的增加而减小。

对于一对电容量均为 C 的匹配电容，如果分别用 k_p 和 k_a 描述周围随机波动和区域随机波动的影响，则随机失配的标准偏差等于

$$s_C = \frac{1}{\sqrt{C}} \sqrt{k_a + \frac{k_p}{\sqrt{C}}} \qquad (8.3)$$

因此，一对电容的尺寸增大 1 倍，随机失配可以减小 30%。电容值不相等的电容的匹配由较小的电容值决定。

对于一对阻值为 R、电阻条宽度为 W 的电阻，如果分别用 k_p 和 k_a 描述周围随机波动和区域随机波动的影响，则随机失配的标准偏差等于

$$s_R = \frac{1}{W\sqrt{R}} \sqrt{k_a + \frac{k_p}{W}} \qquad (8.4)$$

可见，电阻的随机失配与宽度成反比，将一对匹配电阻的宽度增大 1 倍可以使它们的随机偏差减半。当两个不同阻值的电阻进行匹配时，可以通过调节电阻条的宽度来达到相同的匹配精度。

很多模拟电路采用匹配的 MOS 晶体管。诸如差分对等电路依赖于栅-源极电压的匹配，而电流镜等电路则依赖于漏极电流的匹配。最佳电压匹配所需要的条件与最佳电流匹配所需要的条件不同。可以使 MOS 晶体管达到最佳电压匹配，或者最佳电流匹配，但不能使二者同时达到。

假定对电压匹配敏感的一对 MOS 差分对晶体管有同样的漏极工作点电流 I_D，由于不匹配造成它们的栅源电压之间存在电压差 $\Delta V_{GS} = V_{GS1} - V_{GS2}$。假定 MOS 管工作在饱和状态，失调电压等于

$$\Delta V_{GS} \cong \Delta V_t - V_{GS1}\left(\frac{\Delta k}{2k_2}\right) \qquad (8.5)$$

对电流匹配敏感的 MOS 电流镜电路则相当不同。两个漏极电流 I_{D1} 和 I_{D2} 的不匹配，可以通过 I_{D1}/I_{D2} 比值定义为

$$\frac{I_{D2}}{I_{D1}} \cong \frac{k_2}{k_1}\left(1 + \frac{2\Delta V_t}{V_{GS1}}\right) \qquad (8.6)$$

式中，ΔV_t 和 Δk 为元器件间的阈值电压和跨导之差；V_{GS1} 为第一个晶体管的有效栅电压；k_1 和 k_2 为两个晶体管的跨导。

阈值电压 V_t 与归一化跨导 S_k/k 的失配都与晶体管面积的平方根成反比，具体说来

$$s_{V_t} = \frac{A_{V_t}}{\sqrt{W_{eff}L_{eff}}} \qquad \frac{s_k}{k} = \frac{A_k}{\sqrt{W_{eff}L_{eff}}} \qquad (8.7)$$

式中，A_{V_t} 和 A_k 都是工艺参数；W_{eff} 为有效沟道宽度；L_{eff} 为有效沟道长度。

3. 减小系统失配

系统失配的主要原因可以分为以下几类：一类是工艺偏差，是指在制版、刻蚀、扩散、注入等芯片制造过程中的几何收缩和扩张所导致的尺寸误差；第二类是接触孔电阻，是对电阻失配来说的，对不同长度的电阻条来说，接触孔电阻所占的比例是不同的；第三类是多晶硅刻蚀速度的变化，由于多晶硅的刻蚀速度与刻蚀窗的大小有关，导致隔离大的多晶宽度小于隔离小的多晶宽度；第四类是扩散区的相互影响，其原因是，同类型的扩散区相邻则相互增强，异类型的扩散区相邻则相互减弱；第五类是梯度效应，是指由于压力、温度、载流子掺杂浓度、氧化层厚度分布不均等所引起的梯度问题，元器件间的差异取决于梯度和距离。

图 8.30 所示为两个宽度为 2:1，长度相同的多晶硅电阻条，这两个电阻的阻值之比设计为

2∶1。假设电阻条在制作过程中的宽度偏差为 0.1 μm，则两个电阻的实际阻值之比为(4-0.1)/(2-0.1)＝2.05，电阻失配达到 2.4%。而且，接触孔和电阻端头处的多晶电阻也会带来失配，对于小电阻，失配会变大。

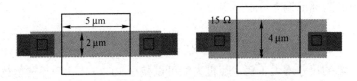

图 8.30　宽度为 2∶1 的多晶硅电阻条版图

图 8.31 所示为两个面积不同的双层多晶电容的版图，假设多晶的刻蚀工艺偏差为 0.16 μm，则两个电容的有效面积分别为 10.1^2 和 20.1^2，系统失配为 1.1%。

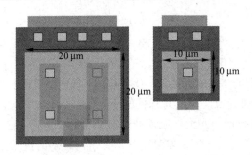

图 8.31　不同面积的双层多晶电容的版图

为了降低系统失配，可以采取如下的版图设计技术：第一类技术称为单元元器件复制技术，是指匹配的两个元器件都是由某一个元器件单元的多个复制版本串联或并联构成的，这样可以降低工艺偏差和欧姆接触电阻不匹配的影响；第二类技术是在元器件周围增加"哑"（Dummy）单元，这样可以保证周围环境的一致性；第三类技术要求匹配元器件之间的距离尽量接近，摆放方向相同；第四类技术是采用公用重心设计法（Common-Centroid），是指使匹配元器件的"重心"重合，可以减小线性梯度的影响；第五类技术要求匹配元器件与其他元器件保持一定距离，这样可以减小扩散区之间的相互影响。

为了说明这些技术，我们来看一些具体的例子。

图 8.32 给出了采用哑单元技术来提高电阻之间匹配程度的三个匹配电阻的版图。为了避免周围环境的影响，三个电阻条周围的环境应完全相同，因此在最上面的电阻条和最下面的电阻条周围增加了两个"哑"电阻单元，使得三个电阻条中的每一个所看到的周边环境都相同。"哑"电阻单元的宽度可以比正常电阻条的宽度窄，以节省芯片面积。在图 8.32（a）中，"哑"电阻单元是悬空的，这容易造成静电积累，给芯片带来抗干扰性问题。为了解决这个问题，可以将"哑"电阻单元接某一个固定电势，如图 8.32（b）所示。

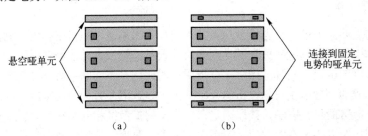

图 8.32　采用哑单元技术来提高电阻之间匹配程度的三个匹配电阻版图

　　图8.33 给出了一维公用重心设计和二维公用重心设计的例子。如果某些工艺参数的梯度沿水平方向或者垂直方向是线性的，那么采用公用重心设计法设计的匹配器件完全不会受到梯度的影响。例如，对于图 8.33（a）中的第一个例子来说，如果工艺参数 X 的梯度沿水平方向是线性变化的，在左边 A 处的数值为 X_1，在左边 B 处的数值为 $X_1+\Delta X$，在右边 B 处的数值为 $X_1+2\Delta X$，在右边 A 处的数值为 $X_1+3\Delta X$，可以看到，A 组合元器件和 B 组合元器件之间不会受到 X 沿水平方向梯度的影响。同样，在二维平面上，采用公用重心设计，图 8.33（b）也不会受到水平和垂直方向梯度的影响。

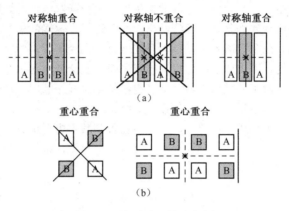

图 8.33　公用重心设计实例

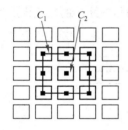

图8.34　电容值之比为1:8的匹配电容的版图

　　图 8.34 给出了两个电容值之比为 1∶8 的匹配电容在采用了单元元器件复制技术、二维公用重心设计技术和"哑"单元设计技术后的版图，综合采用这些技术，可以提高两电容之间的匹配性能。

　　综合图 8.33 和图 8.34 可以看到，采用版图匹配设计技术后可以提高元器件的匹配性能，但是会增加芯片面积，布线也会比较困难，连线的寄生效应会限制匹配精度。

　　图 8.35 给出了两个匹配 MOS 晶体管的版图。图 8.35（a）所示的版图晶体管方向不同，匹配性能很差；图 8.35（b）所示版图晶体管的方向一致了，但是两晶体管源漏极的周围环境不同，这会引起源漏极的掺杂浓度、多晶硅刻蚀速度的不匹配，因此会增加两晶体管之间的不匹配；图 8.35（c）通过增加"哑"单元保证了每个晶体管所看到的周围环境是相同的，因此减小了晶体管的不匹配。

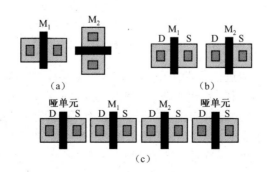

图 8.35　两个匹配 MOS 晶体管的版图

8.4.2　抗干扰设计

现在大多数集成电路都把数字模块和模拟模块实现在同一衬底上，而两种类型的电路之间会出现耦合，因为数字模块常常会在电源线和地线上产生脉冲干扰，模拟放大器对此干扰较为敏感。为了避免这些高性能的模拟功能模块在动态范围上的恶化，必须进行抗干扰设计，将耦合最小化。

1．数模混合电路的版图布局

在混合信号集成电路中，互连线所引入的寄生效应也会降低电路的性能。首先，互连线存在寄生阻抗和寄生容抗，可等效为分布式 RC 网络，给互连线上传输的信号引入互连线延迟，并延长信号状态转换的速度。在深亚微米工艺下，互连线延迟已经是限制数字电路工作速度的重要因素。对模拟电路来说，这种寄生效应会造成采样时刻抖动及降低电路带宽等影响。由于数字信号很强，而模拟信号很弱，微小的耦合电容就会使得模拟信号线上的串绕信号足够强，对模拟信号造成极大的干扰，甚至使得模拟信号完全淹没在串绕信号之中。

解决信号串绕问题有多种措施：首先，可以将模拟和数字电源地分离；其次，模拟电路和数字电路、模拟总线和数字总线应尽量分开而不交叉混合；再次，根据各模拟单元的重要程度，决定其与数字部分的间距的大小次序。

2．屏蔽

图 8.36 所示为对电容进行屏蔽的一个例子。其中，与上极板连接的是电路中的高阻接点，以减小寄生和屏蔽干扰，电容下极板用接地的阱来屏蔽衬底噪声，下极板所接的地应该是"干净"的地，也就是不与其他器件公用的地，一般单独接出。

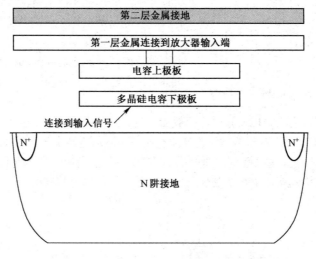

图 8.36　电容屏蔽

图 8.37 所示为对敏感信号进行屏蔽的例子。图 8.37（a）中，中间信号线 v_{in} 受到周围信号 V_A 和 V_B 的干扰。而图 8.37（b）中，在敏感模拟信号线周围插入了接地的同层金属线。这样，来自周围互连线上的电磁场就终结在这些接地的同层金属线上，而不会干扰敏感模拟信号线。

图 8.38 所示为另外一种信号屏蔽技术。敏感的模拟信号线被接地的上、下两层不同的金属线包围，形成一个金属屏蔽空间，从而使得敏感的模拟信号不会受到任何外部电磁场的干扰。信号屏蔽技术可以将敏感信号线屏蔽起来，消除了其他信号对它们的干扰，但是，屏蔽技术会使得布线很复杂，而且会导致信号线与地线之间的寄生电容增加。

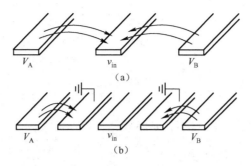

图 8.37　敏感信号屏蔽

上面只是对单独的一个信号进行保护，但电路设计中有时会存在更大的敏感电路，此时就需要对整块电路进行信号屏蔽。图 8.39 所示为对敏感电路进行保护的方法，先在敏感电路周围做一个接地的保护环，保护环和电路都做在 N 阱里。保护环所接的地应该是"干净"的地，而 N 阱则应该做得比较深。

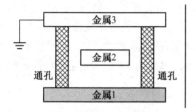

图 8.38　另外一种信号屏蔽技术

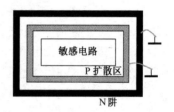

图 8.39　敏感电路屏蔽

3．加滤波电容

电源线上和版图空余地方可填加 MOS 电容进行电源滤波，对模拟电路中的偏置电压和参考电压加多晶电容进行滤波。

8.4.3　寄生优化设计

在集成电路芯片中，寄生效应会降低电路的噪声、速度、功耗等性能。版图设计对寄生具有很大影响，合理的版图可以有效地降低元器件和连线的寄生效应。在设计版图时，要重点降低关键路径和关键节点上的寄生。下面介绍常用的降低寄生效应的版图设计技术。

对于晶体管来说，应尽量减小金属导线的长度，采用导电率较好的金属来布线，如图 8.40（a）所示；为了减小栅极串联寄生电阻，可以将栅极的两头都接起来，如图 8.40（b）所示；采用叉指结构可以进一步减小栅极寄生阻抗，如图 8.40（c）所示。

图 8.41 给出了一个宽晶体管的版图，它采用了叉指技术，由多个单元晶体管并联构成，单元晶体管之间共用源区或者漏区，因此可以减小寄生，栅阻抗也会减小。

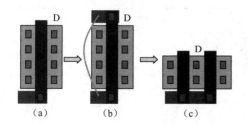

图 8.40　减小晶体管栅极的寄生阻抗

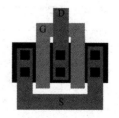

图 8.41　叉指结构的晶体管版图

　　寄生优化还涉及接触孔、通孔与其他层的连接，这种连接会引入接触电阻，而且会限制流过接触孔或者通孔的电流密度。一般采用多个均匀分布的最小孔并联的方法来减小孔寄生电阻和提高孔的可通过电流能力。

8.4.4　可靠性设计

　　在版图设计时，还需要考虑芯片的可靠性问题，主要是指以下几类问题：天线效应、Latch-Up效应和静电放电 ESD 防护。

1. 天线效应

　　天线效应是指当大面积的金属 M_1 与栅极相连时（如图 8.42（a）所示），金属就会作为一个天线，在金属腐蚀过程中收集周围游离的带电离子，增加金属上的电势，进而使栅电势增加。一旦电势增加到一定程度，就会导致栅氧化层击穿。大面积的多晶硅也可能出现天线效应。为了避免天线效应，应减小直接连接栅的多晶硅和金属 M_1 的面积，使它们的面积与晶体管栅面积之比保持在一定的比例以下（该比例由芯片加工厂家给出）。这可以通过采用金属 M_2 过渡来实现，如图 8.42（b）所示。在金属 M_1 的腐蚀过程中，金属 M_2 没有加工，因此直接连接到晶体管栅极的金属 M_1 的面积大大减小，避免了 M_1 所引起的天线效应。但是，图 8.42（c）所示的连接方法无法避免 M_2 的天线效应，因为在 M_2 的腐蚀过程中，金属 M_1 和通孔 V_1 已经存在，M_2 上积累的电势会通过这些连接通道传到晶体管栅极，有可能使栅氧化层击穿。

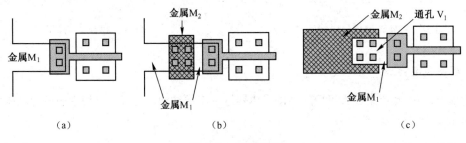

（a）　　　　　　　　　　（b）　　　　　　　　　　（c）

图 8.42　天线效应

2. Latch-Up 效应

　　在版图设计时，另外一个可靠性考虑是闩锁（Latch-Up）效应，如图 8.43 所示。标准 CMOS 工艺的器件结构隐含着一个 PNPN 闩锁夹层，寄生了一个水平 NPN 晶体管和垂直 PNP 晶体管，如图 8.43（a）所示。寄生水平 NPN 管的发射极、基极和集电极分别是 NMOS 管的源极、P 型衬底和 N 阱，而寄生垂直 PNP 管的发射极、基极和集电极分别是 PMOS 管的源极、N 阱和 P 型衬底。NPN 管的基极通过 P 型衬底寄生阻抗 R_1 接到地，PNP 管的基极通过 N 阱寄生阻抗 R_2 接到电源电压上。这些寄生效应的等效电路如图 8.43（b）所示。

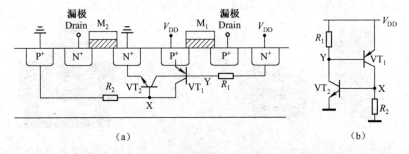

（a）　　　　　　　　　　　　　　　（b）

图 8.43　Latch-Up 效应

在正常条件下，该结构中所有的 PN 结都处于反偏状态，因此两个寄生双极型晶体管都不导通，对电路的正常工作没有影响。但如果由于某种原因使得两个晶体管进入有源工作区，而图 8.43（b）所示电路又形成一个很强的正反馈，则寄生双极型晶体管将导通大量的电流，致使电路无法正常工作，这种现象被称为 Latch-Up 效应。

为了防止 Latch-Up 效应，常用的办法是在版图设计时，尽可能减小电阻 R_1、R_2 的阻值和两个双极型晶体管的电流放大倍数。垂直 PNP 管的电流放大倍数是由阱的深度等工艺参数决定的，电路设计者无法进行控制，但水平 NPN 管的电流放大倍数可以通过增加它的基区宽度来减小。水平 NPN 管的基区宽度是 NMOS 管的源极与 N 阱之间的距离，增加这个距离就可以减小 NPN 管的电流放大倍数。

3. 静电放电 ESD 防护

芯片与外部环境的接口还涉及另一个很重要的问题：静电放电 ESD（Electrostatic Discharge）防护。两个具有不同静电电势的物体互相靠近时，两个物体之间会发生静电电荷的转移，这个过程就是静电放电（ESD）过程。对于集成电路来说，ESD 过程通常仅指外界物体接触芯片的某一个连接点所引起的持续时间在 150ns 左右的静电放电过程，这个过程会产生非常高的瞬态电流和瞬态电压，可以达到几十安培的电流或者几千伏的电压，可能造成集成电路芯片失效。人体或其他机械运动所积累的静电电压远远超过 MOS 晶体管的栅极击穿电压。调查显示，集成电路失效的原因中约有 30%是由 ESD 引起的，因此，ESD 防护电路的设计是集成电路设计中一个非常重要的问题。

ESD 防护电路的性能通常用它抵抗 ESD 瞬态的能力来衡量，这是使得要保护的核心电路发生 ESD 失效时的临界阈值电压，它的单位是 V 或 kV。为了测量一个 ESD 防护电路的性能，需要对待测试的芯片进行 ESD 压力测试，用一个测试仪产生可重复的仿真 ESD 瞬态信号来攻击芯片。

人体模型 HBM（Human Body Model）是最常用的一种 ESD 测试模型，它模仿带有静电的人体直接接触芯片所引起的静电从人体转移到芯片的过程，该模型产生一个静电瞬态来测试芯片与人体接触的 ESD 防护能力。图 8.44 给出了人体模型的等效电路。

集成电路中接到 MOS 晶体管栅极的 PIN 更需要 ESD 防护，一般为输入 PIN，而接到扩散区的 PIN 相对不易受 ESD 损坏，一般为输出 PIN。图 8.45 给出了芯片输入端常用的 ESD 防护方案。它由两级 ESD 防护电路和位于其间的隔离电阻构成。第一级 ESD 防护电路（ESD_P）对 ESD 瞬态的放电起主要作用，VD_1 和 VD_2 的面积要大，以吸收大部分的电流，而 VD_3、VD_4 与 R_S 一起构成第二级保护，面积可以小一些。第二级 ESD 防护电路（ESD_S）的作用是辅助第一级 ESD 防护电路开启，它的触发电压低于第一级 ESD 防护电路，而且它的钳制电压必须足够低，避免后接的 MOS 管栅极击穿。隔离电阻的作用是限制流进被保护核心电路的 ESD 电流，R_S 的典型值从几百到几千欧姆，一般为多晶导线电阻或扩散区电阻，宽度要大一些，以免被大电流烧坏。

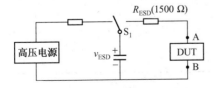

图 8.44　人体模型等效电路

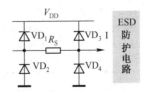

图 8.45　ESD 防护方案

输入 ESD 防护电路会带来寄生效应，可能会影响输入信号的带宽和增加热噪声，这主要是由串联保护电阻和防护二极管的 PN 节电容带来的。而对于某些输出 Buffer 比较小的输出 PIN，也可采用上述 ESD 防护电路，不过串联电阻可减小至 50～500 Ω。

8.5　电学设计规则与布线

电学设计规则是将具体的工艺参数及其结果抽象出电学参数，是电路与系统设计、模拟的依据。与上述的几何设计规则一样，对于不同的工艺线和工艺流程，电学设计规则将有所不同。表8.7所示是一个单层金属布线的 P 阱硅栅 CMOS 工艺的电学设计规则的参数名称及其说明[1]，通常，特定工艺会给出这些电学参数的最小值、典型值和最大值。

表 8.7　电学设计规则的参数及其说明

电学设计规则参数	参数说明
衬底电阻	
N 型衬底电阻率	均匀的 N 型衬底的电阻率
掺杂区薄层电阻 $R_\square$	
P 阱薄层电阻	P 阱中每一方块的电阻值
N^+ 掺杂区薄层电阻	NMOS 源漏区和 N 型衬底接触区每一方块的电阻值
P^+ 掺杂区薄层电阻	PMOS 源漏区和 P 型衬底（P 阱）接触区每一方块的电阻值
多晶硅薄层电阻 $R_\square$	
NMOS 多晶硅 $R_\square$	NMOS 区域多晶硅薄层方块电阻
PMOS 多晶硅 $R_\square$	PMOS 区域多晶硅薄层方块电阻
接触电阻	
N^+ 区接触电阻	N^+ 掺杂区与金属的接触电阻
P^+ 区接触电阻	P^+ 掺杂区与金属的接触电阻
NMOS 多晶硅接触电阻	NMOS 的多晶硅栅及多晶硅引线与金属的接触电阻
PMOS 多晶硅接触电阻	PMOS 的多晶硅栅与金属的接触电阻
电容（单位面积电容值）	
栅氧化层电容	NMOS 和 PMOS 的栅电容
场区金属-衬底电容	在场区的金属和衬底间电容，氧化层厚度为场氧化厚度加后工艺沉积的掺磷二氧化硅层的厚度
场区多晶硅-衬底电容	在场区的多晶硅和衬底间电容，氧化层为场氧化层
金属-多晶硅电容	金属-二氧化硅-多晶硅电容，二氧化硅厚度等于多晶硅氧化的二氧化硅厚度加掺磷二氧化硅层的厚度
NMOS 的 PN 结电容	零偏置下，NMOS 源漏区与 P 阱的 PN 结电容
PMOS 的 PN 结电容	零偏置下，PMOS 源漏区与 N 型衬底的 PN 结电容
其他综合参数	
NMOS 阈值电压	V_{TN}
PMOS 阈值电压	V_{TP}
P 型场区阈值电压	场区阈值电压，衬底为 P 型半导体（P 阱）
N 型场区阈值电压	场区阈值电压，衬底为 N 型半导体（N 型衬底）
NMOS 源漏击穿电压	NMOS 源漏击穿电压
PMOS 源漏击穿电压	PMOS 源漏击穿电压
NMOS 本征导电因子	K_N'
PMOS 本征导电因子	K_P'

如果用手工设计集成电路或单元（如标准单元库设计），几何设计规则是图形编辑的依据，电学设计规则是分析计算的依据。在 VLSI 设计中采用的是计算机辅助和自动设计技术，几何设计规则是设计系统生成版图和检查版图错误的依据，电学设计规则是设计系统预测电路性能（仿真）的依据。

电学设计规则还为合理选择版图布线提供了依据。集成电路工艺提供给设计者多层布线的手段，最常用的布线有金属、多晶硅、硅化物及扩散区。但是，这些布线层电学性能大不相同，见表 8.8。一般来说晶体管等效电阻应大大地高于布线电阻，以避免因为分压效应而产生的种种严重后果。电容的影响也必须认真考虑，特别是高速电路，电荷分配效应也会引起许多问题。多晶硅布线有较大的电阻，扩散区布线电阻和电容都较大。因此，应尽可能地避免它们的影响。随着器件尺寸的减小，线宽和线间距也在减小，多层布线层之间的介质层也在变薄，这将大大增加布线电阻和分布电容。特别是发展到深亚微米级以后，与门延迟相比，布线延迟变得越来越不可忽略。表 8.9 列出了几种布线层的性能及规则，有助于在设计中正确地选择布线层。

表 8.8　布线层电学性能

布 线 层	电阻/($\Omega/\mu m^2$)	电容/(pF/μm^2)
金属 II	0.03	0.2×10^{-4}
金属 I	0.03	0.3×10^{-4}
扩散区	10～50	1×10^{-4}
硅化物	2～4	0.4×10^{-4}
多晶硅	15～100	0.4×10^{-4}

表 8.9　布线层性能和规则

布 线 层	电 阻	电 容	评 价
金属铝	低	低	好的导电能力，小的电压降，用于电源布线和全局布线
硅化物	低	中等	较小的 RC 乘积，可走长线
多晶硅	高	中等	RC 乘积中等，高的 IR 压降
扩散区	中等	高	中等 IR 压降，但 C 值高，驱动困难

除选择布线层外，版图布线还应该注意以下几点：

① 电源线和地线应尽可能地避免用扩散区和多晶硅布线，特别是通过较大电流的那部分电源线和地线。因此，集成电路的版图设计中电源线和地线多采用梳状布线，避免交叉，或者用多层金属工艺，提高设计布线的灵活性。

② 禁止在一条铝布线的长信号线下平行走过另一条用多晶硅或扩散区布线的长信号线。因为长距离平行布线的两条信号线之间存在着较大的分布电容，一条信号线会在另一条信号线上产生较大的噪声，使电路不能正常工作。

③ 压点离开芯片内部图形的距离不应少于 20 μm，以避免芯片键合时，因应力而造成电路损坏。

8.6　基于 Cadence 平台的全定制 IC 设计

8.6.1　版图设计的环境

在进行版图设计之前，首先要建立设计环境，包括建立各种数据库通道，由此建立版图与工艺的对应关系。Cadence 支持版图的分层设计，设计者按电路功能划分整个电路，对每个功能块再进行模块划分，每一个模块对应一个单元。从最小模块开始到完成整个电路的版图设计，设计者需要建立多个单元。调用元器件库中的基本元器件在每个单元中进行版图设计，有时要调用其他设计者的单元。

完整的全定制 Full-custom 设计环境包含：

- 设计资料库 Cadence Design Framework II

- 电路编辑环境 Text editor / Schematic editor
- 电路仿真工具 Spice/ADS/Spectre
- 版图设计工具 Cadence virtuoso/(Ledit)
- 版图验证工具 Diva/Assura/Calibre/dracula

本部分将主要介绍 Cadence 以下工具的使用：

- 电路图设计工具 Composer
- 电路模拟工具 Analog Artist
- 版图设计工具 Virtuoso Layout Editor
- 版图验证工具 Diva/Assura/Calibre/dracula

与 Cadence 有关的几个重要文件如下：

- .cshrc，shell 环境设定执行档。
- .cdsinit，Cadence 环境设定档。
- cds.lib，Cadence 环境资料库路径设定档。
- display.drf，Cadence Layout editor 颜色图样设定档。
- Technology file，包含与工艺相关的参数。

Cadence 的文件组织如图 8.46 所示。

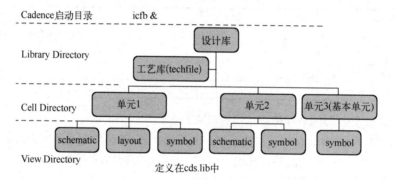

图 8.46　Cadence 的文件组织

版图绘制过程中常用的快捷键举例如表 8.10 所示。

表 8.10　常用快捷键

快 捷 键	功 能	快 捷 键	功 能
Shift+Z	放大	Ctrl+Z	缩小
Ctrl+D	撤销选择	S	拖曳
C	复制	M	移动
Shift+C	剪切	Shift+M	合并
k/Shift+K	标尺/去除标尺	F	适应屏幕
Shift+F	显示调用版图	U	撤销上步操作
G	格点对齐	F3	调整画线角度

8.6.2　原理图编辑与仿真

对原理图进行编辑与仿真的基本流程如下：①建库；②创建基本单元；③电路图输入；④设置电路元器件属性；⑤电路检查与保存；⑥自动创建 symbol；⑦原理图仿真。

1. 建库

首先在~/project 目录下启动 Cadence: icfb&，弹出一个命令解释窗口 CIW（Command Interpreter Window）。CIW 为 Cadence 工具的集中控制窗口，如图 8.47 所示。选择菜单：File → New→Library…，可以指定库名、路径和工艺文件。

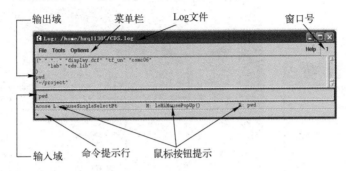

图 8.47　CIW 集中控制窗口

查看现有库路径的窗口如图 8.48 所示。

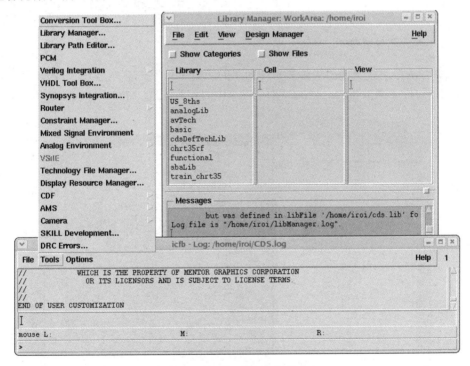

图 8.48　查看现有库路径的窗口

还可以用 vi cds.lib 命令查看库文件内容，如果增加设计所需的基本库可以在 cds.lib 里加入：INCLUDE/net/eda450/disk1/cadence/IC4.46/share/cdssetup/cds.lib。

2. 创建基本单元

首先选择 CIW 中的 File→New→Cell View 选项，然后在如图 8.49 所示的创建电路图对话框的 Library Name 中选择 lab，在 Cell Name 文本框中输入 and2，在 Tool 中选择 Composer-Schematic，这时 View Name 自动变为 schematic，然后，单击 OK 按钮进入 Schematic Editor。

3．电路图输入

电路图输入窗口如图 8.50 所示。

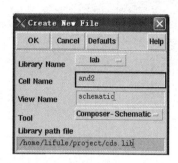

图 8.49 创建电路图对话框

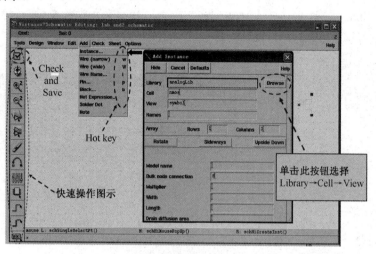

图 8.50 电路图输入窗口

4．设置电路元器件属性

选中元器件按 Q 键，在弹出的如图 8.51 所示的元器件属性窗口中，器件的 CDF 属性对应于 HSPICE 模型中的各属性，Instance Name 对应网单中的元器件名，Model name 对应于网单中的模型名。

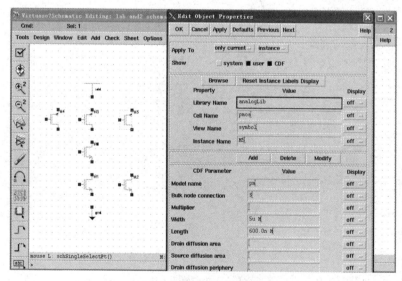

图 8.51 元器件属性窗口

在电路图输入窗口中，基本编辑操作如下。

① 复制/移动：单击工具栏中的复制/移动按钮或按 C 键或 M 键，然后单击操作对象，该对象就会跟随鼠标指针。如果想把几个对象作为一个整体一起移动，就要先选中所有操作对象。再次单击鼠标，放置对象。

② 删除：按 Delete 键或按 D 键，选中要删除的对象。

③ Undo：单击 Undo 按钮或按 U 键。

④ 改变编辑模式：在按过功能按钮后系统会保持相应的编辑状态，因此可以连续操作。

⑤ 模式切换：按其他按钮。

⑥ 退出当前模式：按 Esc 键。

5. 电路检查与保存

首先单击 Check&Save 按钮，如果有错误内容，CIW 窗口会显示错误说明。错误的类型有：节点悬空、输出短路或输入开路等。

6. 自动创建 symbol

首先选择 Composer 的菜单中的 Design→Create CellView→From CellView…，在弹出的如图 8.52 所示的创建 symbol 对话框中已自动设置好，检查无误后单击 OK 按钮。

在弹出的如图 8.53 所示的对话框中可以设置 PIN 的名称和位置。单击 OK 按钮后自动依据 Schematic 建立一个简单的 symbol，也可以在上述窗口中修改 PIN 的位置。

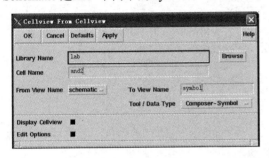

图 8.52　创建 symbol

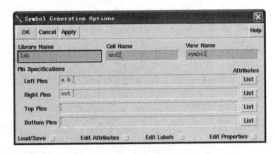

图 8.53　设置 PIN

7. 原理图仿真

在电路图窗口中选择 Tools→Analog Environment 后，弹出 Analog Design Environment 窗口如图 8.54 所示。

在 Setup→Simulator/Directory/Host 中选择模拟器 spectre。在 Setup→Model library 中添加工艺库。单击 Analyses→Choose 弹出如图 8.55 所示的仿真选择对话框，可选择仿真类型。

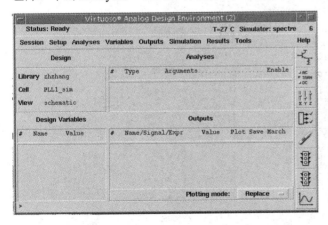

图 8.54　Analog Design Environment 窗口

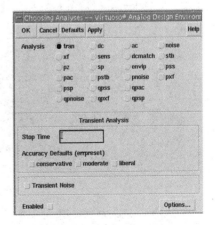

图 8.55　仿真选择对话框

仿真结果显示：选择 Simulation→Netlist and Run 进行仿真，选择 Results→Direct plot 弹出波形显示窗口，仿真结果如图 8.56 所示。

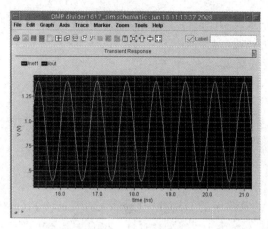

图 8.56　仿真结果显示

8.6.3　版图编辑与验证

对版图进行编辑与验证的基本流程如下：① 新建一个 library/cell/view；② 进行 cell 的版图编辑；③ 版图验证；④ 寄生提取与后仿真；⑤ 导出 GDSII 文件。

1. 新建一个 library/cell/view

（1）创建新的 design library

单击 File→New→Library 弹出 New Library 窗口，在 Name 文本框中输入 lab，选择 attach to an existing techfile，在弹出的窗口中选择工艺库：chrt35rf。

（2）在 lab 下建立一个新的 cellView

单击 File→New→CellView，弹出 Create New File 窗口。

在 Library Name 文本框中输入 lab，在 Cell name 文本框中输入 inv，在 Tool 中选择 virtuoso，创建的版图如图 8.57 所示。

（3）开启 Display Options 对话框设定 Grid

一般 Grid 的设定方法为 layout rules 里的最小单位，与工艺相关，在此设为 0.05，如图 8.58 所示。若 Grid 没有设好，则在画 layout 时将会有很多的困扰，更严重可能会有 error 的情况，所以每次开始画 layout 时请务必先进行设定。

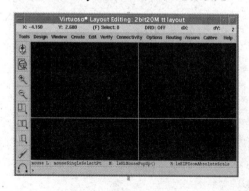

图 8.57　创建版图

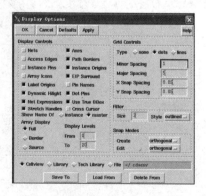

图 8.58　Display Options 对话框

2. 版图编辑操作

在版图编辑窗口中，基本编辑操作有：选取版图的层，矩形（rectangle）、线（path）、标尺（ruler）

的使用，图形尺寸调整（stretch），图形的移动和旋转，图形的复制和删除，图形属性修改，图形的合并（merge），加 contact，定义 multipath，加 PIN，调用已画单元（cell），热键的使用，Esc 和 F3 键的使用等。

3. 版图验证

虽然版图在设计过程中一直按照特定的电路图（Schematic）展开，并遵循着一整套设计规则，但是当版图首次完成时还是可能存在一些错误的，大规模集成电路尤其如此。其原因很简单，大规模集成电路的版图是成千上万的元器件和几何图形的有机组合体，在设计过程中又有着成千上万次的操作，忽略、添加和错误都在所难免。于是版图的检查对于设计一个能正确实现预定功能的集成电路是非常重要和必要的。

版图验证的任务有设计规则检查（DRC，Design Rule Check）及版图和电路图对照（LVS）。

设计规则检查（DRC）的任务是检查发现设计中的错误。由于加工过程中的一些偏差，版图设计需满足工艺厂商提供的设计规则要求，以保证功能正确和一定的成品率。每一种集成电路工艺都有一套贯穿于整个制造过程的技术参数。这些参数通常是由所用的设备决定的，或者通过实验测量得到的。它们可能是极值、区间值或最优值。根据这些参数，工艺厂家会制定出一套版图设计规则。每一个版图都应该遵循确定的规则进行设计。在画版图的过程中要不时地进行设计规则检查。没有设计规则错误的版图是技术上能够实现芯片功能的前提。运行 DRC，程序就按照相应的规则检查文件运行，发现错误时，会在错误的地方做出标记（Mark），并且做出解释（Explain）。设计者可以根据提示来进行修改。

以版图验证工具 Assura 为例，DRC 检查的对话框如图 8.59 所示。

版图设计不得改变电路设计内容，如元器件参数和元器件间的连接关系，因此要进行版图与电路图的一致性检查（LVS，Layout vs. Schematic）。LVS 程序的一个输入文件是由电路图产生的元器件表、网表和端点列表，另一个输入文件是从版图提取出来的元器件表、网表和端点列表。通过 LVS，所有元器件的参数，所有网络的节点，元件到节点及节点到元器件的关系一一扫描并进行比较。输出的结果是将所有不匹配的元器件、节点和端点都列在一个文件之中，并在电路图和提取的版图中显示出来。Assura 工具中 LVS 检查的对话框如图 8.60 所示。

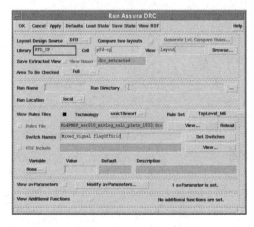

图 8.59　DRC 检查

图 8.60　LVS 检查

4. 寄生提取与后仿真

实际的电路具有寄生效应，将会对原电路造成特性上的改变，完整的设计应考虑版图设计后的寄生影响。实际电路仿真的精度取决于寄生模型的准确度。

Assura 寄生参数提取窗口为 Run RCX。

寄生提取后的网表包含大量的杂散元器件，使后仿真时间增加，可采用 Device Reduction 来解决。

5．导出 GDSII 文件

如果从版图提取出来的电路图经过仿真后证明功能仍然正确，并且版图和电路图的对照已经没有任何错误，那么以芯片形式体现的一个独立电路的版图设计就算完成了。如果这样一个独立电路通过一个多项目晶圆 MPW（Multi-Project Wafer）技术服务中心流片，就可以将版图数据转换成称为 GDS-II 格式的码流数据，并将此码流数据通过因特网传送或复制到磁带、磁盘和光盘等媒质上，寄送到 MPW 技术服务中心，最终完成提交版图数据（Tape-out）的任务。

多个独立的电路（芯片）可以做成一个模块。芯片和模块最后应该布置到一个宏芯片（Macro-Chip）中。这个宏芯片应该进一步包括称为 PM（Process Monitor）的工艺监测图形、对准图形和宏芯片的框架，并应包括一套掩模的所有数据。这样的"拼图"和"装框"的工作，通常是在 MPW 技术服务中心完成的。"拼图"和"装框"后的宏芯片同样转换成 GDSII 格式的码流数据传送到芯片制造厂家的掩模制作部门。在那里根据 GDSII 格式的版图数据制作出一套掩模，最后，将掩模提供给工艺流水线完成集成电路制造。

导出 GDSII 文件的步骤如下：在 CIW 窗口，单击 File→Export→Stream，弹出 Stream Out 对话框，如图 8.61 所示；单击 Library Browser 按钮，选择 lab、drclvs、layout；在 Output File 文本框中输入目录./verify；单击 OK 按钮完成设置。

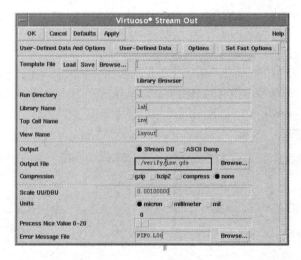

图 8.61　导出 GDSII 文件

8.6.4　CMOS 差动放大器版图设计实例

图 8.63～图 8.67 给出了采用 Cadence 公司 Virtuoso 版图编辑工具对图 8.62 所示的 CMOS 差动放大器单元电路进行版图设计的过程。其中，图 8.63 中的 L 形金属线一方面作为地线连接两只 1/4 MCS 的源极（这里为了对称和减小版图的横向尺寸，MCS 分成 4 只管子并联），另一方面确定两条坐标线。图 8.64 中画出了两只 1/4 MCS 并将它们的栅、漏和源极互连。其中，栅极利用多晶硅层互连后通过通孔阵列与第一层金属连接。图 8.65 中画出了两只 1/2 MN1 并将它们的栅、漏和源极互连。图 8.66 依次画出 R1、并联的两只 1/2 MSF1 和并联的两只 1/2 MCF1，以及偏压等全部半边电路版图。图 8.67 给出了通过对图 8.66 中半边版图对 X 轴进行镜像复制形成的完整版图。

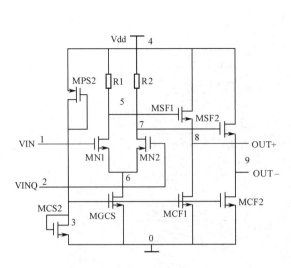

图 8.62　CMOS 差动放大器单元电路

图 8.63　画 L 形金属线作为地线

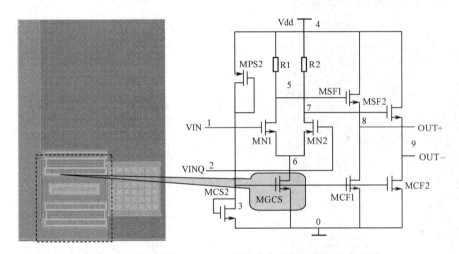

图 8.64　画出两只 1/4 MCS3 并将它们的栅、漏和源极互连

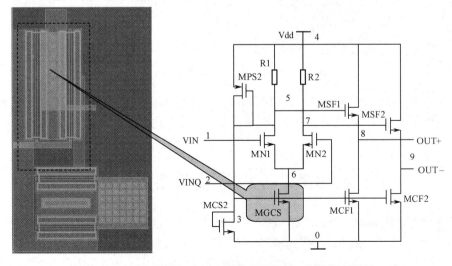

图 8.65　画出两只 1/2 MN1 并将它们的栅、漏和源极互连

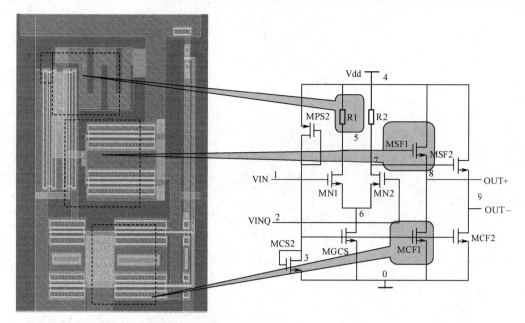

图 8.66　依次画出 R1、并联的两只 1/2 MSF1 和并联的两只 1/2 MCF1 以及偏压等全部半边电路版图

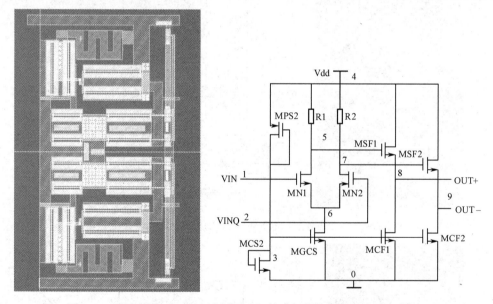

图 8.67　通过对图 8.66 中半边版图对 X 轴进行镜像复制形成的完整版图

通过这种方法设计的版图保证了电路的对称性。对电路图中单个 MOS 器件的分割并联除了对称性，还用来调整单元电路的长宽比。这对于前后单元电路之间的拼接和全图的布局具有重要意义。

8.7　芯片的版图布局

在任何一个版图设计中，最初的任务是做一个布局图。首先，这个布局图应尽可能与功能框图或电路图一致，然后根据模块的面积大小进行调整。举例来说，一个多级放大器的底层电路，应该排在一行上，这样射频的输入和输出部分就位于芯片的两头，从而减小由于不可预见的反馈而引起的不稳定。

所有的集成电路最终都要连到外部世界。这是通过连接芯片上焊盘（Pad）和衬底上的微带线来实现的。所以，设计布局图的一个重要的任务是安排焊盘。一个设计好的集成电路应该有足够的焊盘来进行信号的输入/输出和连接电源电压及地线。此外，集成电路必须是可测的。最后的测试都是将芯片上的输入/输出焊盘和测试探针或封装线连接起来。

对于在晶片上（On-Wafer）的测试，探针、探针阵列或共面探针将与芯片上的焊盘相连接，这样信号就能加到芯片上并能从芯片上测试到输出信号。焊盘的排列有两种情况。第一种，由系统特定用途决定或由客户给定。在这种情况下，电路设计者基本上没有选择的余地，这种集成电路的测试可能需要客户给定的探针阵列。另一种情况就是焊盘的排列可以由电路设计者自己给定。在这种情况下，焊盘的排列应该使制造出的芯片尽可能容易地以较低的代价完成测试。有效的途径就是尽可能地利用现有的探针阵列和探头。

可用的探头都有着它们自身的机械和电路性能。这样就需要一系列的版图设计规则。版图规则的机械方面包括焊盘的大小、钝化窗的大小、焊盘的间距及为探头移动保留的空间等。

大多数芯片最终以封装形式应用于系统。如果一种芯片要特大批量生产，设计专用的封装形式是必需的。通常，最有效的是选用已有的标准封装载体和引脚排列。这时，就需要根据标准载体的引脚排列来安排焊盘。

作为一个实例，图 8.68 所示为一个光纤通信系统用限幅放大器的系统框图。它包括 1 级输入缓冲、4 级放大单元、1 级输出缓冲和 1 个失调电压补偿回路。该例采用全差分、全对称的电路结构，级与级之间直接耦合。

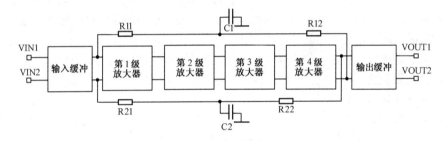

图 8.68 一个光纤通信系统用限幅放大器的系统框图

图 8.69 所示为图 8.68 所示限幅放大器的版图布局。

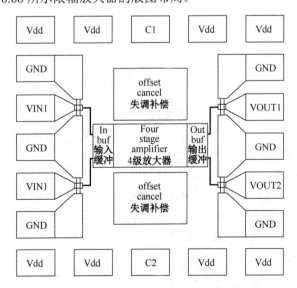

图 8.69 图 8.68 所示限幅放大器的版图布局

其特点包括：

① 全对称结构，这对于差动放大器的直流和高频高速性能至关重要。

② 输入/输出基本实现最短直线沟通，争取最小互连线寄生参数和信号的最小延迟。

③ 输入/输出焊盘置于左右两边，在保证最短直线沟通的前提下争取最小串扰。

④ 输入/输出焊盘采用 GSGSG（S，Signal；G，Ground）排列的差动共面波导探头，可保证高频高速信号的有效传输[3]。

⑤ 利用芯片空余面积在芯片实现电容 C1 和 C2 的部分分量。

⑥ 对地线和电源线分别布置了 6 个和 8 个焊盘，充分减小了它们的寄生电阻和电感。

8.8　版图设计的注意事项

在正式用 Cadence 画版图之前，一定要先构思，也就是要仔细想一想，每个管子打算怎样安排，管子之间怎样连接，最后的电源线、地线怎样走。对于差分形式的电路结构，最好在版图设计时也讲究对称，这样有利于提高电路性能。为了讲究对称，有时候需要把一个管子分成两个，比如为差分对管提供电流的管子就可以拆成两个、四个甚至更多。差分形式对称的电路结构，一般地线铺在中间，电源线走上下两边，中间是大片的元件。

当采用的工艺有多晶硅和多层金属时，布线的灵活性很大。一般信号线用第一层金属，信号线交叉的地方用第二层金属，整个电路与外部焊盘的接口用第三层金属。但也不绝对，比如某一条金属线要设计允许通过的电流很大，用一条金属线明显很宽，就可以用两条甚至三条金属线铺成两层甚至三层，流过每一层金属线上的电流就小了 1/2。层与层是通过连接孔连接的，在可能的情况下适当增加接触孔数，可确保连接的可靠性。

输入和输出最好分别布置在芯片两端。例如，让信号从左边输入，右边输出，这样可以减少输出到输入的电磁干扰。对于小信号高增益放大器，这一点特别重要，设计不当会引起不希望的反馈，造成电路自激。

金属连线的宽度是版图设计必须考虑的问题。铝金属线电流密度最大为 0.8 mA/μm^2，Metal1、Metal2（0.7 μm 厚）的电流密度按 0.56 mA/μm^2 设计，Metal3（1.1 μm 厚）按 0.88 mA/μm^2 设计。当金属中流过的电流过大时，在金属较细的部位会引起"电徙"效应（金属原子沿电流方向迁徙），使金属变窄直到截断。因此，流过大电流的金属连线应该根据需要设定宽度。

应确保电路中各处电位相同。芯片内部的电源线和地线应全部连通，对于衬底应该保证良好的接地。

对高频信号，尽量减少寄生电容的干扰；对直流信号，尽量利用寄生电容来旁路掉直流信号中的交流成分从而稳定直流。第一层金属和第二层金属之间，第二层金属和第三层金属之间均会形成电容。

对于电路中较长的布线，要考虑到电阻效应。金属、多晶硅分别有各自不同的方块电阻值，实际矩形结构的电阻值只跟矩形的长宽比有关。金属或多晶硅连线越长，电阻值就越大。为防止寄生大电阻对电路性能的影响，电路中尽量不走长线。

MOS 管的尺寸（栅长、栅宽）是由电路模拟时定下来的，画 MOS 管时应按照这些尺寸进行。但是当 MOS 管的栅宽过大时，为了减小栅电阻和栅电容对电路性能的影响，需要减小每个 MOS 管的栅宽，为达到所需的总栅宽可以采用并联的方式。另外，对于 NMOS 管，应当充分保证其衬底接地，而 PMOS 管应当保证其衬底充分接高电平，特别是 MOS 管流过大电流时，应该在管子周围形成隔离环进行保护。

电阻可以用不同的材料形成，可选择性很大，设计者可根据所需电阻值的大小、阻值的精确度、电阻的面积等来确定选用何种电阻。对于电阻宽度，也需要考虑，保证可以流过足够大的电流，防止电阻被烧坏。

整个电路的有效面积可能仅仅占整个芯片面积的很小一部分，因此对于芯片中的空闲面积，可以尽量设计成电容，利用这些电容来旁路外界电源和减少地对电路性能的影响。

此外，还应注意以下几点：

① 力求层次化设计，即按功能将版图划分为若干子单元，每个子单元又可能包含若干子单元，从最小的子单元进行设计，这些子单元又被调用完成较大单元的设计，这种方法大大减少了设计和修改的工作量，且结构严谨、层次清晰。

② 图形应尽量简洁，避免不必要的多边形，对连接在一起的同一层应尽量合并，这不仅可减小版图的数据存储量，而且使版图一目了然。

③ 设计者在构思版图结构时，除要考虑版图所占的面积、输入和输出的合理分布、减小不必要的寄生效应之外，还应力求版图与电路原理框图保持一致（必要时修改框图画法），并力求版图美观大方（利用适当空间添加标识符）。

版图设计中还有众多注意要点和技巧，需要版图设计者通过实践进行体会、总结和掌握。

思　考　题

1. 说明版图与电路图的关系。
2. 说明版图层、掩模层与工序的关系。
3. 说明设计规则与工艺制造的关系。
4. 设计规则主要包括哪几种几何关系？
5. 给出版图设计中的图元（Instance）与电路中的元件（Element）概念的区别。
6. 为提高电路性能，在版图设计中要注意哪些准则？
7. 版图设计中整体布局有哪些注意事项？
8. 版图设计中元件布局布线方面有哪些注意事项？
9. 简述 Cadence 软件进行全定制 IC 设计的流程。

本章参考文献

[1]　李伟华. VLSI 设计基础. 北京：电子工业出版社，2002.

[2]　王志功. 光纤通信集成电路设计. 北京：高等教育出版社，2003.

[3]　池保勇等. CMOS 射频集成电路分析与设计. 北京：清华大学出版社，2006.

第 9 章　模拟集成电路基本单元

9.1　电流源电路

　　模拟集成电路中的基本偏置包括电流偏置和电压偏置。电流偏置提供了电路中相关支路的静态工作电流，电压偏置则提供了相关节点与地之间的静态工作电压。

　　电流源电路不仅可用作各种放大电路的恒流偏置，而且可以用它取代电阻作为放大器的负载，是集成运放中应用最广泛的单元电路之一。对电流源的基本要求是：有足够大的动态内阻，对温度的敏感度极低，能抵抗电源电压或其他外因的变化。归为一点，就是电流源电路应具有不受外界因素影响的恒流特性。电流源在模拟电路设计中还有其他的应用。例如，一些数字/模拟（D/A）转换器使用电流源阵列以产生一个与数字输入成正比的模拟输出。此外，电流源与电流镜的结合在模拟信号中可以实现很有用的功能。在模拟集成电路中，电流偏置电路的基本形式是电流镜。电流镜由两个或多个并联的相关电流支路组成，各支路的电流依据一定的器件比例关系而成比例。

9.1.1　双极型镜像电流源[1]

1. 双极型基本镜像电流源

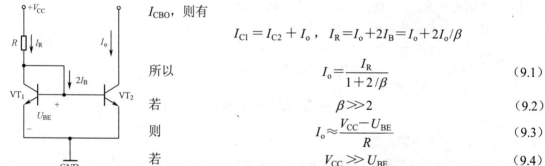

图 9.1　基本镜像电流源

　　集成电流源的基本电路如图 9.1 所示，设 VT_1 与 VT_2 匹配，并略去 I_{CBO}，则有

$$I_{C1} = I_{C2} + I_o, \quad I_R = I_o + 2I_B = I_o + 2I_o/\beta$$

所以

$$I_o = \frac{I_R}{1 + 2/\beta} \tag{9.1}$$

若

$$\beta \gg 2 \tag{9.2}$$

则

$$I_o \approx \frac{V_{CC} - U_{BE}}{R} \tag{9.3}$$

若

$$V_{CC} \gg U_{BE} \tag{9.4}$$

则

$$I_o \approx I_R \approx \frac{V_{CC}}{R} \tag{9.5}$$

　　式（9.3）表明，在条件式（9.2）满足的前提下，电流源电流 I_o 与另一支路（称为参考支路）的电流 I_R（称为参考电流）近似相等。于是就可以认为 I_o 是 I_R 的镜像，故此电路习惯上称为镜像电流源或简称为电流镜。

　　一般情况下，条件式（9.4）都能满足。于是，由式（9.5）看出，I_o 主要取决于电源电压与参考支路电阻的比值，而对温度敏感的晶体管参数几乎无关。因此，这个电路具有较好的温度特性。但它的动态内阻不够大（约等于 VT_2 的 r_{ce}），镜像精度还不够高（当 $\beta \geqslant 2$ 条件不能充分满足时）。且由式（9.3）或式（9.5）可以看出，其抗电源电压变化的能力较差。

2. 带缓冲级的镜像电流源

　　带缓冲级的镜像电流源如图 9.2 所示。基本镜像电流源的镜像误差取决于连接了 VT_1 集电极和基极支路的电流 $2I_B$。若在此支路中插入一射随器，如图 9.2 中的 VT_3 所示，就使 I_o 与 I_R

的差值由 $2I_B$ 减小到 $2I_B/(1+\beta_3)$，从而提高了镜像精度。精度的高低则取决于 VT_3 的 β 值。如果 VT_3 的工作电流很小（约为 $2I_B$），其 β 值也就较小，则 VT_3 的缓冲作用就不够好，镜像精度就不够高。为了适当提高 VT_3 的工作电流，在 VT_1、VT_2 的基、射极间并联了一只电阻 R_B。若 R_B 选得过小，VT_3 电流过大，则又加大了 I_o 与 I_R 的差值。因此，应综合考虑选择适当的 R_B，使缓冲作用达到最佳。

3. 威尔逊电流源

带缓冲级的镜像电流源虽然提高了镜像精度，但其动态电阻仍约为 r_{ce2}。图 9.3 所示的威尔逊（Wilson）电流源则不仅能提高镜像精度，而且可大大提高其动态内阻。

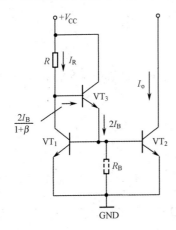

图 9.2　带缓冲级的镜像电流源

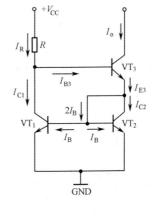

图 9.3　威尔逊电流源电路

威尔逊电流源能自动地稳定电流源电流 I_o。设由于温度或负载等因素变化而使 I_o 增大时，则 I_{E3} 及其镜像 I_{C1} 也跟着增大，促使 V_{C1}（也就是 V_{B3}）下降，I_{B3} 减小，从而驱使 I_o 回落。设 VT_1、VT_2、VT_3 的参数均相同，则可证明

$$\frac{I_o}{I_R} = \frac{\beta^2 + 2\beta}{\beta^2 + 2\beta + 2} \tag{9.6}$$

可见，即使 β 值不够大，I_o 与 I_R 的差距也是很小的。

求动态内阻 R_o 的等效电路如图 9.4 所示。威尔逊电流源的动态内阻可借助于图 9.4 所示的小信号等效电路求出。设三管参数相同，且 $r_{be} \ll r_{ce}$，$R \ll r_{ce}$，$r_{be} \ll R$ 及 $\beta \gg 1$，则可证明

$$R_o = \frac{U_o'}{I_o'} \approx \frac{1}{2}(1+\beta)r_{ce} \tag{9.7}$$

所以它有很大的动态内阻。

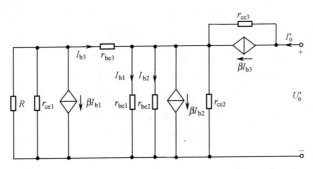

图 9.4　求动态内阻 R_o 的等效电路

9.1.2　MOS 电流镜

1. NMOS 基本电流镜[2]

NMOS 基本电流镜结构如图 9.5 所示。一般情况下器件是不需要相同的，忽略沟道长度调制效应，可以写出

$$I_r = \frac{1}{2}\mu_n C_{ox}\left(\frac{W}{L}\right)_1(V_{GS}-V_{TH})^2 \tag{9.8}$$

$$I_o = \frac{1}{2}\mu_n C_{ox}\left(\frac{W}{L}\right)_2(V_{GS}-V_{TH})^2 \tag{9.9}$$

得出

$$I_o = \frac{(W/L)_2}{(W/L)_1}I_r \tag{9.10}$$

如果有多个输出支路，如图 9.6 所示，则各支路的电流的比值就等于各 NMOS 晶体管的宽长比之比。

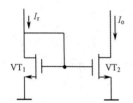

图9.5　NMOS 基本电流镜结构

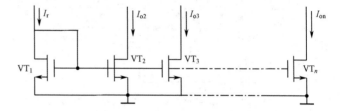

图 9.6　多支路比例电流镜

$$I_r : I_{o1} : I_{o2} : \cdots : I_{on} = (W/L)_r : (W/L)_1 : (W/L)_2 : \cdots : (W/L)_n \tag{9.11}$$

由此可见，在一个模拟集成电路中由一个参考电流和各成比例的 NMOS 晶体管就可以获得多个支路的电流偏置。

该电路的一个关键特性是：它可以精确地复制电流而不受工艺和温度的影响。I_o 与 I_r 的比值由器件尺寸的比率决定，该值可以控制在合理的精度范围内。

作为电流源，希望它的输出电流稳定，输出阻抗高，是恒流源。如果沟道长度比较大，则沟道长度调制效应的影响较小。因此，可以采用较长沟道器件作为输出支路的器件。但应注意，当沟道长度变长后，所占用的面积也将随之增加。同时输出节点的电容将增大，将影响电路的动态性能，因此沟道长度的选择要恰当。

2. NMOS 威尔逊电流镜[2]

NMOS 基本电流镜因为沟道长度调制效应的作用，交流输出电阻变小。从电路理论可知，采用串联电流负反馈也可以提高电路的输出电阻。NMOS 威尔逊电流镜的电路就采用了这样的结构，如图 9.7 所示。与 NMOS 基本电流镜相比，威尔逊电流镜的输出电阻较大，这就意味着其恒流特性优于基本电流镜。提高输出电阻的基本原理是在 VT_1 的源极接有 VT_2 而形成的串联电流负反馈。

VT_2 在电路中相当于一个串联电阻（有源电阻），构成串联电流负反馈。VT_3 的漏节点提供了 VT_1 的偏置电压，如果因为某种原因使输出电流 I_o 增加，这个增加了的电流同时也导致 VT_2 的 V_{GS2} 增加，使得 VT_1 的栅源电压 V_{GS1} 减小，从而使电流减小。反

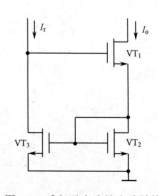

图 9.7　威尔逊电流镜电路结构

之，如果输出电流 I_o 因为某种原因减小了，因为同样的原理即 VT_2 的作用阻止了电流变小，正是因为 VT_2 的串联电流负反馈的作用，使得 I_o 趋于恒流，提高了交流输出电阻。

在这个结构中，如果 VT_1 和 VT_2 的宽长比相同，其他的器件参数也相同，因为在其中流过的电流相同，则它们的 V_{GS} 必然相同，使 VT_3 的 $V_{DS3}=2V_{GS2}$，而 VT_2 的 $V_{DS2}=V_{GS2}$。VT_1 和 VT_2 的这种 V_{DS} 上的差异也将导致参考电流与输出电流的误差，这时的参考电流将大于输出电流。

如果 VT_1 的宽长比大于 VT_2 的宽长比，在相同的电流条件下，导电因子 K 大则所需的 V_{GS} 就比较小。V_{GS1} 的减小使得 VT_3 的 V_{DS3} 减小，缩小了 VT_2 和 VT_3 的 V_{DS} 差别，可以使误差减小。但即使 VT_1 的宽长比再大，也不可能使得 $V_{DS3}=V_{DS2}$，所以，若要消除误差必须在 VT_3 的漏极上串联一个电阻消耗掉多余的电压，使 $V_{DS3}=V_{DS2}$。

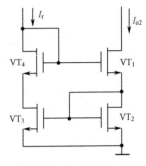

对威尔逊电流镜的改进结构如图 9.8 所示，由 VT_4 晶体管构成的有源电阻消耗了一个 V_{GS}，使 VT_2、VT_3 的漏源电压相等。如果 VT_1 和 VT_2 的宽长比相同，从 VT_1、VT_4 的栅极到 VT_2、VT_3 的源极的压差为 $2V_{GS2}$，如果 VT_4、VT_3 相同，则 VT_4 的栅源电压为 V_{GS2}，使管的漏源电压和 VT_2 的漏源电压相同，都为 V_{GS2}。这样的改进使参考支路和输出支路的电流以一个几乎不变的比例存在。

图 9.8　威尔逊电流镜的改进结构

9.2　基准电压源设计

理想的基准电压电路要求它不仅有精确稳定的电压输出值，而且具有低的温度系数。温度系数是指输出电参量随温度的变化量，可以是正的，也可以是负的。正温度系数表示输出电参量随温度上升而增大，负温度系数则相反。要使输出电参量的温度系数小，自然会想到利用具有正温度系数的器件和具有负温度系数的器件适当地组合，实现温度补偿，得到低温度系数甚至零温度系数的电路结构。

9.2.1　双极型三管能隙基准源[3]

图 9.9 所示为双极型三管能隙基准源电路，图中的 VT_1、VT_2、R_1、R_3 组成小电源恒流源，因为集成 NPN 管的 β_F 很大，所以 I_B 可忽略。

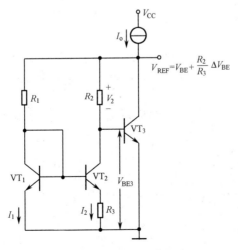

图 9.9　双极型三管能隙基准源电路

由图可见

$$I_2R_3 = V_{BE1} - V_{BE2} = \Delta V_{BE} \tag{9.12}$$

所以

$$V_2 \approx I_2R_2 = \frac{R_2}{R_3}\Delta V_{BE} \tag{9.13}$$

此电路的输出基准电压 V_{REF} 为

$$V_{REF} = V_{BE3} + V_2 = V_{BE} + \frac{R_2}{R_3}\Delta V_{BE} \tag{9.14}$$

式中

$$\Delta V_{BE} = \frac{kT}{q}\ln\frac{I_{E1}/A_{E1}}{I_{E2}/A_{E2}} = \frac{kT}{q}\ln\frac{J_1}{J_2} \tag{9.15}$$

式中，I_{E1}、I_{E2}、A_{E1}、A_{E2}、J_1、J_2 分别为 VT_1 和 VT_2 的发射极电流、有效发射结面积和发射极电流密度。将式（9.15）代入式（9.14）可得

$$V_{REF} = V_{BE} + \frac{R_2}{R_3}\frac{kT}{q}\ln\frac{J_1}{J_2} = V_{BE} + \frac{R_2}{R_3}V_T\ln\frac{J_1}{J_2} \tag{9.16}$$

由式（9.16）可知，利用等效热电压 V_T 的正温度系数和 V_{BE} 的负温度系数相互补偿，可使输出基准电压的温度系数接近于零。

由文献知

$$V_{BE}(T)\Big|_{I_C=\text{常数}} = V_{g0}\left(1 - \frac{T}{T_0}\right) + V_{BE0}\left(\frac{T}{T_0}\right) + \frac{nkT}{q}\ln\frac{T_0}{T} \tag{9.17}$$

式中，$V_{g0}=1.205\text{ V}$，是温度为 0 K 时的硅外推能隙电压；n 为常数，其值与晶体管的制作工艺有关，对于集成电路中的双扩散晶体管，$n=1.5\sim2.2$；T_0 为参考温度。假设 R_2/R_3 和 J_1/J_2 与温度无关，则可以令 $T=T_0$ 时的基准电压的温度系数为零，即 $\dfrac{\partial V_{REF}}{\partial T}=0$，来求得在参考温度 T_0 附近时，基准电压和温度的关系。

将式（9.17）代入式（9.16）并令 $\dfrac{\partial V_{REF}}{\partial T}=0$，可得

$$V_{REF}\Big|_{T=T_0} = V_{BE0} + \frac{R_2}{R_3}\frac{kT_0}{q}\ln\frac{J_1}{J_2} = V_{g0} + n\frac{kT_0}{q} \tag{9.18}$$

实际上 $nkT_0/q \ll V_{g0}$，于是

$$V_{REF}\Big|_{T=T_0} \approx V_{g0} \tag{9.19}$$

这说明在选定参考温度 T_0 后，只要适当设计 R_2/R_3 和 J_1/J_2，即可使在该温度下基准电压的温度系数接近零。由于这种温度系数为零的基准电压，其值接近于材料的能隙电压 V_{g0}，因此称为能隙基准源。

假设 VT_1 和 VT_2 的几何尺寸相同，晶体管的 β_F 较大，则 $J_1/J_2 = I_{E1}/I_{E2} \approx I_1/I_2$，由图 9.8 可见 $I_1R_1 + V_{BE1} = V_{REF} = I_2R_2 + V_{BE3}$，所以 $I_1R_1 \approx I_2R_2$，代入式（9.12）可得

$$V_{REF}\Big|_{T=T_0} = V_{BE0} + \frac{R_2}{R_3}\frac{kT_0}{q}\ln\frac{R_2}{R_1} = V_{g0} + n\frac{kT_0}{q} \tag{9.20}$$

由于在工艺上 V_{BE} 值和电阻的比值都较易控制，因此这类电源的输出基准电压可调得较准。

9.2.2　MOS 基准电压源[2]

可以利用工作在亚阈值区的 CMOS 构成基准电压源。当 MOS 器件在极小电流下工作时，栅

极下方呈现的沟道相当薄，包含的自由载流子非常少。器件的这一工作区域被称为弱反型或亚阈值区。工作在亚阈值区的 NMOS 晶体管，当漏源电压大于几个热电势 V_T（$=kT/q$）时，其电流可以表示为

$$I_{DS} = B\left(\frac{W}{L}\right)\exp\left[\frac{q(V_{GS}-V_{TN})}{nkT}\right] \tag{9.21}$$

由式（9.21）可得

$$V_{GS} = \frac{nkT}{q}\ln\left[\frac{I_{DS}}{B(W/L)}\right] + V_{TN} \tag{9.22}$$

在式（9.21）和式（9.22）中，B 为常数；n 为工艺所决定的参数，具有正温度系数，约为 $1.5 \times 10^{-3}/℃$。

利用 MOS 器件在正阈值区的电流、电压的指数关系，采用图 9.10 所示的电压差与温度成正比的结构，可以得到具有正温度系数的 ΔV 为

$$\Delta V = V_{GS1} - V_{GS2} = \frac{nkT}{q}\ln\left[\frac{I_{DS1}\cdot(W/L)_2}{I_{DS2}\cdot(W/L)_1}\right] \tag{9.23}$$

这是一个正温漂源，如果有一个负温漂源与它抵消，则可以得到低温漂的电压基准。如图 9.11 所示的温度补偿 CMOS 基准电压电路结构中，这里的负温漂源是 V_{BE}，V_{BE} 的温度系数为 $-2\ mV/℃$。图中连接成二极管结构的 NPN 晶体管是由 CMOS 结构中的 N^+ 掺杂区（NMOS 的源漏掺杂）为发射区、P 阱为基区、N 型衬底为集电区的寄生双极型晶体管。

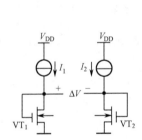

图 9.10　电压差与温度成正比的结构

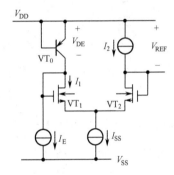

图 9.11　温度补偿 CMOS 基准电压电路

如果 VT_1、VT_2 的尺寸相同，则为获得 ΔV 必须使它们的 V_{GS} 不同，即电流不相同。从电路结构得到

$$V_{REF} = V_{BE} + \Delta V = V_{BE} + \frac{nkT}{q}\ln\left(\frac{I_{DS1}}{I_{DS2}}\right) \tag{9.24}$$

由式（9.24），依据具体工艺得到的 n 和温度系数，设计 I_{DS1}/I_{DS2} 的比值，可以得到低温度系数的基准电压，甚至零温度系数的基准电压。

9.3　单端反相放大器

反相放大器的基本结构通常是漏输出的 MOS 工作管和负载的串联结构。

9.3.1　基本放大电路[2]

图 9.12 所示为 6 种常用的 MOS 反相放大器电路结构，其基本工作管是 NMOS 晶体管。各放

大器之间的不同主要表现在负载的不同上，也正是因为负载的不同，导致了其输出特性上的很大区别。图中的输入信号 V_{IN} 中包含了直流偏置和交流小信号。

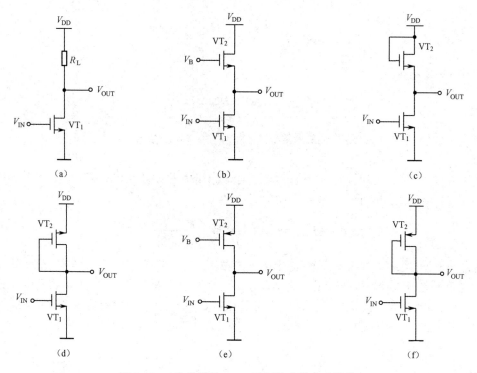

图 9.12　6 种常用的 MOS 反相放大器电路结构

下面将逐一地介绍各放大电路的特性及其参数计算，重点讨论的内容是放大器的重要参数——电压增益。

1. 纯电阻负载 NMOS 放大器

以电阻作为放大器的负载是电子线路中普遍采用的结构，如图 9.12（a）所示。它的电压增益 A_V 为

$$A_V = -g_1(R_L /\!/ r_{o1}) = -\sqrt{2\mu_n C_{ox}(W/L)_1 I_{DS}}(R_L /\!/ r_{o1}) \tag{9.25}$$

式中，g_1 为 NMOS 管 VT_1 在饱和区的跨导；r_{o1} 为 VT_1 的交流输出电阻。放大器的电压增益与工作管的跨导成正比，与输出电阻成正比。在基本偏置一定的情况下，增大放大器的电压增益主要通过加大 NMOS 管的宽长比和输出电阻实现。放大器的输出电阻由 VT_1 的交流输出电阻和 R_L 并联构成。VT_1 的交流输出电阻 r_{o1} 是饱和区的输出电阻，不考虑沟道长度调制效应，它应该无穷大，其实际值为 $|V_{A1}|/I_{DS}$，其中 V_{A1} 是 VT_1 的厄莱电压。r_{o1} 通常远大于负载电阻 R_L，所以，放大器的输出电阻主要由 R_L 决定。但是，加大 R_L 将使输出节点的直流电压下行，影响放大器的输出动态范围。所以，采用电阻负载的放大器的增益提高比较困难。

2. E/E NMOS 放大器

E/E NMOS 放大器有两种结构形式，如图 9.12（b）和（c）所示。

对于图 9.12（b）所示的结构，通过直流偏置电压 V_B 使 VT_2 工作在饱和区。E/E NMOS 放大器的电压增益 A_{VE} 为

$$A_{VE} = -g_1(r_{o1} \| r_{o2}) \tag{9.26}$$

式中，r_{o1} 为 VT_1 的输出电阻，对应的是 VT_1 工作在饱和区的交流输出电阻；r_{o2} 为 VT_2 的输出电阻，对应的是 VT_2 工作在饱和区时的源极交流输出电阻，其值远小于 r_{o1}。

分析 VT_2 的工作可知，因为 VT_2 的栅和漏都是固定电位，VT_2 的源极电位对应放大器的输出端 V_{OUT}。当交流输入信号使放大器的输出 V_{OUT} 上下摆动时，使 VT_2 的 V_{GS} 和 V_{DS} 同幅度地变化，$\Delta V_{GS} = \Delta V_{DS}$，使 VT_2 的工作曲线遵循平方律的转移曲线。这里的 r_{o2} 是从 VT_2 源极看进去的等效电阻，其阻值远小于 r_{o1}，因此，$r_{o1} \| r_{o2} \approx r_{o2}$。按照式（9.4），$r_{o2} = 1/g_2$，得到

$$A_{VE} = -g_1 \cdot r_{o2} = -\frac{g_1}{g_2} \tag{9.27}$$

考虑到 VT_1、VT_2 有相同的工艺参数和工作电流，跨导比就等于器件的宽长比之比［参见式（9.25）］，即

$$A_{VE} \approx -\frac{g_1}{g_2} = -\sqrt{\frac{(W/L)_1}{(W/L)_2}} \tag{9.28}$$

要提高放大器的电压增益，就必须增加工作管和负载管的尺寸的比值。

观察电路中各器件的工作点可知，对于负载管 VT_2 因为它的源极和衬底没有相连，所以，存在衬底偏置电压，当它的源极电位随信号变化而变化时，VT_2 的 V_{BS} 也跟着变化，即 VT_2 存在衬底偏置效应，并且衬偏电压值是变化的。那么，这个衬底偏置效应又是如何作用于器件的呢？

首先，在直流状态下，衬底偏置效应使 VT_2 的实际阈值电压提高，导致它的工作点发生偏离。在设计中应注意这种偏离，加以修正。更为严重的是，衬底偏置效应导致 VT_2 的交流等效电阻发生变化，而使电压增益发生变化。

假设，V_{OUT} 向正向摆动，则 VT_2 的 V_{GS} 减小，使得其输出电流 I_{DS2} 减小，同时，V_{OUT} 的正向摆动又使得 V_{BS} 的数值变大，衬偏效应加大，也使 I_{DS2} 减小。反之，当 V_{OUT} 向负向摆动（减小），则 VT_2 的 V_{GS} 加大，使得其输出电流 I_{DS2} 增加，同时 V_{OUT} 的负向摆动又使得 V_{BS} 的数值变小，衬偏效应的作用较之直流工作点减小，也使 I_{DS2} 增加。由此可见，对于 VT_2，V_{GS} 的作用和 V_{BS} 的作用是同相的。因此，可以看作是有一个"背栅"与器件的"正面栅"在共同作用，相当于"正面栅"所对应的交流电阻 r'_{o2} 和"背栅"所对应的交流电阻 r_{oB2} 的并联结构，其结果是使 VT_2 的交流电阻减小。这时 VT_2 的输出电阻为

$$r_{o2} = \frac{1}{\dfrac{1}{r'_{o2}} + \dfrac{1}{r'_{o2B}}} = \frac{1}{g_2 + g_{B2}} \tag{9.29}$$

式中，g_{B2} 为 VT_2 的背栅跨导。放大器的电压增益变为

$$A'_{VE} \approx -\frac{-g_1}{g_2 + g_{B2}} = -\frac{1}{1 + \lambda_B} \cdot \frac{g_1}{g_2} = -\frac{1}{1 + \lambda_B} \cdot A_{VE} \tag{9.30}$$

式中，$\lambda_B = g_{B2}/g_2$，为表征衬底偏置效应大小的参数，称为衬底偏置系数。

从式（9.30）可以看出，衬底偏置效应使放大器的电压增益下降，这是我们所不希望的。

采用同样的方法，可以对图 9.12（c）所示的结构做类似的分析。现在，换一种方法来分析这个电路的电压增益。

考虑到工作管和负载管的电流是相同的，有 $I_{DS1} = I_{DS2}$，即

$$K'_N(W/L)_1(V_{IN} - V_{TN})^2 = K'_N(W/L)_2(V_{DD} - V_{OUT} - V_{TN})^2 \tag{9.31}$$

在不考虑衬底偏置效应时，放大器在工作点 Q 附近的电压增益为

$$A_{VE} = \frac{v_{OUT}}{v_{IN}} = \frac{\partial V_{OUT}}{\partial V_{IN}}\Big|_Q = -\sqrt{\frac{(W/L)_1}{(W/L)_2}} \tag{9.32}$$

与图 9.12（b）所示电路的分析相同，图 9.12（c）所示电路也一样存在衬底偏置效应，并且

影响相同。

3. E/D NMOS 放大器

E/D NMOS 放大器电路如图 9.12（d）所示。因为耗尽型 NMOS 负载管 M_2 的栅源短接，所以，无论输出 V_{OUT} 如何变化，VT_2 的 V_{GS} 都保持零值不变。但由于存在衬底偏置效应的作用，沟道的电阻将受它的影响。放大器的交流电阻将主要由衬底偏置效应决定，E/D NMOS 放大器的电压增益为

$$A_{VD} = -g_1 r_B = -\frac{g_1}{g_{B2}} = -\frac{1}{\lambda_B} \cdot \frac{g_1}{g_2} = -\frac{1}{\lambda_B} \sqrt{\frac{(W/L)_1}{(W/L)_2}} \qquad (9.33)$$

比较式（9.30）和式（9.33），不难看出，以耗尽型 NMOS 晶体管作为负载的 NMOS 放大器的电压增益大于以增强型 NMOS 晶体管作为负载的放大器。但两者有一个共同点，那就是减小衬底偏置效应的作用将有利于电压增益的提高。对 E/D NMOS 放大器，如果衬底偏置效应的作用减小，则 λ_B 将减小，当 λ_B 趋于零时，放大器的电压增益将趋于无穷大。这是因为当不考虑衬偏效应时，如前所述，VT_2 提供的是恒流源负载，其理想的交流电阻等于无穷大。

4. PMOS 负载放大器

以增强型 PMOS 晶体管作为倒相放大器的负载所构成的电路结构如图 9.12（e）和（f）所示，这样的结构以 CMOS 技术作为技术基础。由于 PMOS 管是衬底和源极短接，这样的电路结构不存在衬底偏置效应。图 9.12（e）所示电路和图 9.12（f）所示电路的结构差别在于 PMOS 晶体管是否接有固定偏置，但也正是因为这一点而使它们在性能上产生了较大的差别。

图 9.12（e）所示电路的 PMOS 管由固定偏置电压 V_B 确定其直流工作点，当输出电压 V_{OUT} 上下摆动时，只要 PMOS 管 VT_2 仍工作在饱和区，其漏输出电流就可以保持不变，NMOS 管所产生的变化电流完全流向后级。考虑到沟道长度调制效应的作用，VT_1 和 VT_2 的交流输出电阻为有限值，可以表示为

$$r_{o1} = \frac{|V_{A1}|}{I_{DS1}} \quad \text{和} \quad r_{o2} = \frac{|V_{A2}|}{I_{DS2}} \qquad (9.34)$$

式中，V_{A1} 和 I_{DS1} 分别为 VT_1 的厄莱电压和工作电流；V_{A2} 和 I_{DS2} 分别为 VT_2 的厄莱电压和工作电流。NMOS 晶体管 VT_1 的跨导可以表示为 $\sqrt{2\mu_n C_{ox}(W/L)_1 I_{DS1}}$。考虑到 $I_{DS1} = I_{DS2} = I_{DS}$，则放大器的电压增益：

$$A_v = -g_1(r_{o1}//r_{o2}) = -\frac{1}{\sqrt{I_{DS}}} \cdot \frac{|V_{A1}| \cdot |V_{A2}|}{|V_{A1}| + |V_{A2}|} \cdot \sqrt{2\mu_n C_{ox}(W/L)_1} \qquad (9.35)$$

从式（9.35）可以看出，放大器的电压增益和工作电流的平方根成反比，随着工作电流的减小，电压增益将增大，但当电流小到一定的程度，即器件进入亚阈值区时，电压增益将不再变化而趋于饱和，电压增益和工作电流的关系如图 9.13 所示。

在亚阈值区的 MOS 晶体管的跨导和工作电流的关系不再是平方根关系，而是线性关系。因此在电压增益公式中的电流项被约去，增益成为一个常数。

由以上的分析可知，在 CMOS 结构中减小沟道长度调制效应可以提高增益，也就是说，应尽量采用恒流源负载。

那么，图 9.12（f）所示的电路结构情况是否与图 9.12（e）所示的电路结构一样呢？回答是否定的。

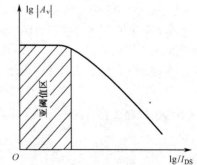

图 9.13　电压增益与工作电流的关系

　　由于 VT$_2$ 的栅漏短接，V_{OUT} 的变化直接转换为 VT$_2$ 的 V_{GS} 的变化，使 VT$_2$ 的电流发生变化。因此，VT$_2$ 不是恒流源负载，VT$_2$ 所遵循的是平方律的转移函数关系。其电压增益的分析类似于图 9.12（c）所示的 E/E NMOS 电路的情况，但与 E/E NMOS 相比，它的负载管不存在衬偏效应。电压增益为

$$A_v = -\frac{g_1}{g_2} = -\sqrt{\frac{\mu_N (W/L)_1}{\mu_P (W/L)_2}} \tag{9.36}$$

　　因为电子迁移率 μ_N 大于空穴迁移率 μ_P，所以与不考虑衬底偏置时的 E/E NMOS 放大器相比，即使各晶体管尺寸相同，以栅漏短接的 PMOS 为负载的放大器的电压增益仍大于 E/E NMOS 放大器。如果考虑实际存在的衬底偏置效应的影响，这种差别将更大。

　　对以 PMOS 管为工作管的放大器的电路构造与分析和以 NMOS 管为工作管的情况类似，这里不再讨论了。

　　通过以上对 6 种基本放大器电压增益的分析，下面总结了要想提高基本放大器的电压增益，可以从以下 3 个方面入手：

　　① 提高工作管的跨导，最简单的方法是增加它的宽长比。

　　② 减小衬底偏置效应的影响。

　　③ 采用恒流源负载结构。

　　作为基本放大器的另一个重要参数是输出电阻。对于输出电阻，在前面的分析中实际上已经进行了讨论，它等于工作管与负载管的输出电阻的并联，这里不再一一列举。

9.3.2　改进的 CMOS 推挽放大器[2]

　　前面所介绍和讨论的放大器都是以单一的 MOS 管为工作管的结构，用作有源负载的 MOS 管的放大能力未被利用。

　　CMOS 推挽放大器仍然采用一对 MOS 晶体管作为基本单元，如图 9.14 所示，在输入信号 V_{IN} 中包括了直流电压偏置 V_{GS} 和交流小信号 v_i。与图 9.10 所示的 CMOS 电路结构不同的是，它的结构与 CMOS 数字集成电路中的倒相器完全一样，输入的交流小信号 v_i 同时作用在两个晶体管上，两个 MOS 管互为工作管和负载管。因为两管的沟道不同，所以当输入信号电压向正向摆动时，NMOS 管的电流增加，PMOS 管的电流减小，即两管的交流电流方向相反，放大器的输出电流为两管电流数值之和。VT$_1$ 的输出交流电流等于 $g_1 v_i u$，VT$_2$ 的输出交流电流等于 $g_2 v_i$。放大器的输出电压等于

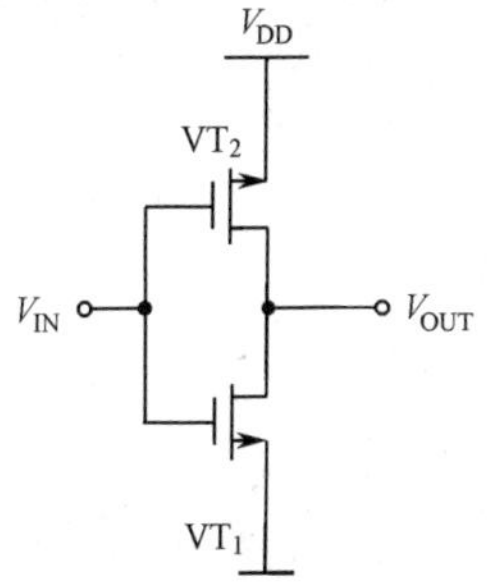

图 9.14　CMOS 推挽放大器

$$v_o = (g_1 v_i + g_2 v_i)(r_{o1} /\!/ r_{o2}) \tag{9.37}$$

　　放大器的电压增益为

$$A_v = \frac{v_o}{v_i} = -\frac{(g_1 v_i + g_2 v_i)}{v_i}(r_{o1} /\!/ r_{o2}) \tag{9.38}$$

如果通过设计使 VT$_1$ 和 VT$_2$ 的跨导相同，即 $g_1 = g_2 = g$，则有

$$A_v = -2g(r_{o1} /\!/ r_{o2}) = \frac{2}{\sqrt{I_{DS}}} \frac{|V_{A1}||V_{A2}|}{|V_{A1}| + |V_{A2}|} \sqrt{2\mu_n C_{ox}(W/L)_1} \tag{9.39}$$

　　放大器的输出电阻 $r_o = r_{o1} /\!/ r_{o2}$，与图 9.12（e）所示的固定栅电压偏置的电路相同，公式中采用了 NMOS 管的跨导，采用 PMOS 管的跨导当然也可以，因为在匹配设计时，两管跨导是相同的。如果这个电路中器件参数与图 9.12（e）所示电路相同，则 CMOS 推挽放大器的电压增益是固定栅电压偏置的电路的 2 倍。

类似地将图 9.12（b）所示电路结构中的 V_B 替换为输入信号的非量，也可以构成推挽结构，提高放大器的增益。

9.4　差分放大器

9.4.1　BJT 差分放大器

如图 9.15 所示，当晶体管工作在放大区时，它的集电极电流近似为

$$i_{C1} = I_S e^{\frac{v_{BE1}}{V_T}} \tag{9.40}$$

$$i_{C2} = I_S e^{\frac{v_{BE2}}{V_T}} \tag{9.41}$$

假设，$\alpha_1 = \alpha_2 \approx 1$，则

$$I_{EE} \approx i_{C1} + i_{C2} = i_{C1}\left(1 + \frac{i_{C2}}{i_{C1}}\right) = i_{C1}\left(1 + e^{\frac{v_{BE2} - v_{BE1}}{V_T}}\right) \tag{9.42}$$

令 $v_{ID} = v_{BE1} - v_{BE2}$，因而，由式（9.42）得

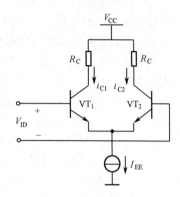

图 9.15　BJT 差分放大器

$$i_{C1} = \frac{I_{EE}}{1 + e^{-\frac{v_{ID}}{V_T}}} = \frac{I_{EE} e^{\frac{v_{ID}}{V_T}}}{1 + e^{\frac{v_{ID}}{V_T}}} = \frac{1}{2} I_{EE} + \frac{1}{2} I_{EE} \frac{e^{\frac{v_{ID}}{V_T}} - 1}{1 + e^{\frac{v_{ID}}{V_T}}} \tag{9.43}$$

其中

$$\frac{e^{\frac{v_{ID}}{V_T}} - 1}{1 + e^{\frac{v_{ID}}{V_T}}} = \text{th}\left(\frac{v_{ID}}{2V_T}\right) \tag{9.44}$$

所以

$$i_{C1} = \frac{1}{2} I_{EE} + \frac{1}{2} \text{th}\left(\frac{v_{ID}}{V_T}\right) \tag{9.45}$$

同理可得

$$i_{C2} = \frac{1}{2} I_{EE} - \frac{1}{2} \text{th}\left(\frac{v_{ID}}{V_T}\right) \tag{9.46}$$

差动输出时

$$i_{C1} - i_{C2} = I_{EE} \text{th}\left(\frac{v_{ID}}{V_T}\right) \tag{9.47}$$

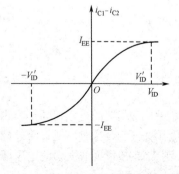

可得差分输出特性曲线，如图 9.16 所示。可见差模输出特性曲线呈双曲正切函数变化规律的非线性。

当 $|v_{ID}| > 26\ \text{mV}$ 时，利用差模传输特性的非线性，可以实现一系列的非线性运算。特别当 $|v_{ID}| > 4V_T = 104\ \text{mV}$ 时，一管趋于截止，I_{EE} 电流几乎全部流入另一管，曲线进入限幅区。利用 v_{ID} 的正负极性，使两管轮流进入限幅区。

图 9.16　BJT 差分放大器差分输出特性曲线

9.4.2　MOS 差分放大器

图 9.17 所示为 MOS 差分放大电路。

当两管特性一致，且工作在饱和区时，两管的漏极电流分别为

$$i_{VT1} = \frac{\mu_n C_{ox} W}{2l}(v_{GS1} - V_{th})^2 = K(v_{GS1} - V_{th})^2 \tag{9.48}$$

$$i_{VT2} = \frac{\mu_n C_{ox} W}{2l}(v_{GS2} - V_{th})^2 = K(v_{GS2} - V_{th})^2 \tag{9.49}$$

由于 $v_{ID} = v_{GS1} - v_{GS2}$，$I_{SS} = i_{VT1} + i_{VT2}$。因此

$$v_{ID} = \sqrt{\frac{i_{VT1}}{K}} - \sqrt{\frac{i_{VT2}}{K}} = \sqrt{\frac{I_{SS} - i_{VT2}}{K}} - \sqrt{\frac{i_{VT2}}{K}} \tag{9.50}$$

将式（9.50）两边平方，经整理求得单端输出电流

$$i_{VT1} = \frac{I_{SS}}{2} - \sqrt{\frac{KI_{SS}}{2}} v_{ID} \sqrt{1 - \frac{K}{2I_{SS}} v_{ID}^2} \tag{9.51}$$

$$i_{VT2} = \frac{I_{SS}}{2} + \sqrt{\frac{KI_{SS}}{2}} v_{ID} \sqrt{1 - \frac{K}{2I_{SS}} v_{ID}^2} \tag{9.52}$$

差动输出电流为

$$i_{VT1} - i_{VT2} = \sqrt{\frac{KI_{SS}}{2}} v_{ID} \sqrt{1 - \frac{K}{2I_{SS}} v_{ID}^2} \tag{9.53}$$

将 $I_{DQ1} = I_{DQ2} = I_{SS}/2 = K(V_{GSQ} - V_{th})^2$ 代入上述各式，得到 MOS 差放的差模传输特性为

$$i_{VT1} = \frac{I_{SS}}{2} + \frac{I_{SS}}{2}\left(\frac{v_{ID}}{V_{GSQ} - V_{th}}\right)\sqrt{1 - \frac{1}{4}\left(\frac{v_{ID}}{V_{GSQ} - V_{th}}\right)^2} \tag{9.54}$$

$$i_{VT2} = \frac{I_{SS}}{2} - \frac{I_{SS}}{2}\left(\frac{v_{ID}}{V_{GSQ} - V_{th}}\right)\sqrt{1 - \frac{1}{4}\left(\frac{v_{ID}}{V_{GSQ} - V_{th}}\right)^2} \tag{9.55}$$

$$i_{VT1} - i_{VT2} = I_{SS}\left(\frac{v_{ID}}{V_{GSQ} - V_{th}}\right)\sqrt{1 - \frac{1}{4}\left(\frac{v_{ID}}{V_{GSQ} - V_{th}}\right)^2} \tag{9.56}$$

相应的差模特性曲线如图 9.18 所示。

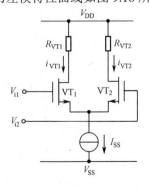
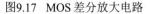

图9.17　MOS 差分放大电路

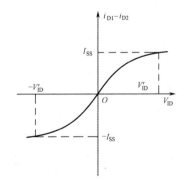

图9.18　MOS 差分放大器差模特性曲线

由式（9.56）可见：当 $|v_{ID}'| > \sqrt{2}(V_{GSQ} - V_{th})$ 时，$i_{VT1} = I_{SS}$，$i_{VT2} = 0$ 或 $i_{VT2} ≈ I_{SS}$，$i_{VT1} ≈ 0$，放大器特性进入限幅区。

与双极型差放不同，MOS 差放的线性范围和非限幅区范围均与 V_{GSQ} 即 I_{SS} 与 K 有关。I_{SS} 越

大，K 越小，V_{GSQ} 就越大，相应的线性范围也就越大。一般来说，线性和非限幅范围均比双极型性差放大。

9.4.3　CMOS 差分放大器设计实例

分析了各种 CMOS 电路并理解了它们的工作原理之后，下一步的设计也很重要。如同其他设计一样，在 CMOS 电路的设计中，选择设计规范和调整设计参数间的关系非常重要。在多数 CMOS 电路中，设计包括提供电路结构、W/L 值和直流电流。在图 9.19 所示的差分放大器中，设计参数是 $VT_1 \sim VT_5$ 的 W/L 值和电流 I_5（V_{bias} 是定义 I_5 的外加电压，一般由电流镜的输入代替）。

设计开始时需要两种信息：一种是设计的约束，如电源电压、工艺和温度等；另一种是性能要求。图 9.19 所示的差分放大器的性能为：

- 小信号增益 A_v。
- 给定负载电容时的频率响应 w_{-3dB}。
- 输入共模范围（ICMR）或最大和最小输入共模电压（V_{ICmax} 和 V_{ICmin}）。
- 给定输出电容时的摆率 SR。
- 功耗 P_{diss}。

设计就是运用描述性能的关系求出所有晶体管的直流电流和 W/L 值。对于图 9.19，相应的关系概括如下：

$$A_v = g_{m1}R_{OUT} \tag{9.57}$$

$$w_{-3dB} = \frac{1}{R_{OUT}C_L} \tag{9.58}$$

$$V_{ICmax} = V_{DD} - V_{SG3} + V_{TN1} \tag{9.59}$$

$$V_{ICmin} = V_{DS5} + V_{SG1} = V_{DS5} + V_{GS2} \tag{9.60}$$

$$SR = I_5/C_L \tag{9.61}$$

和

$$P_{diss} = (V_{DD} + |V_{SS}|)(I_5) = (V_{DD} + |V_{SS}|)(I_3 + I_4) \tag{9.62}$$

图 9.20 解释了用于设计电流镜负载差分放大器的各种参数的典型关系，由图 9.20 可以归纳以下设计流程。

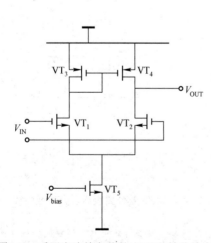

图9.19　采用电流镜负载的 CMOS 差分放大器

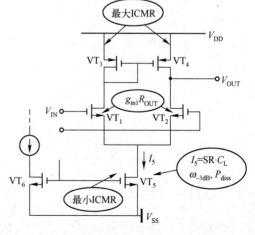

图 9.20　电流镜负载差分放大器的设计关系

这个设计流程假设小信号差模电压增益为 A_v、−3 dB 频率为 w_{-3dB}，最大和最小共模输入电

压为 V_{ICmax} 和 V_{ICmin}，摆率 SR 和功耗 P_{diss} 已知。电流镜负载差分放大器的设计流程如下：

① 在已知 P_{diss} 或 C_L 的前提下选择 I_5 来满足摆率。

② 检查 R_{OUT} 是否满足频率响应，如不满足，改变 I_5 或修改电路（选择不同的拓扑结构）。

③ 设计 W_3/L_3 或 W_4/L_4 来满足 ICMR 的上限。

④ 设计 W_1/L_1 或 W_2/L_2 来满足小信号增益 A_v。

⑤ 设计 W_5/L_5 来满足 ICMR 的下限。

⑥ 重复必要的步骤。

【例 9.1】 电流镜负载差分放大器的设计。

设计如图 9.19 所示的电流镜负载差分放大器，使电流和宽长比以满足下列指标：$V_{\text{DD}} = -V_{\text{SS}} = 2.5 \text{ V}$，$\text{SR} \geqslant 10 \text{ V/μs}(C_L = 5 \text{ pF})$，$f_{-3\text{dB}} \geqslant 100 \text{ kHz}(C_L = 5 \text{ pF})$，小信号差模电压增益为 100 V/V，$-1.5 \text{ V} \leqslant \text{ICMR} \leqslant 2 \text{ V}$，$P_{\text{diss}} \leqslant 1 \text{ mW}$。可用模型参数：$K_N' = 110 \text{ μA/V}^2$，$K_P' = 50 \text{ μA/V}^2$，$V_{\text{TN}} = 0.7 \text{ V}$，$V_{\text{TP}} = -0.7 \text{ V}$，$\lambda_N = 0.04 \text{ V}^{-1}$，$\lambda_P = 0.5 \text{ V}^{-1}$。

解：

① 为了满足摆率，$I_5 \geqslant 50 \text{ μA}$。对于最大的 P_{diss}，$I_5 \leqslant 200 \text{ μA}$。

② 100 kHz 的 $f_{-3\text{dB}}$ 意味着 $R_{\text{OUT}} \leqslant 318 \text{ kΩ}$。$R_{\text{OUT}}$ 可以表示为

$$R_{\text{OUT}} = \frac{2}{(\lambda_N + \lambda_P)I_5} \leqslant 318 \text{ kΩ}$$

由此得出 $I_5 \geqslant 70 \text{ μA}$，因此，选择 $I_5 = 100 \text{ μA}$。

③ 最大输入共模电压为

$$V_{\text{SG3}} = V_{\text{DD}} - V_{\text{ICmax}} + V_{\text{TN1}} = 2.5 - 2 + 0.7 = 1.2 \text{ V}$$

因此，可写出

$$V_{\text{SG3}} = 1.2 \text{ V} = \sqrt{\frac{2 \cdot 50 \text{ μA}}{(50 \text{ μA/V}^2)(W_3/L_3)}} + 0.7$$

解出

$$\frac{W_3}{L_3} = \frac{W_4}{L_4} = \frac{2}{(0.5)^2} = 8$$

④ 由小信号增益指标得出

$$100 \text{ V/V} = g_{m1} R_{\text{OUT}} = \frac{g_{m1}}{g_{\text{DS2}} + g_{\text{DS4}}} = \frac{\sqrt{(2 \cdot 110 \text{ μA/V}^2)(W_1/L_1)}}{(0.04 + 0.05)\sqrt{50 \text{ μA}}} = 23.31\sqrt{W_1/L_1}$$

解出 W_1/L_1 得

$$\frac{W_1}{L_1} = \frac{W_2}{L_2} = 18.4$$

⑤ 由最小输入共模电压得出

$$V_{\text{DS5}} = V_{\text{ICmin}} - V_{\text{SS}} - V_{\text{GS1}} = -1.5 + 2.5 - \sqrt{\frac{2 \cdot 50 \text{ μA}}{110 \text{ μA/V}^2 \times 18.4}} - 0.7 = 0.0777$$

从 V_{DS5}（饱和）得出 W_5/L_5 的值

$$\frac{W_5}{L_5} = \frac{2I_5}{K_N' V_{\text{DS5}}^2} = 300$$

应该稍微增加一点 W_1/L_1 来减小 V_{GS1}，得到一个更小的 W_5/L_5。因此，选择 $W_1/L_1 (W_2/L_2) = 25$，使得 $W_5/L_5 = 151$。小信号增益将增加到 116V/V，这样问题就解决了。

9.5　运算放大器

　　运算放大器（简称运放）是许多模拟系统和混合信号系统中的一个完整部分。大量的具有不同复杂程度的运放被用来实现各种功能，从直流偏置的产生到高速放大或滤波。伴随着每一代 CMOS 工艺，由于电源电压和晶体管沟道长度的减小，为运放的设计不断提出复杂的课题。

9.5.1　性能参数

　　我们粗略地把运放定义为"高增益的差动放大器"。所谓"高"，指的是对应用，其增益已足够了，通常增益范围在 $10^1 \sim 10^5$。由于运放一般用来实现一个反馈系统，其开环增益的大小根据闭环电路的精度要求来选取。

　　20 多年前，多数运放被设计成通用的模块，适用于各种不同应用的要求。这些努力，企图制造一种理想的运放，例如，具有非常高的电压增益（$>10^5$），非常高的输入阻抗及非常低的输出阻抗。但是却以牺牲其他性能为代价，例如速度、输出摆幅和功耗。

　　与此相反，今天的运放设计，从开始就认识到各参数间的折中关系，这种折中最终要求在整体设计中进行多方面的综合考虑，因而必须知道满足每一个参数的适当的数值。例如，如果对速度的要求高，而对增益误差要求不高，则电路结构的选择应有利于前者，可能会牺牲后者。

　　这一节阐述一些运放的设计参数，以便了解各个参数在什么地方和为什么变得重要。为此，把图 9.21 所示的差动共源共栅电路作为一种有代表性的运放设计。电压 $V_{b1} \sim V_{b3}$，可以通过 9.1 节阐述的电流镜技术产生。

1．增益

　　运放的开环增益确定了使用运放的反馈系统的精度。如前所述，所要求的增益根据应用可以有 4 个数量级的变化。如果综合考虑速度与输出电压摆幅这一类的参数，则必须知道所需的最小增益。

2．小信号带宽

　　运放的高频特性在许多应用中起重要作用。例如，当工作频率增加时，开环增益开始下降，如图 9.22 所示，在反馈系统中产生更大的误差。小信号带宽通常被定义为单位增益频率 f_u，在今天的 CMOS 运放中，它可以超过 1 GHz。为更容易预测闭环频率特性，也可以规定 3 dB 频率 f_{3dB}。

3．大信号带宽

　　在当今的许多应用中，运放必须在瞬态大信号下工作，在这种情况下，非线性现象使得对速度的表征非常困难，很难只通过小信号特性（即如图 9.22 所示的开环特性）来表示速度。此时运放表现出所谓转换的大信号特性，转换速度表征了运放的大信号带宽。

4．输出摆幅

　　使用运放的多数系统要求大的电压摆幅以适应大范围的信号值。对大输出摆幅的需求使全差动运放使用相当普遍。这种运放产生互补输出，大约输出有效幅度的两倍。尽管如此，这最大的电压摆幅与器件尺寸、偏置电流、速度之间的性能指标是相互制约、可以替换的。达到大的摆幅在当今的运放设计中是主要的课题。

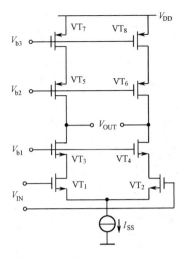

图 9.21　差动共源共栅电路

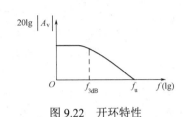

图 9.22　开环特性

5. 线性

开环运放有很大的非线性。例如，在图 9.17 的电路中，输入对管 VT_1-VT_2 在它的差动漏电流与输入电压之间呈现一种非线性关系。非线性问题通过两种办法解决：① 采用全差动实现方式以抑制偶次项谐波；② 提供足够高的开环增益使闭环反馈系统达到所要求的线性。值得注意的是，在许多反馈电路中，决定开环增益选择的因素是线性的要求，而不是增益误差的要求。

6. 噪声与失调

运放的输入噪声和失调确定了能被合理处理的最小信号电平。在常用的运放电路中，许多器件由于必须用大的尺寸或大的偏置电流都会引起噪声和失调。例如，在图 9.21 所示的电路中，VT_1-VT_2 和 VT_7-VT_8 产生的噪声最大。

我们还必须认识到在噪声和输出摆幅之间的折中问题。对于给定的偏置电流，由于图 9.21 所示的 VT_7 和 VT_8 的过驱动电压被减低，以提供较大的输出摆幅，因此它们的跨导便会增加，它们的漏噪声电流也会增加。

7. 电源抑制

运放常常在混合信号系统中使用，并且有时连接到有噪声的数字电源线上。因此，在有电源噪声时，尤其是在噪声频率增加时，运放的性能是相当重要的。所以全差动结构更受欢迎。

9.5.2　套筒式共源共栅运放[4]

9.4 节所研究的差动放大器均称为运放。图 9.23 所示为单端输出和差动输出的两种简单运放结构。这两种电路的低频小信号增益等于 $g_N (r_{oN}//r_{oP})$，这里的下标 N 和 P 分别表示 NMOS 和 PMOS。在亚微米器件的典型电流条件下，其增益值很难超过 20，其带宽通常由负载电容 C_L 决定。请注意，图 9.23（a）所示的电路呈现一个镜像极点，而图 9.23（b）所示的电路没有这个极点。还要注意采用这两种电路的反馈系统在稳定性方面的严格差别。

图 9.23 中的两个电路的 VT_1～VT_4 均产生噪声，有意义的是，在所有运放电路中，至少有 4 个器件对输入噪声有贡献：两个输入晶体管和两个负载晶体管。

要得到高增益，可采用差动共源共栅电路。图 9.24（a）和（b）分别表示了单端输出和差动输出的共源共栅运放电路，这些电路的增益数量级为 $g_N[(g_N r_{oN}^2)\|(g_P r_{oP}^2)]$，但以减小输出摆幅和

增加极点作为代价。为了与后面叙述的其他共源共栅运放区别，这两个电路结构也称为套筒式共源共栅运放。其中，单端输出的电路在 X 点有一个镜像极点，这会产生稳定性问题。

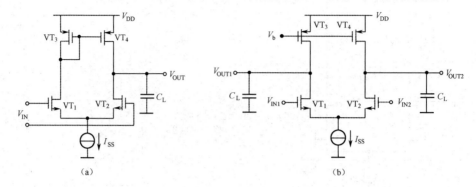

图 9.23 简单运放结构

套筒式运放的输出摆幅被相对减小了，例如，在图 9.24（b）所示的全差动电路中，其输出摆幅为 $2[V_{DD}-(V_{oVT1}+V_{oVT3}+V_{CSS}+|V_{oVT5}|+|V_{oVT7}|)]$，这里的 V_{oVTj} 表示 VT_j 的过驱动电压。

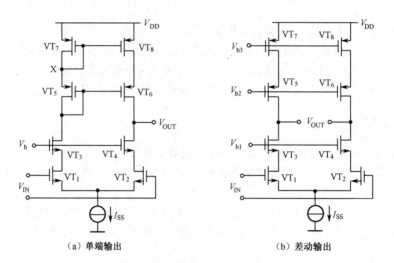

（a）单端输出　　　　　　（b）差动输出

图 9.24 共源共栅运放电路

套筒式共源共栅运放的另一个缺点是很难以输入和输出短路的方式实现单位增益缓冲器。为理解这一问题，考虑图 9.25（a）所示的单位增益反馈电路。在什么条件下，VT_2 和 VT_4 均工作在饱和区？这个条件是：$V_{OUT}\leq V_x+V_{TH2}$ 以及 $V_{OUT}\geq V_b-V_{TH4}$。由于 $V_X\leq V_b-V_{GS4}$，因此 $V_b-V_{TH4}\leq V_{OUT}\leq V_b-V_{GS4}+V_{TH2}$。如图 9.25 所示，这个输出电压的范围只等于 $V_{max}-V_{min}=V_{TH4}-（V_{GS4}-V_{TH2}）$，通过把 VT_4 的过驱动电压减至最小可使这个电压范围达到最大，但总是小于 V_{TH2}，如图 9.25（b）所示。

虽然共源共栅运放很少用来做单位增益缓冲器，但一些其他的结构，如开关电容电路，在部分工作期间要求输入和输出短接。

这里，读者或许想知道：我们设计一个运放应精确到什么程度。面对那么多的器件和性能参数，设计时应从哪个参数开始，以及这些参数的数值如何选择。的确，运放的实际设计方法多少依赖于电路必须满足的性能指标。例如，高增益运放的设计和低噪声运放的设计完全不同。尽管如此，在多数情况下某些性能（如输出电压摆幅和开环增益）是首先要关注的，因而可根据性能指标提出特别的设计步骤。

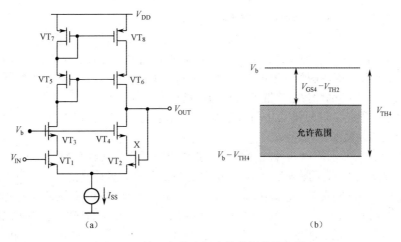

图 9.25　输入与输出短路的共源共栅运放

9.5.3　折叠式共源共栅运放[4]

套筒式共源共栅运放的缺点是较小的输出摆幅和很难使输入与输出短路，为减小这些不利因素可以采用一种折叠式共源共栅运放。图 9.26 所示为在 NMOS 或 PMOS 共源共栅放大器中，输入管用相反型号的晶体管替换，而替换后的器件的作用仍然是把输入电压转换成电流。在图 9.26 所示的 4 个电路中，由 VT_1 所产生的小信号电流依次流过 VT_2 和负载，产生的输出电压约等于 $g_1 R_{OUT} V_{IN}$。这种折叠式结构的主要优点在于对电压电平的选择，因为它在输入管上端并不层叠（Stack）一个共源共栅管。稍后，我们将回到这个问题。

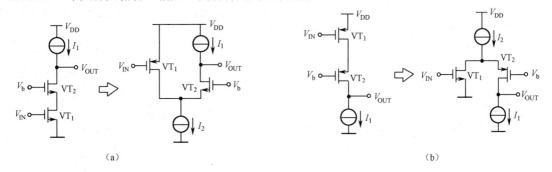

图 9.26　折叠式共源共栅电路

图 9.26 所描述的折叠思想可以很容易应用到差动对管以及运放中。如图 9.27 所示，最终的电路用相应的 PMOS 替代了 NMOS 输入对管。

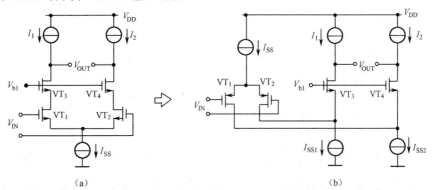

图 9.27　PMOS 替代 NMOS 输入对管折叠式共源共栅运放结构

请注意，这两个电路中有两个重要差别：

① 在图 9.27（a）中，一个偏置电流 I_{SS} 供给输入管和共源共栅管，而图 9.27（b）中，输入对管要求外加偏置电流。换句话说，$I_{SS1}=I_{SS}/2+I_{D3}$。因此，折叠结构通常消耗更大的功率。

② 在图 9.27（a）中，输入共模电平不能超过 $V_{b1}-V_{GS3}+V_{TH1}$，而图 9.27（b）中，它不能低于 $V_{b1}-V_{GS3}+|V_{THP}|$。因此，能够把图 9.27（b）的电路设计成允许它的输入端与输出端相连接，并且能忽略摆幅的限制。这与图 9.25 描述的性能有显著差别。在图 9.27（b）中，可以把 VT_1 和 VT_2 的 N 阱与它们的共源点相连接。

现在计算图 9.28 所示的以共源共栅 PMOS 为负载的折叠式共源共栅运放的最大电压输出摆幅。图中 $VT_5 \sim VT_{10}$ 代替了图 9.27（b）中的理想电流源。如果适当选取 V_{b1} 和 V_{b2}，这摆幅的低端为 $V_{oVT3}+V_{oVT5}$，高端为 $V_{DD}-(|V_{oVT7}|+|V_{oVT9}|)$。因此，运放每一边的两峰值之间的摆幅等于 $V_{DD}-(V_{oVT3}+V_{oVT5}+|V_{oVT7}|+|V_{oVT9}|)$。而另外，图 9.27（a）中的套筒式共源共栅电路的输出，摆幅却小了一个尾电流源的过驱动电压。尽管如此，我们应注意，图 9.28 中的 VT_5 和 VT_6 流过大的电流，如果它们对节点 X 和 Y 的电容贡献要减至最小，则要求有高的过驱动电压。

现在确定图 9.28 中折叠式共源共栅运放的小信号电压增益。利用图 9.29 所表示的半边电路，可写出 $|A_v|=GR_{OUT}$。需计算 G 和 R_{OUT}。如图 9.30 所示，输出短路电流约等于 VT_1 的漏电流，因为从 VT_3 的源极往里看，所看到的阻抗即 $(g_3+g_{b3})^{-1}\|r_{o3}$，通常远低于 $r_{o1}\|r_{o5}$，所以，$G\approx g_1$。要计算 R_{OUT}，利用图 9.31，由于 $R_{OP}\approx(g_7+g_{b7})r_{o7}r_{o9}$，则有 $R_{OUT}\approx R_{OP}\|[(g_3+g_{b3})r_{o3}(r_{o1}\|r_{o5})]$。由此得出

$$|A_v|\approx g_1\left\{\left[\left(g_3+g_{b3}\right)r_{o3}\left(r_{o1}\|r_{o5}\right)\right]\|\left[\left(g_7+g_{b7}\right)r_{o7}r_{o9}\right]\right\} \tag{9.63}$$

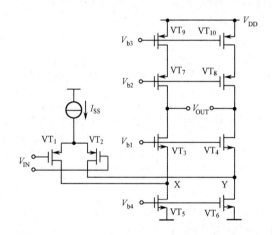

图 9.28　以共源共栅 PMOS 为负载的折叠式共源共栅运放

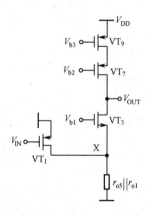

图 9.29　折叠式共源共栅运放的半边电路

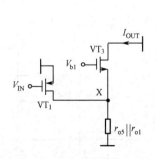

图 9.30　输出对地短路的等效电路

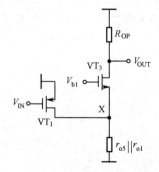

图 9.31　输出开路的等效电路

这个值与套筒式运放的增益怎样进行比较？对于相类似的器件尺寸和偏置电流，PMOS 输入差动对管比 NMOS 输入差动对管表现出较低的跨导。而且 r_{o1} 与 r_{o5} 并联，特别是由于 VT_5 流过了

输入器件和共源共栅支路的两股电流减小了输出阻抗。结论是：式（9.51）的增益是类似的套筒式共源共栅增益的 $1/3 \sim 1/2$。

值得注意的是，折叠点（即 VT_3 和 VT_4 的源极）的极点，与套筒式结构的共源共栅管的源极对应的极点相比，更靠近坐标原点。在图 9.32（a）中，C_{tot} 由以下电容组成：C_{GS3}、C_{SB3}、C_{DB1} 和 C_{GD1}，而在图 9.32（b）中，C_{tot} 还要再加上 C_{GD5} 和 C_{DB5}。添加的

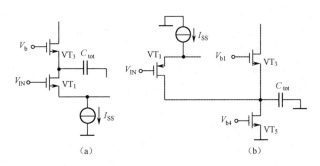

图 9.32　套筒式和折叠式共源共栅运放中器件电容对非主极点的影响

这两个电容相当大，因为 VT_5 必须有足够的栅宽以满足在小的过驱动电压下能传导大电流。

折叠式共源共栅运放也可以包含 NMOS 输入器件和 PMOS 共源共栅晶体管。图 9.33 所示电路与图 9.28 的运放相比，可以提供更高的增益，因为在 NMOS 管中载流子迁率较大，但这个电路所付出的代价是，折叠点上的极点更低。要理解为什么会这样，请注意，节点 X 对应的极点由 $1/(g_{m3}+g_{mb3})$ 与这个节点的总电容的乘积决定，而这两个乘积项的数值均较大，VT_3 的跨导较低，VT_5 贡献较大的电容，因为它必须有较大的栅宽以传导 VT_1 和 VT_3 的电流。实际上，对数值相近的偏置电流，图 9.33 中的 $VT_5 \sim VT_6$ 的栅宽可能是图 9.28 中的对应栅宽的几倍。

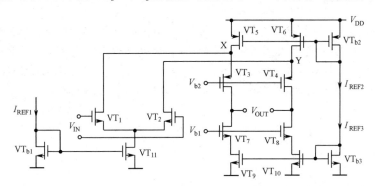

图 9.33　一种折叠式共源共栅运放

至此，我们的研究显示，折叠式共源共栅运放与套筒式结构相比，输出电压摆幅较大些。这个优点是以较大的功耗、较低的电压增益、较低的极点频率和较高的噪声为代价得到的。尽管如此，折叠式共源共栅运放比套筒式结构得到更加广泛的应用。因为输入和输出可以短接，而且输入共模电平更容易选取。在套筒式结构中，以下 3 个电压必须小心确定：输入共模电平，以及 PMOS 和 NMOS 共源共栅管的栅极偏置电压，而在折叠式结构中，仅后两个电压的确定是严格的。

折叠式共源共栅运放的一个重要特点是，可使输入共模电平接近电源供给的一端电压。如图 9.33 所示，VT_1 和 VT_2 的栅极共模电平可以等于 V_{DD}，因为 $V_X = V_Y = V_{DD} - 500\ mV$。同理，如果以 PMOS 为输入对，可使输入共模电平低至 0 V。

9.5.4　两级运放[4]

到现在为止，所研究的运放大多呈现出一级的特性，使输入对管产生的小信号电流直接流过输出阻抗。因此这些电路的增益被限制在输入对管的跨导与输出阻抗的乘积。同时我们还看到，这些电路的共源共栅提高了增益，而限制了输出摆幅。

在一些应用中，共源共栅运放提供的增益和（或）输出摆幅均不满足要求。例如，助听器中

的运放必须在 0.9 V 的低电源下工作而单端输出的摆幅大到 0.5 V。为此，我们寻找两级运放，第一级提供高增益，第二级提供大的摆幅，如图 9.34 所示。与共源共栅运放相反，两级结构把增益和摆幅的要求分开处理。

图 9.34 中的每一级均可用前面几节研究过的放大器。但第二级是简单的共源级的典型结构，以提供最大的输出摆幅。图 9.35 所示为一个例子，其中第一、二级的增益分别为 $g_{1,2}$ $(r_{o1,2}\| r_{o3,4})$ 和 $g_{5,6}$ $(r_{o5,6}\| r_{o7,8})$。因此，总的增益与一个共源共栅运放的增益差不多，但 V_{OUT1} 和 V_{OUT2} 的摆幅等于 $V_{DD}-|V_{oVT5,6}|-V_{oVT7,8}$。

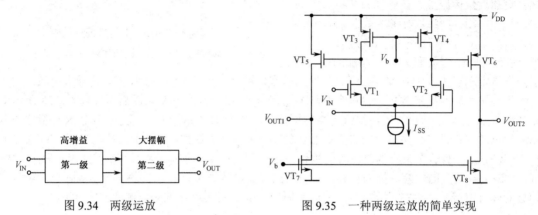

图 9.34　两级运放　　　　　　　　　　图 9.35　一种两级运放的简单实现

要得到高增益，第一级可插入共源共栅器件，如图 9.36 所示。例如，输出级增益为 10，在节点 X 和 Y 的电压摆幅是很小的，为得到高增益可优化 $VT_1 \sim VT_8$ 的设计。总的增益可表示成

$$A_v = \{g_{1,2}[(g_{3,4} + g_{b3,4})r_{o3,4}r_{o1,2}]\|[(g_{5,6} + g_{b5,6})r_{o5,6}r_{o7,8}]\} \times [g_{9,10}(r_{o9,10}\| r_{o11,12})] \qquad (9.64)$$

两级运放也可提供单端输出。一种方法是把两个输出级的差动电流转换成单端电压，如图 9.37 所示。这种方法维持了第一级的差动特性，仅仅利用 VT_7-VT_8 电流镜产生单端输出。但要注意，如果把 VT_1 的栅与 V_{OUT} 短路，以形成单位增益缓冲器，则最小所允许的输出电平为 $V_{GS1}+V_{ISS}$，严重地限制了输出摆幅。

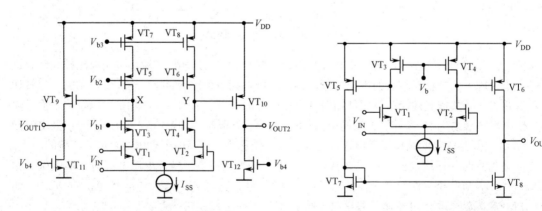

图 9.36　采用共源共栅器件的两级运放　　　　　图 9.37　单端输出的两级运放

能否级联比两级更多的级数来达到高增益呢？每一级增益在开环传输函数中会引入至少一个极点，在反馈系统中使用这样的多级运放很难保证系统稳定。因此，很少用多于两级的运放。

9.5.5　CMOS 运算放大器设计实例

图 9.38 所示为一个 CMOS 两级运算放大器[5]。其中，Part1 为运算放大器的电流偏置电路，

为了减小电源电压波动的影响，该偏置电路采用了在改进型威尔逊电流镜电路中又增加一个电阻 R_1 的结构；Part2 为运算放大器的第一级放大器；Part3 为运算放大器的第二级放大器。第一级为标准基本差分放大器，第二级为 PMOS 管作为负载的 NMOS 共源放大器。为使运算放大器的工作稳定，在第一级放大器和第二级放大器之间采用补偿网络来消除第二个极点对低频放大倍数、单位增益带宽和相位裕度的影响。在运算放大器的电路结构图中，VT_1、VT_2、VT_3、VT_4、VT_5 构成 PMOS 对管作为差分输入对，NMOS 电流镜作为输入对管负载，PMOS 管 VT_5 作为尾电流源的标准基本差分运算放大器；VT_6、VT_7 构成以 PMOS 管作为负载的 NMOS 共源放大器；VT_{14}（工作在线性区）和电容 C_C 构成运算放大器的第一级和第二级放大器之间的补偿网络；$VT_9 \sim VT_{14}$ 及 R_1 组成运算放大器的偏置电路。

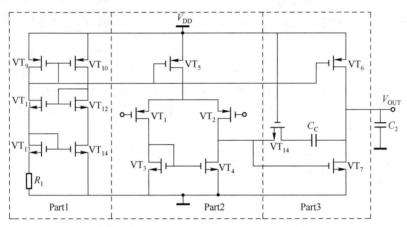

图 9.38　CMOS 两级运算放大器

运算放大器的设计性能指标如表 9.1 所示。下面将根据该表给定的运放性能指标进行两级运放的主体电路设计，然后设计两级运放的偏置电路。其设计流程是：首先，根据技术指标，手工估算电路中各晶体管的宽长比；然后，再对其进行仿真，通过反复的仿真和修改各个晶体管的参数，进行电路参数优化，最终达到设计要求的性能指标。

表 9.1　运算放大器性能指标

性　能	单　位	数　值
小信号低频电压增益（DC Gain）	V/V	3000
单位增益带宽（Unit—Gain Bandwidth）	MHz	100
相位裕度（Phase Margin）	度	70
转换速度（Slew Rate）	V/μs	100
建立时间 1%（Settling Time）	ns	80
共模抑制比（Common Mode Rejection Ratio）	dB	80
电源电压（Power Supply）	V	5
输入共模范围（Input Common Mode Range）	V	1.5～3.5
电压输出范围（Output Range）	V	0.3～4.7
负载电容（Load Capacitance）	pF	2
功耗（Power Consumption）	mW	15
电源电压抑制比（Power Supply Rejection Ratio）	dB	80

晶体管级模拟集成电路设计的一般流程是：根据设计指标，结合已经学习和了解的基本电路理论和结构进行电路元器件参数值的估算，通过估算得到电路 SPICE 仿真的初始电路描述文件。

下面就根据表 9.1 提出的运算放大器结构和指标要求，首先估算运算放大器的主体电路中元件参数的初值，然后通过 SPICE 仿真得到优化的元器件参数定值。

1. 运算放大器的手工计算

假设从该运放设计所采用的工艺模型中查到以下主要工艺参数：

$$k_p = \mu_p \times C_{ox} = 24 \ \mu A / V^2$$

$$k_n = \mu_n \times C_{ox} = 60 \ \mu A / V^2$$

$$V_{THN} = 0.7 \ V, \ |V_{THP}| = 0.9 \ V$$

（1）通过运放转换速度 SR 求 VT_5 的漏极电流

假设：网络补偿电容 $C_C = 2 \ pF$，因为 $SR = I_{D5}/C_C = 100 \ V/\mu s$，$I_{D5}$ 为 VT_5 的漏极电流，则

$$I_{D5} = SR \times C_C = 100 \ V/\mu s \times 2 \times 10^{-12} = 200 \ \mu A$$

由于流过 VT_5 的电流为 200 μA，因此流过 VT_1、VT_2、VT_3 和 VT_4 的电流为 200 μA/2 = 100 μA。

（2）通过 MOS 管的饱和区和线性区的临界过驱动电压求 VT_5 的 W/L 宽长比

因为 VT_5 工作在饱和状态，所以 $V_{DS5} \geq (V_{GS5} - |V_{THP}|)$，在线性区和饱和区的交界处的临界过驱动电压 $V_{eff5} = V_{DS5} = V_{GS5} - |V_{THP}|$，则

$$I_{D5} = \frac{k_p}{2} (W/L)_5 V_{eff5}^2 \tag{9.65}$$

$$(W/L)_5 = \frac{2 I_{D5}}{k_p V_{eff5}^2} \tag{9.66}$$

根据共模输入电压的最大值的要求为 3.5 V。

由于 $V_{in(cm)max} = V_{DD} - V_{eff5} - V_{GS1} = 3.5 \ V$，且 $V_{GS} = V_{eff} + |V_{THP}|$。假设 VT_5 和 VT_1 的临界过驱动电压相同，即 $V_{eff5} = V_{eff1} = V_{eff}$，则 $3.5 \ V = 5 - V_{eff} - V_{eff} - |V_{THP}| = 5 - 2V_{eff} - 0.9$，即 $2V_{eff} = 5 - 3.5 - 0.9 = 0.6 \ V$，$V_{eff} = 0.3 \ V$，因此

$$\left(\frac{W}{L}\right)_5 = \frac{2 I_{D5}}{k_p V_{eff}^2} = \frac{2 \times 200 \ \mu A}{24 \ \mu A / V^2 \times (0.3)^2 \ V^2} = 185.19$$

（3）通过 MOS 管的饱和区和线性区的临界过驱动电压求 VT_6 的 W/L 宽长比

同理可以得出

$$(W/L)_6 = \frac{2 I_{D6}}{k_p V_{eff}^2}$$

假设 $I_{D6} = I_{D5} = 200 \ \mu A$，且电路输出的最大摆幅为 4.7V，即 $V_{OUT(max)} = 4.7 \ V = V_{DD} - V_{eff6}$，所以

$$V_{eff6} = 5 - 4.7 = 0.3 \ V$$

$$(W/L)_6 = \frac{2 I_{D6}}{k_p V_{eff}^2} = \frac{2 \times 200 \ \mu A}{24 \ \mu A / V^2 \times (0.3)^2 \ V^2} = 185.19$$

（4）求 VT_7 的 W/L 宽长比

输出摆幅的最小值为

$$V_{OUT(min)} = 0.3 V = V_{eff7}$$

$$(W/L)_7 = \frac{2 I_{D6}}{k_n V_{eff}^2} = \frac{2 \times 200 \ \mu A}{60 \ \mu A / V^2 \times (0.3)^2 \ V^2} = 74.07$$

（5）求 VT_3 和 VT_4 的 W/L 宽长比

为防止版图的系统误差，VT_7、VT_6、VT_5 和 VT_4 的尺寸要满足

$$\frac{(W/L)_7}{(W/L)_4} = 2 \times \frac{(W/L)_6}{(W/L)_5} \tag{9.67}$$

因 为 $(W/L)_6 = (W/L)_5 = 185.19$ ， $(W/L)_7 = 74.07$ ，所以 $(W/L)_4 = (W/L)_3 = (W/L)_7/2 = 74.07/2 = 37.04$ 。

（6）求 VT_1 和 VT_2 的 W/L 宽长比

由于单位增益带宽 $f_u = g_{m1}/2\pi C_C = 100\,\text{MHz}$ ，则

$$g_{m1} = 2\pi \times C_C \times f_u = 6.28 \times 2 \times 10^{-12} \times 100 \times 10^6 = 12.566 \times 10^{-4} = 1.256\,6\,\text{mS}$$

又因为

$$g_{m1} = \sqrt{2k_p \left(\frac{W}{L}\right)_1 I_{D1}}$$

所以

$$(W/L)_1 = \frac{g_{m1}^2}{2k_p I_{D1}} = \frac{1.2566^2 \times 10^{-6}}{2 \times 24 \times 10^{-6} \times 100 \times 10^{-6}} = 328.96 = (W/L)_2$$

（7）求运放偏置电路各晶体管的 W/L 宽长比

为了节省运放的功耗，运放的偏置电流镜电路采用与差分运放尾电流比例为 1/10 的电流设置，则 VT_8、VT_9、VT_{10}、VT_{11} 和 VT_{12} 的 W/L 宽长比应为 VT_5 的 W/L 宽长比的1/10，即

$$(W/L)_8 = (W/L)_9 = (W/L)_{10} = (W/L)_{11} = (W/L)_{12} = 18.52$$

因为该偏置电流镜电路中所有晶体管都工作在饱和区，根据 NMOS 的饱和萨氏方程，有

$$V_{GS12} = V_{GS13} + R_1 I_{OUT}$$

即

$$\sqrt{\frac{2I_{ref}}{\mu_n C_{ox}(W/L)_{12}}} = \sqrt{\frac{2I_{OUT}}{\mu_n C_{ox}(W/L)_{13}}} + I_{OUT} \times R_1$$

若取 $R_1 = 1\,\text{k}\Omega$ ，并代入已知有关的数据，则可求得

$$(W/L)_{13} \approx 4 \times (W/L)_{12} = 74.08$$

2. SPICE 描述语句

根据以上估算出的各 MOS 管宽长比值，结合设计使用的工艺设计规则及实际制造工艺的分辨率合理选取各 MOS 管的栅长 L 的初值，再由估算的各 MOS 管宽长比计算出栅宽 W 的初值。查看工艺提供的仿真模型文件（.1ib），得到仿真文件中各器件的模型名。这样，就可以写出图 9.38 所示电路的初始 SPICE 电路描述语句如下：

```
★.1ib E:\h06.1ib'tt
★ part2   netlist
MM1     NET1    IN−     NET2    VDD     PM      W=494u    L=1.5u
MM2     NET3    IN+     NET2    VDD     PM      W=494u    L=1.5u
MM3     NET1    NET1    GND     GND     NM      W=56u     L=1.5u
MM4     NET3    NET1    GND     GND     NM      W=56u     L=1.5u
MM5     NET2    NET4    VDD     VDD     PM      W=278u    L=1.5u
★ part3   netlist
MM14    NET5    VDD     NET3    GND     NM      W=25u     L=1.5u
CC1     NET5    Vout    2p      $[CP]
MM6     Vout    NET4    VDD     VDD     PM      W=278u    L=1.5u
MM7     Vout    NET3    GND     GND     NM      W=112u    L=1.5u
★ part1   netlist
```

MM8	NET6	NET4	VDD	VDD	PM	W=28u	L=1.5u
MM9	NET4	NET4	VDD	VDD	PM	W=28u	L=1.5u
MM10	NET6	NET6	NET7	GND	NM	W=28u	L=1.5u
MM11	NET4	NET6	NET8	GND	NM	W=28u	L=1.5u
MM12	NET7	NET8	GND	GND	NM	W=28u	L=1.5u
MM13	NET8	NET8	NET9	GND	NM	W=112u	L=1.5u

RRl GND NET9 1K$[RP]

★ load capacitor

CC2　Vout　GND　2p　$[CP]

★. END

这里假设所有 PMOS 器件的衬底接电源电压 V_{DD}，所有 NMOS 器件的衬底接地 GND。为获得尽可能小的版图设计面积，取所有 MOS 管栅长 L 的初值为工艺给定的最小栅长尺寸 $1.5\ \mu m$。同时，为直观起见，下面列出了 MOS 管的总栅宽，而实际仿真和版图设计中对于大尺寸的 MOS 器件应该采用多指结构。

3．验证手工计算的运放主要参数

（1）小信号低频电压增益（DC Gain）

第一级运放放大倍数：$A_{u1} = \dfrac{g_{m1}}{(g_{DS4} + g_{DS2})}$

第二级运放放大倍数：$A_{u2} = \dfrac{g_{m7}}{(g_{DS6} + g_{DS7})}$

式中，g_{m1} 和 g_{m7} 分别为 NMOS 管 VT_1 和 VT_7 的跨导；g_{DS2}、g_{DS4}、g_{DS6} 和 g_{DS7} 分别是 VT_2、VT_4、VT_6 和 VT_7 的输出电导。并且有

$$g_{m1} = \sqrt{2k_p \left(\frac{W}{L}\right)_1 I_{D1}} = 1.256\ 6\ \text{mS} \qquad g_{m7} = \sqrt{2k_n \left(\frac{W}{L}\right)_7 I_{D7}} = 1.333\ 3\ \text{mS}$$

根据 MOS 管输出电阻的经验公式，对于 NMOS 管，有 $r_{DS} = \dfrac{8\ 000 L(\mu m)}{I_D(\text{mA})}$；对于 PMOS 管，有 $r_{DS} = \dfrac{12\ 000 L(\mu m)}{I_D(\text{mA})}$。取所有 MOS 管的沟道有效长度为 $1.5\ \mu m$，则

$$r_{DS4} = \frac{8\ 000 \times 1.5}{0.1} = 120\ \text{k}\Omega; \qquad g_{DS4} = \frac{1}{r_{DS4}} = \frac{1}{120\ \text{k}\Omega} = 0.008\ 3\ \text{mS}$$

$$r_{DS7} = \frac{8\ 000 \times 1.5}{0.2} = 60\ \text{k}\Omega; \qquad g_{DS7} = \frac{1}{r_{DS7}} = \frac{1}{60\ \text{k}\Omega} = 0.016\ 7\ \text{mS}$$

$$r_{DS2} = \frac{12\ 000 \times 1.5}{0.1} = 180\ \text{k}\Omega; \qquad g_{DS2} = \frac{1}{r_{DS2}} = \frac{1}{180\ \text{k}\Omega} = 0.005\ 6\ \text{mS}$$

$$r_{DS6} = \frac{12\ 000 \times 1.5}{0.2} = 90\ \text{k}\Omega; \qquad g_{DS6} = \frac{1}{r_{DS6}} = \frac{1}{90\ \text{k}\Omega} = 0.011\ 1\ \text{mS}$$

因此，运放的小信号低频放大倍数 A_u 为

$$A_u = \frac{g_{m1} \times g_{m7}}{(g_{DS4} + g_{DS2}) \times (g_{DS6} + g_{DS7})} = \frac{1.256\ 6 \times 1.333\ 3}{(0.008\ 3 + 0.005\ 6) \times (0.011\ 1 + 0.016\ 7)}$$

$$= 4\ 335.70 \geqslant 3\ 000$$

$$A_u(\text{dB}) = 20 \lg A_u = 20 \lg 4\ 335.70 = 73\ \text{dB}$$

（2）静态功耗 P_{DC}

$$P_{DC} = V_{DD} \times (I_{D5} + I_{D7} + 2 \times 0.1 \times I_{D6}) = 5 \times (200 + 200 + 40)$$
$$= 2.4 \text{ mW} < 15 \text{ mW}$$

（3）CMRR 共模抑制比

由上面的计算可知

$$g_{m1} = 1.256\ 6 \text{ mS}, \quad g_{DS1} = g_{DS2} = 0.0056 \text{ mS}$$

$$r_{DS5} = \frac{12\ 000 \times 1.5}{0.2} = 90 \text{ k}\Omega, \quad g_{DS5} = \frac{1}{r_{DS5}} = \frac{1}{90 \text{k}\Omega} = 0.0111 \text{ mS}$$

$$g_{m4} = \sqrt{2k_n \left(\frac{W}{L}\right)_4 I_{D4}} = \sqrt{2 \times 60 \times 10^{-6} \times 37 \times 100 \times 10^{-6}} = 0.6663 \text{ mS}$$

$$\text{CMRR} = 2 \times \frac{g_{m1} g_{m4}}{g_{DS5} g_{DS1}} = 2 \times \frac{1.2566 \times 0.6663}{0.0111 \times 0.0056} = 26940$$

即 88.6 dB > 80 dB 。

4．运算放大器的仿真结果与分析

运算放大器的仿真是运放设计过程中的一个关键步骤。虽然上面已经通过手工计算得到了运放中各个器件的估算尺寸，但还需要采用晶体管级的编辑软件进行运放电路的编辑（如 Gateway 等），然后提取电路网表提供给模拟电路仿真软件（如 HSpice、Smart-Spice、Cadence-Spectre 等）对电路进行多方面的仿真验证和参数优化。实际上，电路编辑和仿真过程是一个反复过程，需要很多次才能完成，其中的每一次都要根据其仿真结果重新进入电路的编辑，修改所需改变的器件参数。

首先，进行运算放大器直流分析的仿真。这个仿真的意义是为运算放大器的每个 MOS 器件确定初步的静态工作点。其目的是：

① 保证同一支路各个 MOS 器件的漏源电压分配合适，且所有的 MOS 器件要保证工作在饱和区。

② 调节电流镜，使电流镜的输出电压在 3.3～3.7 V 范围内，第一级的输出直流电压在 0.9～1.2 V 范围内，第二级的输出直流电压为 2.5V 左右。

然后，进行运放的小信号相频和幅频特性仿真，在仿真之前，首先要假定补偿网络 NMOS 管 VT_{14} 的尺寸。VT_{14} 的 W/L 宽长比估算方法如下。

从前面的假设条件和运算放大器的设计指标得到：网络补偿电容 $C_C = 2 \text{ pF}$，单位增益带宽 $f_u = 100 \text{ MHz}$，则根据网络补偿电阻计算公式有

$$R_C = \frac{1}{1.2 w_C C_C} = r_{DS14} = \frac{1}{1.2 \times 6.28 \times 100 \times 10^6 \times 2 \times 10^{-12}} = 664 \ \Omega$$

用 VT_{14} 代替 R_C 电阻，VT_{14} 必须工作在深线性区。由于 VT_{14} 的栅极接电源电压 V_{DD}，只要控制 VT_{14} 的 V_{DS} 足够小，VT_{14} 必然工作在深线性区。这里，VT_{14} 的 V_{GS} 为 3.8～4.1 V，V_{DS} 接近于 0 V，VT_{14} 则工作在深线性区，根据 MOS 管深线性区导通电阻的计算公式

$$r_{DS14} = R_C = \frac{1}{\mu_n C_{ox} \left(\frac{W}{L}\right)_{14} V_{DS14}} = 664 \ \Omega$$

$$\left(\frac{W}{L}\right)_{14} = \frac{1}{\mu_n \times C_{ox} \times r_{DS14} \times V_{DS14}} = \frac{1}{60 \times 10^{-6} \times 664 \times 1.3} = 19.3$$

若取 VT_{14} 的沟道有效长度为 1.5 μm，则 VT_{14} 的沟道宽度为 $19.3 \times 1.5 = 28.95$ μm，因此 VT_{14}

的栅宽初始值可取为29。实际上，在进行运放的小信号相频和幅频特性初步仿真时，网络补偿电阻先不要采用 NMOS 管而用电阻代替。根据 CMOS 差分放大器和共源放大器工作原理分别调试差分放大器（Part2）的尾电流管、差分对管和差分对管负载管的尺寸，共源放大器（Part3）放大管和负载管的尺寸得到满足设计指标的运放的小信号幅频特性，同时调节网络补偿电容 C_C 的电容值，得到满足设计指标的运放的小信号相频特性及相位裕度。最后，采用 VT_{14} 代替 R_C 电阻并调节 VT_{14} 的沟道宽度达到和网络补偿电阻相同的小信号幅频、相频特性。

图 9.38 所示的电容性负载的 CMOS 两级基本差分运算放大器的仿真分析结果如下。

（1）运放的输入失调电压仿真

通过仿真运放的直流传输特性可测量其输入失调电压。运放的电源电压为 5 V，在开环状态下，其反相端接 2.5 V 直流电压，同相端加 2.45～2.55 V 的直流扫描电压，做 DC 仿真得到的运放的直流传输特性如图 9.39 所示，由图可知，当输入电压为 2.5 V～3 mV 时，输出电压正好为 2.5 V，所以输入失调电压为 3 mV。需要说明的是：输入失调电压是由器件制造中的失配引起的，因此仿真时，需要通过改变其中一个输入管的尺寸来模拟实际制造中可能引起的差分对管尺寸失配情况，否则输入失调电压仿真值为 0。

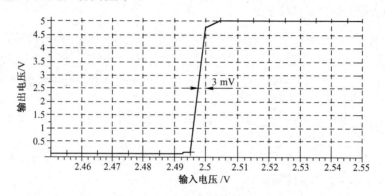

图 9.39　运放的直流传输特性分析

（2）运放的共模输入范围

运放的共模输入范围可通过观测运放的输入-输出跟随特性来获得。运放的电源为 5 V，将运放的反相端和输出相连，构成缓冲器；同相端加直流扫描为 0～5 V，经仿真得到的运放的输入-输出跟随特性如图 9.40 所示，其输入共模电压范围为 0.1～4.6 V，满足设计指标的要求。

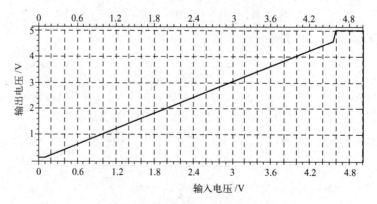

图 9.40　运放的输入-输出跟随特性

（3）运放的输出电压摆幅特性

运放的输出电压摆幅特性是仿真运放的输出电压最大值和最小值。运放的输出电压摆幅特性仿真电路如图 9.41 所示，其反相比例放大器增益为 10。

正输入端接 2.5 V 的直流电压，V_{IN} 输入端加 0～5 V 的直流扫描电压，经仿真得到的运放输出电压摆幅特性如图 9.42 所示，运放的输出电压摆幅为 0～5 V，满足了运放指标对输出电压摆幅的要求。

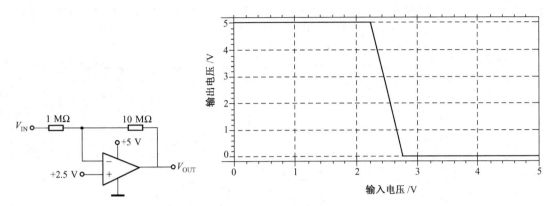

图 9.41　运放的输出电压摆幅特性仿真电路　　　　　图 9.42　运放的输出电压摆幅特性

（4）运放的小信号相频和幅频特性

运放的小信号相频和幅频特性是仿真运放的开环小信号放大倍数及其相位随频率的变化趋势，从而得到运放的相位裕度和单位增益带宽指标，并进一步鉴别运放的放大能力、稳定性和工作带宽。此时，被分析的运放在电路上对直流应当是负反馈闭环状态，对交流应当是开环状态。运放的输出端接 2 pF 的负载电容，电源电压为 5 V，共模输入电压为 2.5 V。通过交流小信号分析，可以得到运放的小信号相频和幅频特性如图 9.43 所示。从仿真结果可以看出，运放采用 RC 补偿，在满足单位增益带宽的同时，能很好地调节相位裕度。运放的低频开环增益为 85 dB，单位增益带宽为 227 MHz，相位裕度为 78 度，其中，低频开环增益和单位增益带宽这两项仿真结果远高于运放指标的要求。

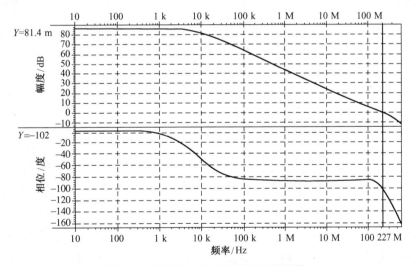

图 9.43　运放的小信号相频和幅频特性

（5）运放的静态功耗

运放的静态功耗是指当运放在输入平衡状态下电路消耗的总电流和总电压的乘积。在电源电压 5 V，运放的两输入端输入共模电压 2.5 V 时，运放各支路的静态电流之和为 2.4284 mA，运放的静态功耗为 12.142 mW，小于指标的要求。

（6）运放的转换速度分析

运放的转换速度是分析运放在大信号作用下的反应速度。仿真运放的转换速度可将运放的输出端和反相输入端相连构成单位增益结构。运放的同相输入端输入 2～3 V 的阶跃信号，利用仿真软件对该电路作瞬态分析得到的输出波形如图9.44所示，从仿真波形得到：在输出上升曲线的10%和 90%处，其电压分别为 2.9 V 和 2.1 V，时间分别为 17.5 ns 和 11 ns。运放的转换速度 SR＝(2.9 V－2.1 V)/(17.5 ns－11 ns)=123 V/μs，满足运放的转换速度的指标要求。

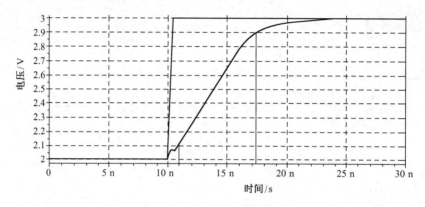

图 9.44　运放的转换速度分析

（7）运放的共模抑制比分析

运放的共模抑制比（CMRR，Common Mode Rejection Ratio）是测试运放对共模信号的抑制能力。仿真方法是，在运放的开环状态下，在运放的同相和反相输入端同时加入一个幅度为 1 V 的交流小信号源，对电路进行交流小信号分析，仿真结果如图 9.45 所示。从仿真结果可得，运放的低频共模电压增益 3.05 dB。因为运放的共模抑制比（以 dB 为单位）等于其差模电压增益（dB）减去共模电压增（dB），差模电压增益是 85 dB，所以运放的共模抑制比近似为 82 dB，大于运放的指标要求值。

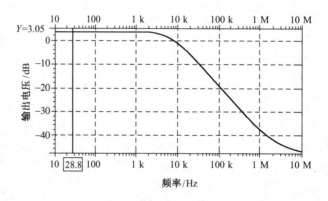

图 9.45　运放的共模抑制比分析

（8）运放的电源电压抑制比分析

运放的电源电压抑制比（PSRR，Power Supply Rejection Ratio）是测试运放的抗电源电压波动或噪声能力。仿真运放的电源制比的方法是：将运放接成单位增益电压跟随器结构，运放的同相输入端设置 2.5 V 的直流电压。在 5 V 的运放供电电源支路中串联一个 1 V 的交流小信号源。通过对运放输出交流小信号的分析，可以得到运放的电源抑制比特性曲线如图 9.46 所示，由该曲线的低频段以得知该运放的电源抑制比为 86 dB，满足指标的要求。

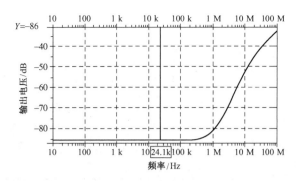

图 9.46　运放的电源抑制比分析

5. 运放的各器件的仿真结果与手算结果对比

经过仿真优化后，运算放大器各器件参数的仿真结果与手算结果对比如表 9.2 所示。可以看出每个器件的长宽比都有一些不同，这是因为运放的手工计算只是一种估算，是忽略了晶体管的很多高阶效应的近似结果，所以运算放大器的版图设计要用仿真确定的参数值。

表 9.2　器件参数的仿真结果与手算结果对比

器件宽长比	手算估算值	仿真确定值
$(W/L)_1$ 和 $(W/L)_2$	328.96	200
$(W/L)_3$ 和 $(W/L)_4$	37.04	66.7
$(W/L)_5$	185.9	133.3
$(W/L)_6$	185.9	200
$(W/L)_7$	74.07	204.5
$(W/L)_3 \sim (W/L)_3$	18.52	20
$(W/L)_{13}$	74.08	80
$(W/L)_{14}$	23	16.7

9.6　振　荡　器

振荡器广泛应用于通信和各种电子设备中，例如，无线电发射机中的载波信号源、超外差接收机中的本地振荡信号源、电子测量仪器中的正弦波信号源、数字系统中的时钟信号源等。在这些应用中，对振荡器提出的主要要求是振荡频率和振荡幅度的准确性和稳定性。

9.6.1　环形振荡器

图 9.47 所示的环形振荡器是由若干增益级首尾相连组成的，是一个总直流相位偏移 $180°$ 的 N 个增益级级联于反馈电路的环形振荡器。很容易看出，环路以 $2Nt_p$ 为周期振荡（t_p 是每级再带一级负载而产生的延迟）。在典型的 IC 技术中，门延迟在工艺上是受到监控的，所以振荡器的频率及其变化范围能够在一定精度下预测。

环形振荡器可采用多个增益级来构成。但对于单端电路，总的倒相级数必须是奇数，不然电路就会进入闩锁状态，这一点第 8 章的分析中已经可以看出，图 9.47 所示的电路就是一个例子。如果图 9.47 中的环形振荡器由 5 级倒相器构成，那么振荡频率是 $1/10T$。

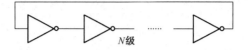

图 9.47　环形振荡器的结构

但如果放大级采用如图 9.48 所示的差分增益级的环形振荡器，就不一定要求级数是奇数了。因为只要把差分输入两端调换一下位置，就可以实现直流 180° 的倒相，所以用差分对形式的增益级可以构成偶数级的环形振荡器。这点是比较重要的特性。

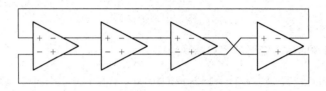

图 9.48　采用差分增益级的环形振荡器

同时，环形振荡器可以产生多相位的波形，这一点也是它的一个重要的特性。射频系统中经常要用到正交信号。如果采用 4 级的环形振荡器，振荡频率每级的交流相移为 45°，每两级的交流相差就是 90°，从而可以很方便地得到 0° 和 90° 的本振信号。

环形振荡器的级数是根据各种不同的要求来确定的，如速度、功耗、噪声抑制能力等。在大多数应用情况下，通常 3～5 级可以获得最优的性能。

大多数振荡器的输出频率是要求能够调变的，要求输出频率随控制电压而改变的振荡器称为压控振荡器（VCO）。环形压控振荡器改变输出频率的方式是通过改变单级电路的延时 t_p 来实现的，因为环路以 $2N t_p$ 为周期振荡，改变单级电路延时 t_p 的大小就可以调节输出频率。

对于图 9.47 所示的单端 CMOS 反相放大单元，压控环形振荡器可以采取图 9.49 和图 9.50 所示的两种方案来改变振荡频率。图 9.49 中，每一级 CMOS 反相放大单元跟随着一个通过一只 MOS 管实现的电阻可变的 RC 延迟网络。改变 MOS 管的栅极控制电压，即改变了 MOS 管的沟道电阻，从而改变 RC 延迟网络的延迟时间，就改变了环路的振荡频率。

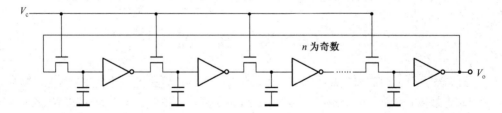

图 9.49　RC 网络型环形压控振荡器原理图

图 9.50 中，环路 VCO 的频率的改变可以认为是通过由两个环路振荡器振荡波形的矢量相加来实现的。第一个环路由上面 4 级单元和由 VT_1～VT_4 组成的一级可控单元共 5 级单元组成，第二个环路由上面 4 级单元、下面 4 级单元和由 VT_5～VT_8 组成的一级可控单元共 9 级单元组成。改变差动控制电压 V_c 的大小和方向，即改变参加矢量相加的两个回路电压的大小，从而改变合成矢量的超前或落后，改变环路的振荡频率。两个极端的情况是：①VT_1 和 VT_2 组成的反相器导通，VT_3 和 VT_4 组成的反相器截止，整个电路等效为一个 5 级环行振荡器，输出最高振荡频率；②VT_1 和 VT_2 组成的反相器截止，VT_3 和 VT_4 组成的反相器导通，整个电路等效为一个 9 级环行振荡器，输出最低振荡频率。

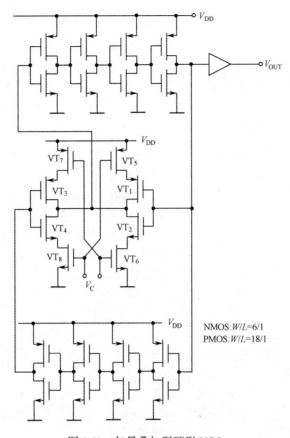

图 9.50　矢量叠加型环形 VCO

　　差分结构环形振荡器中的增益级可以有多种实现方式，图 9.51 给出了常用的两种环形振荡器的延迟单元。集成电路中为了减小电源和衬底噪声的影响，通常每个单元都采用差分结构，而且如上所述，差分结构环形振荡器的级数可以不必是奇数，将偶数级单元电路交叉耦合还能实现相位相差 90°的正交时钟输出。

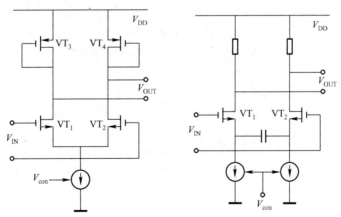

图 9.51　环形振荡器的延迟单元

　　以上的方法是通过调整 RC 网络充放电电流或时间常数来调整每级的延时，另一种方法是通过负阻效应来调整每级的延时，从而改变振荡频率。

　　图 9.52 所示为负阻网络。图 9.52（a）是一个正反馈网络，用以形成负阻，图 9.52（b）是其交流小信号的电路模拟。下面在忽略寄生效应的前提下计算输入端看进去的阻抗。

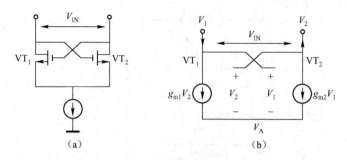

图 9.52　负阻网络

假设两个压控电流源的下端共同电位为 V_A，则由图 9.52 可得到两个晶体管中的电流为

$$I_1 = g_{m1}(V_2 - V_A)$$
$$I_2 = g_{m2}(V_1 - V_A)$$

(9.68)

所以，输入信号源的总电流为

$$I = I_1 = -I_2 = g_{m1}(V_2 - V_A) = -g_{m2}(V_1 - V_A)$$

(9.69)

如果两个管子完全相同，则 $g_{m1} = g_{m2} = g_m$，此时可得

$$V_2 = \frac{I}{g_m} + V_A \qquad V_1 = \frac{-I}{g_m} + V_A$$

(9.70)

所以，从两个输入端看进去可得阻抗

$$R = \frac{V_{IN}}{I} = \frac{V_1 - V_2}{I} = \frac{-2I}{g_m I} = \frac{-2}{g_m}$$

(9.71)

适当选取管子的跨导值，可以得到不同的负阻值，而管子的跨导可以通过改变管子的静态工作电流来调整。其关系为

$$I_{DS} = \frac{1}{2} \mu_n C_{ox} \frac{W}{L} (V_{GS} - V_{TH})^2 (1 + \lambda V_{DS})$$

$$g_m = \mu_n C_{ox} \frac{W}{L} (V_{GS} - V_{TH})(1 + \lambda V_{DS})$$

(9.72)

$$= \sqrt{\frac{2\mu_n C_{ox}(W/L)I_{DS}}{1 + \lambda V_{DS}}}$$

有了负电阻后，自然想到用可控的负电阻来调整 RC 网络中的总电阻，从而可以调整该网络的延时常数及整个环路的振荡频率。采用含有负阻网络的延时单元结构如图 9.53 所示。

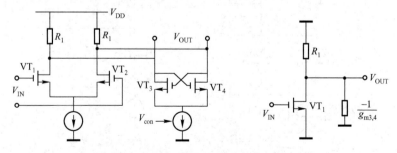

图 9.53　含有负阻网络的延迟单元结构

从单端的等效电路可以看到，负载 R_1 与负阻网络的负电阻 $1/g_m$ 并联，从而产生总的电阻值为

$$R_1 // (-1/g_{m,4}) = \frac{R_1}{1 - g_{m3,4} R_1}$$

(9.73)

如果增大负阻网络的偏置电流，则可以增大 g_m，从而使得总的并联电阻增加，振荡频率减少，反之亦然。

9.6.2　LC 振荡器

如果放大器负载采用图 9.54（a）所示的 LC 谐振网络，则构成了 LC 振荡。实际电路中，一般认为电容的 Q 值较高，主要的损耗在电感的寄生电阻上。LC 振荡器相比于前述由 RC 延时单元构成的振荡器能够获得较好的相位噪声性能：

$$Z_{eq}(s) = \frac{sL_s + R_s}{s^2 L_s C_s + sR_s C_s + 1} \Rightarrow$$

$$\left| Z_{eq}(s=j\omega) \right|^2 = \frac{R_s^2 + L_s^2 \omega^2}{R_s^2 C_s^2 \omega^2 + (1 - L_s C_s \omega^2)^2}$$
（9.74）

定义　　　　　　　$Q = \omega L_s / R_s \qquad R_p \approx Q^2 R_s \qquad \omega_1 = 1/\sqrt{L_p C_p}$　　　　（9.75）

图 9.54（b）所示为该网络阻抗的幅频相频特性曲线。可以看出，在极低频或极高频时该网络的阻抗都很小，相移分别是 $+90°$ 和 $-90°$。在 ω_1 频率附近幅频曲线出现一个尖峰，此时网络的相移为 $0°$，这意味着该网络等效于一个纯电阻，所以输入和输出的信号之间同相。

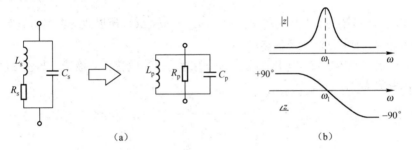

图 9.54　LC 谐振网络

用谐振网络作为负载，则可以得到如图 9.55 所示的 LC 环形振荡器的单级放大电路。

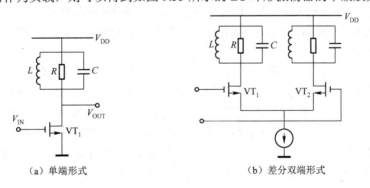

（a）单端形式　　　　　　　　　　　　（b）差分双端形式

图 9.55　用 LC 谐振网络做负载的放大级

差分 LC 双端单元的分析方法与单端的类似。如果用多级的差分单元串联起来，形式如图 9.56 所示。

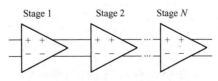

图 9.56　差分 LC 双端单元串联

因为每个单元都具有图 9.57（a）所示的幅频和相频特性曲线。多级这样的增益级串联后，总的传输函数应该等于 N 级增益级传输函数的乘积，所以，可以得到图 9.57（b）所示的幅频和相频特性曲线。可以看出，串联系统的幅频特性曲线尖峰更明显。如果定义一个系统的 Q 值为该峰值中心频率 ω_0 与该值左右各 $-3\ \mathrm{dB}$ 带宽的比值，即 $Q = \omega_0 / \mathrm{BW}$，如图 9.57（c）所示，那么显然串联系统的 Q 值要比单个增益级的 Q 值大得多。电路的 Q 值也可定义成电路中储存的能量与该电路损耗的能量比。Q 值越高，也就是说储存能量越大，损耗越小。这对振荡器的噪声性能很重要。

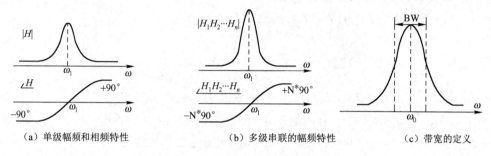

（a）单级幅频和相频特性　　　　（b）多级串联的幅频特性　　　　（c）带宽的定义

图 9.57　多级 LC 增益级串联的幅频和相频特性

由 LC 构成的环形振荡器的振荡频率近似为 $\omega_{\mathrm{osc}} = 1/\sqrt{LC}$，所以改变电容的值就可以改变 LC 振荡器的输出频率，形成 LC 压控振荡器。

利用 PN 结的结电容随反向电压而变化这一特性可以构成变容二极管。变容二极管的结电容与控制电压的关系为

$$C_{\mathrm{j}} = \frac{C_0}{\left(1 + \dfrac{V_{\mathrm{c}}}{\phi_{\mathrm{B}}}\right)^n} \tag{9.76}$$

式中，V_{c} 为外加反向电压；n 为变容指数，其值随半导体掺杂浓度和 PN 结的结构工艺不同而不同；C_0 为反向电压为 0 时的结电容值；ϕ_{B} 为 PN 结的内建电位差，对于硅材料二极管，ϕ_{B} 为 $0.7\ \mathrm{V}$ 左右。变容二极管必须工作在反向偏压状态，此时的结电容实际上是 PN 结的势垒电容。

【例 9.2】假设式（9.76）中，$\phi_{\mathrm{B}} = 0.7\ \mathrm{V}$，$n = 0.35$，且 V_{c} 可以从 0 变化到 $2\ \mathrm{V}$。则振荡器调节范围可以达到多少？

解：对 $V_{\mathrm{c}} = 0$，有 $C_{\mathrm{j}} = C_0$ 和 $f_{\mathrm{osc,min}} = (1/2\pi\sqrt{LC})$，对于 $V_{\mathrm{c}} = 2\ \mathrm{V}$，有 $C_{\mathrm{j}} \approx 0.62 C_0$ 和 $f_{\mathrm{osc,max}} = (1/2\pi\sqrt{L \times 0.62C}) \approx 1.27 f_{\mathrm{osc,min}}$，所以调节范围近似等于 27%。实际上，晶体管和电感的寄生电容进一步减小了此调节范围，因为这些寄生电容是固定值，不随控制电压而改变。

CMOS 电路中可以采用 PMOS 管构成的变容管，其连接方式如图 9.58 所示。D、G、S 端相连作为二极管正极，B（衬底）端作为二极管负极。由于 NMOS 管在工艺上 B 端整体接最低电位，因此只能采用 B 端单独连接的 PMOS 管构成二极管。

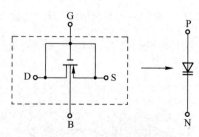

图 9.58　PMOS 变容管连接方式

单片集成电感的出现使得 LC 振荡器的单片集成成为可能，LC 压控振荡器的典型结构如图 9.59 所示，电感 L_p、可变电容 C_p 构成 LC 振荡回路。VT_1、VT_2 构成负阻。由于可变电容 C_p 的变化范围较小，因此 LC 压控振荡器的一个缺点是 f_{osc} 变化范围也较小。但是 LC 压控振荡器有很好的相位噪声性能。LC 振荡电路一般需在输出摆幅和调节范围之间折中。

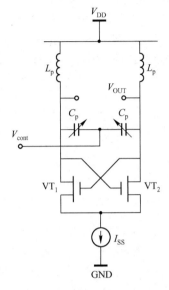

图 9.59　LC 压控振荡器的典型结构

思　考　题

1. 小信号放大器有哪些特点？

2. 限幅放大器属于小信号放大器还是大信号放大器？

3. 运算放大器有哪些特点和性能指标？

4. 说明环形振荡器的工作原理，比较环形 RC 振荡器和 LC 振荡器的优缺点。

5. 在图 9.59 所示的负跨导振荡器中，假设 $C_P=0$，只考虑 VT_1 和 VT_2 漏极结电容 C_{DB}，请解释为什么 V_{DD} 可被视为控制电压，并计算 VCO 的压控增益。

6. 某环形 VCO 为 6 级结构，每级单元电路为图 9.60 所示的 MOS 差分放大器，其中每只 NMOS 管的 $V_{TH}=2\ V$，$k=0.1\ mA/V2$，$C_{DS}=7\ pF$。若控制电压 $V_{con}=3\sim5\ V$，求输出频率范围和压控灵敏度 K。

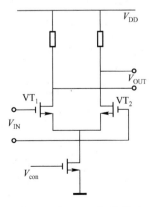

图 9.60　NMOS 差分单元

本章参考文献

[1]　吴丙申，卞祖富. 模拟电路基础. 北京：北京理工大学出版社，1997.

[2]　李伟华. VLSI 设计基础. 北京：电子工业出版社，2002.

[3]　朱正涌. 半导体集成电路. 北京：清华大学出版社，2001.

[4]　毕查德·拉扎维. 模拟 CMOS 集成电路设计. 陈贵灿. 西安：西安交通大学出版社，2003.

[5]　王志功，景为平，孙玲. 集成电路设计技术与工具. 南京：东南大学出版社，2007.

第 10 章　数字集成电路基本单元与版图

10.1　TTL 基本电路

数字集成电路的基本电路的主要特性和用途如表 10.1 所示。如果按照构成的有源器件来分类，可以分成双极型晶体管（Bipolar Transistor）和 MOS 晶体管两大类。

表 10.1　数字集成电路的基本电路的主要特征和用途

器 件 类 型	电 路 类 型	主 要 特 征	用 　 途
双极型晶体管	TTL	功　耗：大 集成度：低	逻辑集成电路系列
	ECL	功　耗：最大 超高速	超高速集成电路 （超级计算机等）
MOS 晶体管	ED 型 NMOS	功　耗：大 集成度：高	1990 年以前是集成电路的主流
	CMOS	功　耗：小 集成度：高、高速	所有的集成电路（是现在的主流技术，包括逻辑电路系列和 ASIC）
	BiCMOS	功　耗：小 比 CMOS 速度高	高速集成电路

数字集成电路的基本电路的主要性能指标是：①工作速度（延迟时间的长短）；②集成度（占用面积的大小）；③功耗（消耗的电源功率）；④噪声容限等。

在逻辑门电路中，从输入端出现脉冲信号到输出端出现脉冲信号，在时间上有一滞后，这一滞后时间称为延迟时间（简称延时）。器件工作时的延时越短，工作速度就越快，也就越适合于高速时钟脉冲。构成逻辑门电路的晶体管等元器件的数量越少，该逻辑门电路占用芯片的面积也就越小。此外，随着使用的元器件，如双极型晶体管、MOS 晶体管、电阻等种类的不同，所占用的芯片的面积也有很大的差异。当然，一个门电路所占的面积越小，一个芯片上能够容纳的门电路就越多，集成度也就越高。现在也把消耗的功率（功耗）作为一个极其重要的性能指标。同时，我们希望噪声容限大，这样误动作的概率才小。

下面首先介绍双极型晶体管组成的数字集成电路[1]。

10.1.1　TTL 反相器

TTL 电路是以双极型晶体管为基础构成的基本逻辑电路系列，成熟于 20 世纪 60～70 年代，迄今仍应用于多种场合。

图 10.1 所示为 TTL 反相器的基本电路，该电路由三部分组成：①由双极型晶体管 VT_1 和电阻 R_{B1} 组成电路的输入级；②由 VT_2、R_{E2} 和 R_{C2} 组成的中间驱动电路，将单端信号 v_{B2} 转换为双端信号 v_{B3} 和 v_{B4}；③由 VT_3、VT_4、R_{C4} 和二极管 VD 组成的输出级。下面分析 TTL 反相器的工作原理。

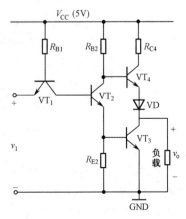

图 10.1　TTL 反相器的基本电路

（1）当输入为高电平，如 $V_1=3.6$ V 时

电源 V_{CC} 通过 R_{B1} 和 VT_1 的集电结向 VT_2、VT_3 提供基极电流，使 VT_2、VT_3 饱和，输出为低电平，$V_o=0.2$ V。此时

$$V_{B1}=V_{BC1}+V_{BE2}+V_{BE3}=（0.7+0.7+0.7）V=2.1 V \qquad (10.1)$$

显然，这时 VT_1 的发射结处于反向偏置，而集电结处于正向偏置。所以 VT_1 处于发射结和集电结倒置使用的放大状态。由于 VT_2 和 VT_3 饱和，输出 $V_{C3}=0.2$ V，同时可估算出 V_{C2} 的值为

$$V_{C2}=V_{CES2}+V_{B3}=（0.2+0.7）V=0.9 V \qquad (10.2)$$

此时，$V_{B4}=V_{C2}=0.9$ V。作用于 VT_4 的发射结和二级管 VD 的串联支路的电压为 $V_{C2}-V_o=（0.9-0.2）V=0.7$ V，显然，VT_4 和 VD 均截止，实现了反相器的逻辑关系——输入为高电平时，输出为低电平。

（2）当输入为低电平且电压为 0.2 V 时

VT_1 的发射结导通，其基极电压等于输入低电压加上发射结正向压降，即

$$V_{B1}=（0.2+0.7）V=0.9 V \qquad (10.3)$$

此时 V_{B1} 作用于 VT_1 的集电结和 VT_2、VT_3 的发射结上，所以 VT_2、VT_3 都截止，输出为高电平。

由于 VT_2 截止，V_{CC} 通过 R_{C2} 向 VT_4 提供基极电流，致使 VT_3 和 VD 导通，其电流流入负载。输出电压为

$$v_o\approx V_{CC}-V_{BE4}-V_D=（5-0.7-0.7-0.7）V=3.6 V \qquad (10.4)$$

同样也实现了反相器的逻辑关系：输入为低电平时，输出为高电平。

10.1.2　TTL 与非门

图 10.1 所示的基本 TTL 反相器不难改变成为多输入端的与非门。它的主要特点是在电路的输入端采用了多发射极的双极型晶体管，NPN 型多发射极晶体管的结构示意图如图 10.2 所示。器件中的每一个发射极能各自独立地形成正向偏置的发射结，并可促使 VT_1 进入放大或饱和区。两个或多个发射极可以并联地构成一大面积的组合发射极。

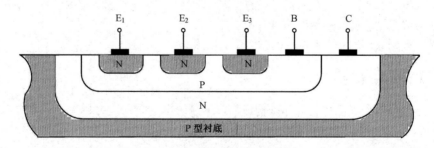

图 10.2　NPN 型多发射极晶体管的结构示意图

图 10.3（a）所示为具有多发射极晶体管的 3 输入端 TTL 与非门电路。当任一输入端为低电平时，VT_1 的发射结将正向偏置而导通，VT_2 将截止。结果将导致输出为高电平。只有当全部输入端为高电平时，VT_1 将转入倒置放大状态，VT_2 和 VT_3 均饱和，输出为低电平。

图 10.3（b）所示为 3 输入端 TTL 与非门的电路符号。

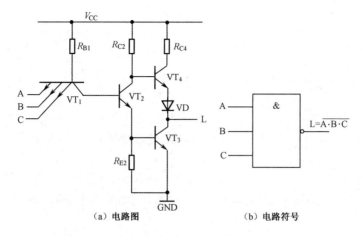

（a）电路图　　　　　　　　　（b）电路符号

图 10.3　具有多发射极晶体管的 3 输入端 TTL 与非门

10.1.3　TTL 或非门

图 10.4 所示为 TTL 或非门的逻辑电路和电路符号。

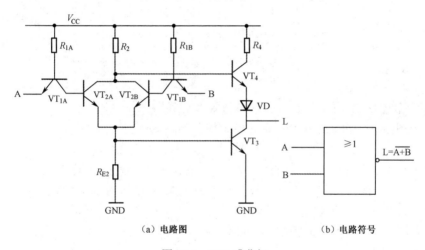

（a）电路图　　　　　　　　　　（b）电路符号

图 10.4　TTL 或非门

由图可见，或非逻辑功能是对 TTL 与非门（如图 10.3 所示）的结构改进而来的，即用两个晶体管 VT_{2A} 和 VT_{2B} 代替 VT_2。若两输入端为低电平，则 VT_{2A} 和 VT_{2B} 均将截止，$I_{B3}=0$，输出为高电平。若 A、B 两输入端中有一个为高电平，则 VT_{2A} 或 VT_{2B} 将饱和，导致 $I_{B3}>0$，I_{B3} 使 VT_3 饱和，输出为低电平。这就实现了或非功能，即 $L=\overline{A+B}=\overline{A}\cdot\overline{B}$。这个式子表明，图 10.4 就正逻辑而言是或非门，就负逻辑而言则是与非门。

10.2　CMOS 基本门电路及版图实现

10.2.1　CMOS 反相器

1. 电路图

标准的 CMOS 反相器电路如图 10.5 所示。

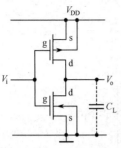

图 10.5　标准的 CMOS 反相器电路

（1）注意 1
- NMOS 和 PMOS 的衬底是分开的。
- NMOS 的衬底接最低电位——地。
- PMOS 的衬底接最高电位——V_{DD}。

（2）注意 2
- NMOS 的源极接地，漏极接高电位。
- PMOS 的源极接 V_{DD}，漏极接低电位。

（3）注意 3

输入信号 V_i 对两管来说，都加在 g 和 s 之间，但是由于 NMOS 的 s 接地，PMOS 的 s 接 V_{DD}，因此 V_i 对两管来说参考电位是不同的。

2. 转移特性

在分析 CMOS 反相器的特性时，注意如下事实。

- 在电路中，PMOS 和 NMOS 地位对等，功能互补。
- 它们都是驱动管，都是有源开关，互为负载。
- 它们都是增强型 MOSFET。
- 对于 NMOS 有：$\begin{cases} V_i < V_{tn}, & \text{截止} \\ V_i > V_{tn}, & \text{导通} \end{cases}$
- 对于 PMOS 有：$\begin{cases} V_i < V_{DD} - |V_{tp}|, & \text{截止} \\ V_i > V_{DD} - |V_{tp}|, & \text{导通} \end{cases}$
- 对输入和输出信号而言，PMOS 和 NMOS 是并联的。
- 在直流电路上，PMOS 和 NMOS 串联连接在 V_{DD} 和地之间，因而有：
$$V_{dsn} - V_{dsp} = V_{DD}$$
- I_{dsn} 从 NMOS 的 d 流向 s，是正值；I_{dsp} 从 PMOS 的 d 流向 s，是负值。

把 PMOS 视为 NMOS 的负载，可以像做负载线一样，把 PMOS 的特性做在 NMOS 的特性曲线上，CMOS 反相器的负载线如图 10.6 所示。

整个工作区可以分为以下 5 个区域来讨论。

（1）A 区：$0 \le V_i \le V_{tn}$

NMOS 截止，$I_{dsn} = 0$。

PMOS 导通，$V_{dsn} = V_{DD}$，$V_{dsp} = 0$。

等效电路如图 10.7 所示。

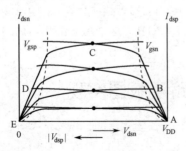

图10.6　CMOS 反相器的负载线

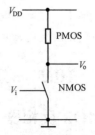

图 10.7　A 区（$0 \le V_i \le V_{tn}$）等效电路

（2）B 区：$V_{tn} \le V_i \le V_{DD}/2$

NMOS 导通，处于饱和区，等效于一个电流源，有

$$I_{dsn} = \frac{\beta_n}{2}(V_i - V_{tn})^2$$
$$\beta_n = \frac{\mu_n \varepsilon}{t_{ox}} \frac{W_n}{L_n}$$
(10.5)

式中，β_n 称为 NMOS 平方率跨导因子。

PMOS 等效于非线性电阻，有

$$I_{sdp} = \beta_p \left[(V_i - V_{DD} - V_{tn})(V_o - V_{DD}) - \frac{1}{2}(V_o - V_{DD})^2 \right]$$
$$\beta_p = \frac{\mu_p \varepsilon}{t_{ox}} \frac{W_p}{L_p}$$
(10.6)

式中，β_p 称为 PMOS 平方率跨导因子。

在 I_{dsn} 的驱动下，V_{dsn} 自 V_{DD} 下降，$|V_{dsp}|$ 自 0 V 开始上升，等效电路如图 10.8 所示。

（3）C 区：$V_i \approx V_{DD}/2$

NMOS 导通，处于饱和区；PMOS 也导通，处于饱和区，均等效于一个电流源，等效电路如图 10.9 所示。

此时有

$$I_{dsn} = \frac{\beta_n}{2}(V_i - V_{tn})^2$$

$$I_{dsp} = \frac{\beta_p}{2}(V_i - V_{DD} - V_{tp})^2$$

两个电流必须相等，即 $I_{dsn} = I_{dsp}$，所以有

$$\beta_n (V_i - V_{tn})^2 = \beta_p (V_i - V_{DD} - V_{tp})^2$$
$$V_i = \frac{V_{DD} + V_{tp} + V_{tn}\sqrt{\beta_n / \beta_p}}{1 + \sqrt{\beta_n / \beta_p}}$$
(10.7)

如果 $\beta_n = \beta_p$，且有 $V_{tn} = -V_{tp}$，则有

$$V_i = V_{DD}/2$$

但是，$\mu_n \approx (2\sim3)\mu_p$，所以应有

$$W_p/L_p \approx 2.5 W_n/L_n$$
(10.8)

由 $\beta_n = \beta_p$，$V_{tn} = -V_{tp}$ 和 $V_i = V_{DD}/2$，应有

$$V_o = V_{DD}/2$$

β_n/β_p 对转移特性的影响，如图 10.10 所示。

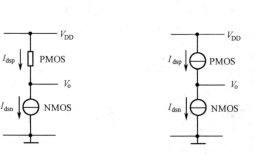

图10.8 B 区（$V_{tn} \le V_i \le V_{DD}/2$）
等效电路

图10.9 C 区（$V_i \approx V_{DD}/2$）
等效电路

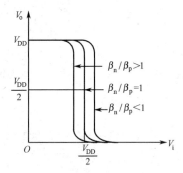

图10.10 β_n/β_p 对转移特性的影响

（4）D 区：$\dfrac{V_{DD}}{2} \leqslant V_i \leqslant \dfrac{V_{DD}}{2} + V_{tp}$

与 B 区情况相反：PMOS 导通，处于饱和区，等效一个电流源，即

$$I_{dsp} = \frac{\beta_p}{2}(V_i - V_{DD} - V_{tp})^2$$

NMOS 强导通，等效于非线性电阻，有

$$I_{dsn} = \beta_n \left[(V_i - V_{tn})V_{dsn} - \frac{V_{dsn}^2}{2} \right] \qquad (10.9)$$

等效电路如图 10.11 所示。

（5）E 区：$V_i \geqslant V_{DD} + V_{tp}$

PMOS 截止，NMOS 导通。$V_{dsn} = 0$，$|V_{dsp}| = V_{DD}$，$I_{dsp} = 0$。等效电路如图 10.12 所示。

综上所述，CMOS 反相器的转移特性和稳态支路电流如图 10.13 所示。

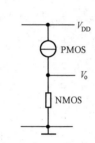
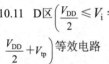

图10.11 D区$\left(\dfrac{V_{DD}}{2} \leqslant V_i \leqslant \dfrac{V_{DD}}{2} + V_{tp}\right)$等效电路

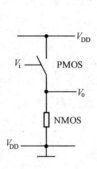

图 10.12 E 区（$V_i \geqslant V_{DD} + V_{tp}$）等效电路

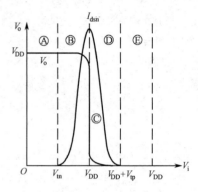

图10.13 CMOS反相器的转移特性和稳态支路电流

表 10.2 列出了 PMOS 和 NMOS 在图 10.13 中 5 个区域中的定性导电特性。

表 10.2　PMOS 与 NMOS 在图 10.13 中 5 个区域中的定性导电特性

	A	B	C	D	E
PMOS	on^{+++}	on^{++}	on^{+}	on	off
NMOS	off	on	on^{+}	on^{++}	on^{+++}

对于数字信号，CMOS 反相器工作在静态时，或工作在 A 区，或工作在 E 区。此时有

$$\left. \begin{array}{llll} V_i = 0 & (I=0) & V_o = V_{DD} & (O=1) \\ V_i = V_{DD} & (I=1) & V_o = 0 & (O=0) \end{array} \right\} \begin{array}{l} I_{s-s} = 0 \\ P_{DC} = 0 \end{array}$$

从一种状态转换到另一种状态时，有

$$\left. \begin{array}{l} (I=0) \rightarrow (I=1) \\ (I=1) \rightarrow (I=0) \end{array} \right\} \begin{array}{l} I_{s-s} \neq 0 \\ P_{tr} \neq 0 \end{array}$$

对于模拟信号，CMOS 反相器必须工作在 B 区和 D 区之间，反相器支路始终有电流流通，所以

$$I_{s-s} > 0, \quad P_{DC} > 0$$

3．CMOS 反相器的瞬态特性

研究瞬态特性与研究静态特性不同的地方在于必须考虑负载电容（下一级门的输入电容）的影响。

脉冲电压上升、下降和延迟时间的定义如图 10.14 所示。

- t_r 对应于 $V_o = 10\% V_{omax} \rightarrow V_o = 90\% V_{omax}$。
- t_f 对应于 $V_o = 90\% V_{omax} \rightarrow V_o = 10\% V_{omax}$。
- t_d 对应于 $V_i = 50\% V_{imax} \rightarrow V_o = 50\% V_{omax}$。

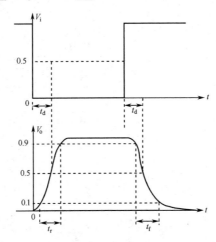

图10.14　脉冲电压上升、下降和延迟时间的定义

（1）V_i 从 1 到 0，C_L 充电，如图 10.15 所示。

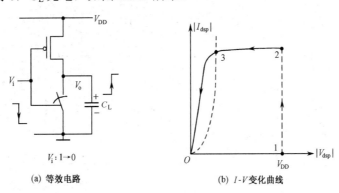

(a) 等效电路　　　　　　　　　(b) I-V 变化曲线

图 10.15　V_i 从 1 到 0，C_L 充电时的等效电路和 I-V 变化曲线图

在此过程中，NMOS 和 PMOS 源、漏极间电压的变化过程为：

- V_{dsn}：$0 \rightarrow V_{DD}$。
- $|V_{dsp}|$：$V_{DD} \rightarrow 0$，即 1→2→3→原点。

考虑到上拉管导通时先为饱和状态而后为非饱和状态，故输出脉冲上升时间可分为两段来计算，如图 10.16 所示。

① 饱和状态

假定 $V_C(0^-) = 0$，恒流充电时间段有

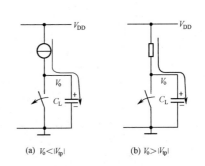

(a) $V_o < |V_{tp}|$　　　　　(b) $V_o > |V_{tp}|$

图 10.16　上拉管饱和导通状态和非饱和导通状态的等效电路图

$$\frac{1}{2}\beta_p(V_{DD}-|V_{tp}|)^2=C_L\frac{dV_o}{dt} \tag{10.10}$$

积分得

$$t_{r1}=\frac{2C_L}{\beta_p(V_{DD}-|V_{tp}|)^2}\int_{0.1V_{DD}}^{|V_{tp}|}dV_o=\frac{2C_L(|V_{tp}|-0.1V_{DD})}{\beta_p(V_{DD}-|V_{tp}|)^2} \tag{10.11}$$

② 非饱和状态

线性充电时间段有

$$\beta_p(V_{DD}-|V_{tp}|)(V_{DD}-V_o)-\frac{1}{2}(V_{DD}-V_o)^2=C_L\frac{dV_o}{dt} \tag{10.12}$$

积分得

$$t_{r2}=\frac{C_L}{\beta_p}\int_{|V_{tp}|}^{0.9V_{DD}}\frac{dV_o}{(V_{DD}-|V_{tp}|)(V_{DD}-V_o)-\frac{1}{2}(V_{DD}-V_o)^2} \tag{10.13}$$

经变量代换，部分分式展开，可得

$$t_{r2}=\frac{C_L}{\beta_p(V_{DD}-|V_{tp}|)}\ln\left(\frac{19V_{DD}-20|V_{tp}|}{V_{DD}}\right) \tag{10.14}$$

总的充电时间为

$$t_r=t_{r1}+t_{r2} \tag{10.15}$$

如果 $V_{tp}=-0.2V_{DD}$，$V_{tn}=0.2V_{DD}$，则

$$t_r\approx\frac{3C_L}{\beta_p}\frac{1}{V_{DD}-|V_{tp}|} \tag{10.16}$$

（2）V_i 从 0 到 1，C_L 放电。

NMOS 的导通电流开始为饱和状态而后转为非饱和状态，故与上面类似，输出脉冲的下降时间也可分为两段来计算。V_i 从 0～1，C_L 放电时的等效电路如图 10.17 所示。

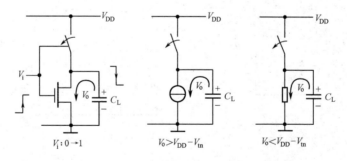

图 10.17 V_i 从 0～1，C_L 放电时的等效电路

① 饱和状态

假定 $V_C(0^-)=V_{DD}$，恒流放电时间段有

$$-\frac{1}{2}\beta_n(V_{DD}-V_{tn})^2=C_L\frac{dV_o}{dt} \tag{10.17}$$

积分得

$$t_{f1}=\frac{2C_L}{\beta_n(V_{DD}-V_{tn})^2}\int_{0.9V_{DD}}^{V_{DD}-V_{tn}}dV_o=\frac{2C_L(0.1V_{DD}-V_{tn})}{\beta_n(V_{DD}-V_{tn})^2} \tag{10.18}$$

② 非饱和状态

线性放电时间段有

$$-\beta_{\mathrm{n}}\left[(V_{\mathrm{ds}}-V_{\mathrm{tn}})V_{\mathrm{ds}}-\frac{1}{2}V_{\mathrm{ds}}^{2}\right]=C_{\mathrm{L}}\frac{\mathrm{d}V_{\mathrm{o}}}{\mathrm{d}t} \tag{10.19}$$

$$t_{\mathrm{f2}}=-\frac{C_{\mathrm{L}}}{\beta_{\mathrm{n}}}\int_{V_{\mathrm{DD}}-V_{\mathrm{tn}}}^{0.1V_{\mathrm{DD}}}\frac{\mathrm{d}V_{\mathrm{o}}}{(V_{\mathrm{DD}}-V_{\mathrm{tn}})V_{\mathrm{o}}-\frac{1}{2}V_{\mathrm{o}}^{2}}=\frac{C_{\mathrm{L}}}{\beta_{\mathrm{n}}(V_{\mathrm{DD}}-V_{\mathrm{tn}})}\ln\left(\frac{19V_{\mathrm{DD}}-20V_{\mathrm{tn}}}{V_{\mathrm{DD}}}\right) \tag{10.20}$$

总的放电时间为

$$t_{\mathrm{f}}=t_{\mathrm{f1}}+t_{\mathrm{f2}} \tag{10.21}$$

如果 $V_{\mathrm{tn}}=0.2\,V_{\mathrm{DD}}$，则

$$t_{\mathrm{f}}\approx\frac{3C_{\mathrm{L}}}{\beta_{\mathrm{n}}}\frac{1}{V_{\mathrm{DD}}-V_{\mathrm{tn}}} \tag{10.22}$$

如果 $V_{\mathrm{tn}}=|V_{\mathrm{tp}}|$，$\beta_{\mathrm{n}}=\beta_{\mathrm{p}}$，则

$$t_{\mathrm{r}}=t_{\mathrm{f}}$$

CMOS 的输出波形将是对称的。

4. CMOS 反相器的版图[2]

下面将在一般意义上讨论 CMOS 门的物理版图，以研究物理结构对电路性能的影响。为了简化版图设计，按单位尺寸的 MOS 管绘制版图，而在实际的版图设计时，是要经过仔细的电路设计才能定出各 MOS 管的准确尺寸的。

CMOS 反相器的电路图如图 10.18（a）所示。在电路图中，各器件端点之间所画的线表示连线，对于任何立体的连接（例如，N 型 MOS 管的漏区和 P 型 MOS 管漏区之间的连线），用两条线的简单相交来表示。然而，在物理版图中，必须关心不同边线层之间物理上的相互关系。根据制造工艺的考虑，我们知道 N 型 MOS 管的源区和漏区是 N 型扩散区，而 P 型 MOS 管用 P 型扩散区做源区、漏区及其连线。因此，在物理结构上必须有一种实现漏极之间连接的简单方法。例如，在物理版图中至少需要一条连线和两个接触孔。假如工艺上不能做隐埋孔接触，边条连线就必须采用金属线。代之以版图符号，得出图 10.18（b）所示的反相器的局部的符号电路版图。按同样的道理，可以用金属线和接触孔制作接到电源 V_{DD} 和地（V_{SS}）的简单连线，如图 10.18（c）所示。电源线和地线通常采用金属线（以降低电路到电源之间的连线电阻）。共用的栅极连接可以用简单的多晶硅条制作。最后，必须加上衬底接触孔（这些接触孔在电路图上是不画出的）。图 10.18（d）所示为最后的符号电路版图。把这个符号电路版图转换成版图，得到如图 10.19（a）所示的版图。另一种版图如图 10.19（b）所示，图中的 MOS 管是水平走向。

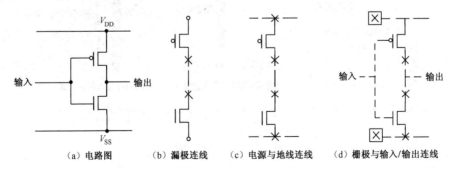

（a）电路图　　　（b）漏极连线　　　（c）电源与地线连线　　　（d）栅极与输入/输出连线

图 10.18　反相器电路图到符号电路版图的转换

还有几种不同的版图拓扑结构，它们可以用来实现立体的电路连接。例如，金属线必须从左到右在单元中间穿过时，可采用如图 10.19（c）所示的版图。图中水平的金属搭接线的一端与垂直的多晶硅线相连，另一端与 MOS 管的漏极相连。另外，若要求金属线在单元的顶部或底部从左到

右地穿过单元，则连到 MOS 管的电源线和地线可用合适的扩散层制作如图 10.19（d）所示。从对性能的影响角度考虑，上述版图同原来版图的差别是很小的。在用垂直的多晶硅作为漏区的连线时，会产生额外的连线电阻，这个电阻近似为（$2R_{con}+R_{poly}$）。式中，R_{con} 是金属—多晶硅接触孔的电阻，R_{poly} 是多晶硅连线的电阻。此外，还产生了一个小的附加电容。通常，这些电阻和电容的影响是不重要的。用扩散层做电源线和地线的缺点是增加了串联电阻和加大了电容。根据经验，这个电阻应比 MOS 管导通电阻低一个数量级。电源线的电容通常对性能没有影响。当 MOS 管到电源线和地线的连线采用金属线时，从左到右穿过单元的多晶硅连线必须位于 MOS 管的上面或下面。而当多晶硅连线从左到右在单元中部穿过时，需要采用一条金属搭接线，并且反相器的版图可以重新设计，采用垂直走向的 MOS 管结构（如图 10.19（a）所示），如图 10.19（e）所示。增加第二层金属连线层，对原有的两个连线层有更大的连接自由。第二层金属连线用作电源线（V_{DD}）和地线（V_{SS}），并且还可以用来搭接平行的多晶硅连线，以减小多晶硅长连线所造成的延时。在这些情况下，除了增加第二层金属连线和第一层金属的连接端，版图近似维持不变。

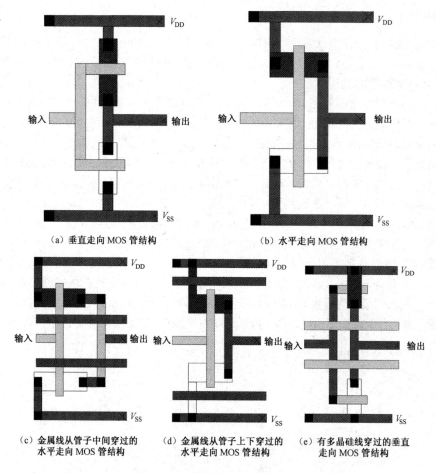

（a）垂直走向 MOS 管结构　　　　　　　（b）水平走向 MOS 管结构

（c）金属线从管子中间穿过的　　　（d）金属线从管子上下穿过的　　　（e）有多晶硅线穿过的垂直
　　水平走向 MOS 管结构　　　　　　水平走向 MOS 管结构　　　　　　走向 MOS 管结构

图 10.19　各种形式的反相器版图

值得注意的是，大的反相器可以由许多个较小的反相器并联组成，如图 10.20（a）所示。各个源区和漏区用一些接触孔和金属线连接在一起，以减小大 MOS 管的源-漏电阻。另外，合并邻近的扩散区，可以减小侧壁的周界电容。背靠背地放置 MOS 管（见图 10.20（b）），使扩散区合并，可得到更小的漏区电容。这样，漏区的面积没有增加很多，但 MOS 管的跨导系数（K）却加倍了。采用图 10.20（c）所示的星状连接，可使漏区电容进一步减小。请注意，图 10.20（c）表示的是版图的示意结构。在掩模上，源区和漏区是一块连成一片的区域（没有边角处的空白区），以提高跨导和减小侧壁的周界电容。此处，MOS 管的 K 提高到 4 倍，而漏区的面积基本上和单个反相器的相同。

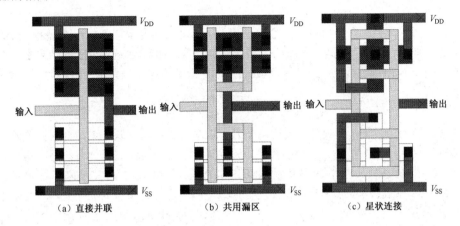

（a）直接并联　　　　　　（b）共用漏区　　　　　　（c）星状连接

图 10.20　并联反相器版图

实际上，这几种变型代表了反相器（在一定程度上也是其他门）的某些版图"类型"，在本书中，它们将用于不同的场合。

10.2.2　CMOS 与非门和或非门

1. 工作原理

二输入与非门和二输入或非门电路如图 10.21 所示，两个 PMOS 管并联与两个串联的 NMOS 管相连构成了二输入与非门，两个 NMOS 管并联与两个串联的 PMOS 相连构成了二输入或非门。

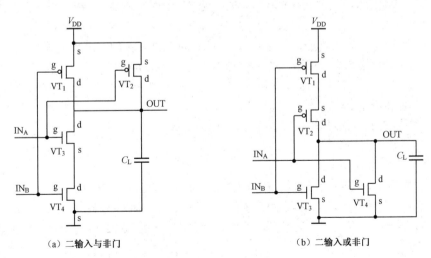

（a）二输入与非门　　　　　　　　　　　　（b）二输入或非门

图 10.21　二输入与非门和二输入或非门电路

对于与非门，当 IN_A（IN_B）为低电平时，VT_2（VT_1）导通，VT_3（VT_4）截止，形成从 V_{DD} 到输出 OUT 的通路，阻断了 OUT 到地的通路。这时相当于一个有限的 PMOS 管导通电阻（称为上拉电阻）和一个无穷大的 NMOS 管的截止电阻（尽管有一个 NMOS 管在导通态，但因为串联电阻值取决于大电阻，从 OUT 看进去的 NMOS 管电阻仍是无穷大）的串联分压电路，输出为高电平（V_{DD}）。如果 IN_A 和 IN_B 均为高电平，使得两个 NMOS 管均导通，两个 PMOS 管均截止，形成了从 OUT 到地的通路，阻断了 OUT 到电源的通路，呈现一个有限的 NMOS 导通电阻（称为下拉电阻，其值为单个 NMOS 管导通电阻的 2 倍）和无穷大的 PMOS 管截止电阻的分压结果，输出为低电平。

对于或非门，由类似的分析可知，当 IN_A 和 IN_B 同时为低电平时，分压的结果使得输出为高电平，当 IN_A 和 IN_B 有一个为高电平或两个都为高电平时，MOS 管电阻分压的结果是输出为低电平。只不过两个 NMOS 管全导通时（并联关系）的等效下拉电阻是单管导通电阻的一半。

2. 与非门和或非门电路的设计

所谓与非门的等效反相器设计，实际上就是根据晶体管的串并联关系，再根据等效反相器中相应晶体管的尺寸，直接获得与非门中各晶体管的尺寸的设计方法。具体方法是：将与非门中的 VT_3 和 VT_4 的串联结构等效为反相器中的 NMOS 晶体管，将并联的 VT_1、VT_2 等效 PMOS 的宽长比$(W/L)_N$ 和 $(W/L)_P$ 以后，考虑到 VT_3 和 VT_4 是串联结构，为保持下降时间不变，VT_3 和 VT_4 的等效电阻必须缩小一半，即它们的宽长比必须比反相器中的 NMOS 的宽长比增加一倍，由此得到$(W/L)_{VT3, VT4} = 2(W/L)_N$。

那么，VT_1 和 VT_2 是并联，是不是它们的宽长比就等于等效反相器中 PMOS 管的宽长比的一半呢？回答是否定的。因为考虑到二输入与非门的输入端 IN_A 和 IN_B 只要有一个为低电平，与非门输出就为高电平的实际情况，为保证在这种情况下，仍能获得所需的上升时间，要求 VT_1 和 VT_2 的宽长比与反相器中 PMOS 管相同，即 $(W/L)_{VT1, VT2} = (W/L)_P$。至此，根据得到的等效反相器的晶体管尺寸，就可以直接获得与非门中各晶体管的尺寸，对多输入的与非门有同样的处理方法。

归纳起来，对 n 输入的与非门的各 MOS 管的尺寸计算方法如下。

① 将与非门中的 n 个串联 NMOS 管等效为反相器中的 NMOS 管，将 n 个并联的 PMOS 管等效为反相器中的 PMOS 管。

② 根据频率要求和有关参数计算获得等效为反相器中的 NMOS 管，将 n 个并联的 PMOS 管等效为反相器中的 PMOS 管。

③ 考虑到 NMOS 管是串联结构，为保持下降时间不变，各 NMOS 管的等效电阻必须缩小 n 倍，即它们的宽长比必须是反相器中的 NMOS 管的宽长比的 n 倍。

④ 为保证在只有一个 PMOS 晶体管导通的情况下，仍能获得所需的上升时间，要求各 PMOS 管的宽长比与反相器中 PMOS 管相同。

同理，对或非门也可以采用类似的方法计算各 MOS 管尺寸。

3. 版图实现[3]

利用在 CMOS 反相器中介绍的类似的方法，可以把两端输入与非门的电路图转换成版图。图 10.22（a）所示为由电路图直接转换产生的一种版图。把 MOS 管设计成水平走向，便可得到图 10.22（b）所示的版图。可以注意到，在与非门情况下，图 10.22（b）所示的版图更规则，占的面积也较小。

两输入端或非门的版图如图 10.23（a）所示。请注意，并联的两个 MOS 管上的连线有些改变。另一种版图如图 10.23（b）所示，这种连接同并联的反相器一样，接到输出端内的漏区面积比较小，门的工作速度较快。同样的变型可用于与非门。

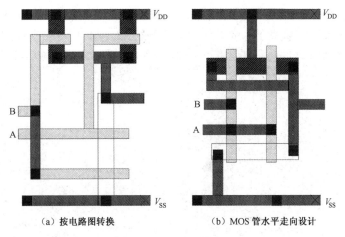

（a）按电路图转换　　　　　　　　　　（b）MOS 管水平走向设计

图 10.22　与非门的版图

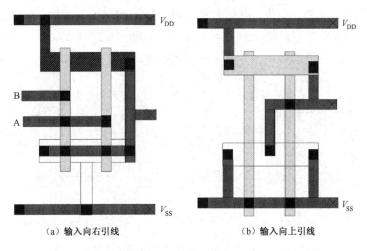

（a）输入向右引线　　　　　　　　　　（b）输入向上引线

图 10.23　或非门版图

10.2.3　CMOS 传输门和开关逻辑

1. 工作原理[4]

从 MOS 晶体管的基本工作原理我们已经知道：当 MOS 管的表面形成导电沟道后，器件源漏极之间就呈现低电阻连通，反之，如果 MOS 管截止，器件的源漏就呈现高电阻断开，因此 MOS 器件是一个典型的开关。当开关打开的时候，就可以进行信号传输，这时将它们称为传输门。与普通的 MOS 电路的应用有所不同的是，在 MOS 传输门中，器件的源极和漏极位置随传输的是高电平或是低电平而发生变化，并因此导致 V_{GS} 的参考点-源极位置相应变化。判断源极和漏极位置的基本原则是电流的流向。对 NMOS 管，电流从漏极流向源极；对 PMOS 管，电流从源极流向漏极。为防止发生 PN 结的正偏置，NMOS 的 P 型衬底接地，PMOS 的 N 型衬底接 V_{DD}。

图 10.24[3]中的 CMOS 传输门采用了 P 管和 N 管对，控制信号 $\overline{C}$ 和 C 分别控制 P 管和 N 管，使两管同时关断和开通。由于 PMOS 管对输入信号 S 高电平的传输性能好，而 NMOS 管对输入信号 S 低电平的传输性能好，从而使信号 S 可以获得全幅度的传送而没有电平损失。

利用传输门，很容易构成一些开关逻辑。图 10.25 所示为利用了两个传输门组成的开关逻辑与或门。不管控制信号 C 是什么情况，两个传送门总是一个处于导通传送状态以传送信号 A 或 B 到输出端。这种开关逻辑仅用了 4 个元件就可以实现常规的方法需要 10 个元件才能实现的二输入

"与或"功能。开关逻辑给 CMOS 电路设计带来许多优越性，它不但减少了元件数，减少了芯片尺寸，而且减少了门的级数，提高了电路速度。由于传输门仅仅起信号的开关作用，它不能像普通的逻辑门那样有输入和输出之间的隔离作用和输出驱动作用，因此多级传输门级联将受到限制。

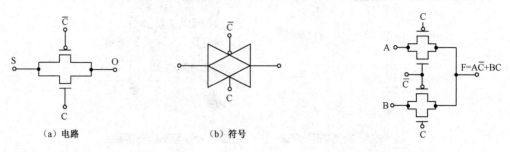

（a）电路　　　　　　　　（b）符号

图 10.24　传输门　　　　　　　　图 10.25　开关逻辑与或门

图 10.26 所示为利用开关逻辑构成的异或门和异或非门电路。下面以异或门为例，说明如何利用开关逻辑来设计逻辑功能电路。由变量 A、B 的异或表达式 $F = \overline{A}B + \overline{B}A$ 可以看出：当 B＝1 时，输出 $F = \overline{A}$，即在电路上要求当 B＝1 时传送 $\overline{A}$ 到输出；当 B＝0 时，输出 F＝A，即传送 A 到输出。根据这一关系，利用两个传送门和一个反相器就可以实现异或功能。

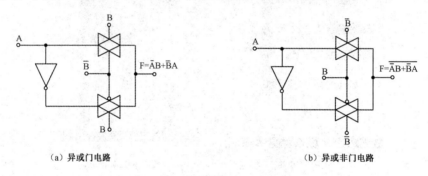

（a）异或门电路　　　　　　　　（b）异或非门电路

图 10.26　利用开关逻辑构成的异或门和异或非门电路

利用 CMOS 传输门的开关特点，还可将不同功能的门进行线或。图 10.27 所示的电路是以 A、B 为输入端的或非门和一个以 C 为输入的反相器组成线或的例子。当 E 为高电平时，反相电路与输出隔离，输出或非门的结果。反之，E 为低电平时，反相器直接接到输出，或非门电路和输出隔离。在图 10.27 所示的电路中，直接将传送开关接入或非门和反相器电路，不但节省了芯片面积，而且还可以提高电路的抗辐射指标。

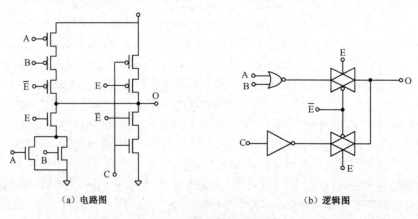

（a）电路图　　　　　　　　（b）逻辑图

图 10.27　线或电路与逻辑图

2. 版图实现

CMOS 传输门的版图如图 10.28 所示。

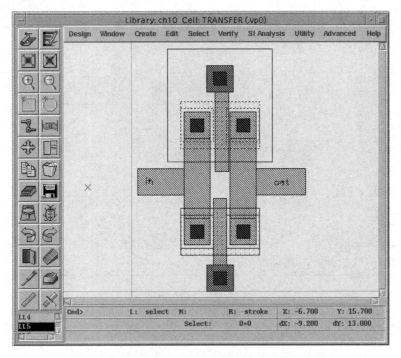

图 10.28　CMOS 传输门版图

10.2.4　三态门

在微处理器结构里，往往采用公共总线结构，因此需要设计三态门电路，以避免总线使用的矛盾。三态门电路可以用如图 10.29（a）所示的常规逻辑门结构构成。当使能信号 E 为高电平时，或非门和与非门都打开，数据传至驱动管反相输出；当 E 为低电平时，与非门输出为高电平关闭了 P 管，或非门输出低电平关闭了 N 管，输出处于高阻态。三态门还可以有如图 10.29（b）所示的另一种形式。当 E 为高电平时，VT_1 和 VT_2 关闭，传输门开通使 VT_3 和 VT_4 构成反相器，反相器将数据 D 反相，传至输出级再反相后输出；当 E 为低电平时，传输门关闭，不管数据 D 处于什么状态，VT_1 将输出 P 管栅充电到高电平，VT_2 将输出 N 管栅放电至低电平，这样 P 管和 N 管都处于关闭状态，使输出端处于高阻态。这类电路比图 10.29（a）所示电路所用元件少，而且元件尺寸也小。

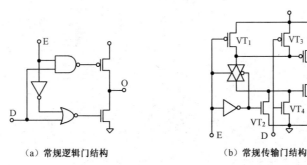

（a）常规逻辑门结构　　　　　　　（b）常规传输门结构

图 10.29　三态门

三态门版图如图 10.30 所示。

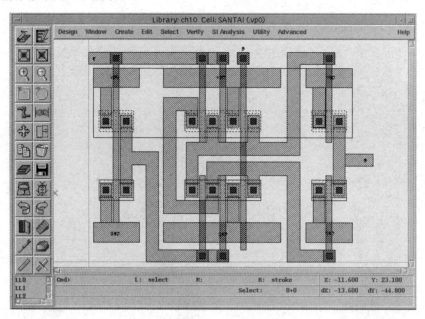

图 10.30　三态门版图

10.2.5　驱动电路

众所周知，任何一个逻辑门都有一定的驱动能力，当它所要驱动的负载超过了它的能力时，就将导致速度性能的严重退化。设计者可根据负载大小及脉冲边沿的要求决定驱动级器件尺寸，如果驱动级尺寸很大且和前级功能电路的驱动能力不相匹配，应该在两者之间加一些缓冲级，以达到最佳匹配。驱动电路的结构如图 10.31 所示。

由于驱动电路的管子 W/L 较大，所以往往采用折线栅和并联管子的方法以减少面积。图 10.32 所示就是驱动电路常用的一个大宽长比的非门版图。

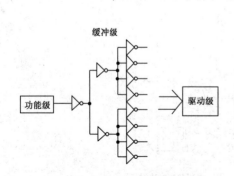

图 10.31　驱动电路的结构示意图

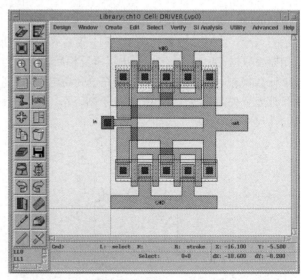

图 10.32　驱动电路常用的一个大宽长比的非门版图

10.3　数字电路标准单元库设计

单元库设计技术是当今 VLSI 设计的主要技术之一，借助单元库设计方法可以使大规模数字集成系统的设计朝向自动化发展，使芯片功能变得越来越强大。

10.3.1　基本原理

集成电路设计标准单元法的基本设计思想是：用人工设计好各种成熟的、优化的、版图等高的单元电路，把它们存储在一个单元数据库中。根据用户的要求，把电路分成各种单元的连接组合。通过调用单元库的这些单元，并以适当的方式将它们排成几行，使芯片成长方形，行间留出足够的空隙作为单元行间的连线通道。利用 EDA 工具，根据已有的布局、布线算法，可以自动布出用户所要求的 IC。

标准单元法的制作流程与门阵列基本类似，但单元库的支持起着关键作用。它不但支持版图设计，同时也支持逻辑和电路设计。标准单元法的设计流程框图如图 10.33 所示。

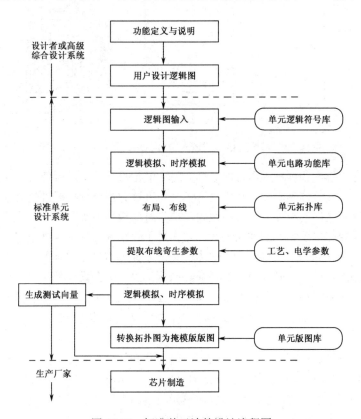

图 10.33　标准单元法的设计流程图

需要说明的是，目前在国内外的 IC 行业中，单元库中单元的形式和设计并没有统一的标准，各公司都有自己的单元库并且相互保密。

10.3.2　库单元设计

标准单元库中的单元电路是多样化的，通常包含上百种单元电路，每种单元的描述内容都包括：
① 逻辑功能。
② 电路结构与电学参数。

③ 版图与对外连接端口的位置。

对于标准单元设计 EDA 系统而言，标准单元库应包含以下三个方面的内容：

① 逻辑单元符号库与功能单元库；

② 拓扑单元库；

③ 版图单元库。

图 10.34 所示为一个简单反相器的逻辑符号、单元拓扑和单元版图[4]。

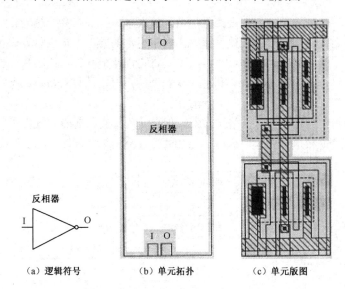

　　（a）逻辑符号　　　　　（b）单元拓扑　　　　（c）单元版图

图 10.34　简单反相器的逻辑符号、单元拓扑和单元版图

逻辑单元符号库包含各种标准单元的名称、逻辑单元的符号，并标有输入/输出及控制端。功能单元库是在标准单元版图确定后，从中提取了分布参数并由 EDA 软件进行模拟得到的电路单元性能，并将电路单元的功能描述成电路逻辑模拟与时序模拟所需要的功能库形式。

拓扑单元库是版图主要特性的抽象表达，它去掉了版图内部的具体细节，但包括版图单元的宽度、高度、输入/输出端口和控制端口的位置。拓扑单元库保持了单元的主要特征，用它来进行标准单元的布局布线，可大大减少设计处理的数据量，提高版图设计效率。

版图单元与工艺直接相关，是标准单元库设计者根据工艺制造厂提供的几何设计规则精心设计的全手工版图，并以标准版图数据格式存储在计算机内，可供使用者直接调用。这些版图单元具有以下特性：

① 各版图单元可以有不同的宽度，但必须具有相同的高度。

② 单元的电源线和地线通常安排在单元的上下端，从单元的左右两侧同时出线，电源、地线在两侧的位置要相同，线的宽度要一致，以便单元间电源、地线的对接。

③ 单元的输入/输出端常安排在与电源和地线垂直的位置。

标准单元库中的各单元一般包括以下几大类，每类都有一定的功能范围。

① 门：包括多输入端的标准门，如与门、与非门、或门和或非门。还有三输入端的二级混合门。这些混合门不仅简化了逻辑关系，同时又节约了芯片面积。

② 驱动器：驱动单元有正向驱动和反向驱动两种形式，每种形式还可以有不同输出负载能力的单元。

③ 多路转换器：利用电路级联可以将单元库提供的基本多路转换器（如 2 位）扩展成多位多路转换器。

④ 触发器：标准单元库中的触发器常设计成主从结构，如 D 触发器、RS 触发器等，这些触

发器还具有清零/置位端。

　　⑤ 锁存器和移位寄存器。

　　⑥ 缓冲单元：包括驱动电平转换电路、I/O 保护电路和用于与外部连接的输入/输出焊盘等。

　　以上是一个标准单元库必须具备的一些常用数字单元。一个完备的标准单元库应包括尽可能多的基本单元电路，以供用户选择使用。但必须指出的是，标准单元库的建立是一个较长期的、繁杂的过程。

10.4　焊盘输入/输出单元

　　任何一种设计技术，版图结构都需要焊盘输入/输出单元（I/O PAD）。不论是门阵列结构、标准单元结构或是以后将介绍的积木块结构，它们的 I/O PAD 大部分都是以标准单元的结构形式出现。与其他标准单元相同，这些 I/O PAD 通常也具有等高不等宽的外部形式，各单元的电源、地线的宽度和相对位置仍是统一的，以便对接。不同的是这些单元的引线端位于单元的一边（位于靠近内部阵列的一边）。由于其外部形状的规则性，所以输入/输出或双向单元属于标准单元的范畴，它们是标准单元库的内容之一。

　　现代设计理论提倡将 IC 的内容结构和外部信号接口分开设计，所以承担输入/输出信号接口的 I/O 单元就不再仅仅是焊盘（PAD），而是具有一定功能的功能块。这些功能块担负着对外的驱动、内外的隔离、输入保护或其他接口功能。这就要求将电源和地线通达这些 I/O PAD。这些单元的一个共同之处是都有焊盘，用于连接芯片与封装管座，这些焊盘通常是边长几十微米到 $100\ \mu m$ 的矩形。为防止在后道划片工艺中损伤芯片，通常要求 I/O PAD 的外边界距划片位置 $100\ \mu m$ 左右（具体尺寸由划片工艺的精度决定）。

　　I/O PAD 通常可分为：输入单元、输出单元、输入/输出双向单元。

10.4.1　输入单元

　　输入单元主要承担对内部电路的保护，一般认为外部信号的驱动能力足够大，输入单元不必具备再驱动功能。因此，输入单元的结构主要是输入保护电路。

　　因为 MOS 器件的栅极有极高的绝缘电阻，当栅极处于浮置状态时，由于某种原因（如触摸），感应的电荷无法很快地泄放掉。而 MOS 器件的栅氧化层极薄，这些感应的电荷使得 MOS 器件的栅与衬底之间产生非常高的场强。如果超过栅氧化层的击穿极限，则将发生栅击穿，使 MOS 器件失效。

　　为防止器件被击穿，必须为这些电荷提供泄放通路，这就是输入保护电路。输入保护分为单二极管、电阻结构和双二极管、电阻结构。图 10.35 所示为一种单二极管、电阻结构的保护电路和版图形式。图 10.36 所示为一种双二极管、电阻结构的保护电路和版图形式，这种保护实际上是通过两个二极管对输入端信号的钳位，使输入端信号被限制在 $-0.7\ V \sim V_{DD}+0.7\ V$ 的范围内。当电荷所产生的电压超出了限制范围，就被钳制在限定的范围内。当然，如果输入的信号超出了这个范围，同样也会被钳制。保护电路中的电阻可以是扩散电阻、多晶硅电阻或其他合金薄膜电阻，其典型值是 $500\ \Omega$。

　　从图 10.36 可以看到，这样的一个简单的电路，其版图形式比我们在前面看到的门阵列版图复杂了许多。这样的版图设计不仅考虑了电路所要完成的功能，而且充分地考虑了接口电路将面对的复杂的外部情况，考虑了在器件物理结构中所包含的寄生效应。希望通过这样的输入电路，使集成电路内部得到一个稳定、有效的信号，阻止外部干扰信号进入内部逻辑。

　　比较图 10.35 和图 10.36，清楚地表明了这两个单元具有标准单元的特征：它们是等高的，但不等宽，它们的电源线和地线位置一致，线宽相同。

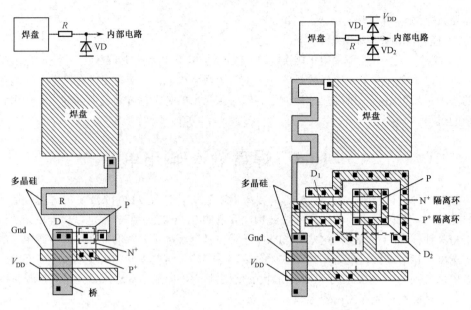

图10.35 单二极管、电阻结构的保护电路和版图   图10.36 双二极管、电阻结构的保护电路和版图

10.4.2 输出单元

输出单元的主要任务是提供一定的驱动能力，防止内部逻辑过负荷而损坏。另一方面，输出单元还承担了一定的逻辑功能，单元具有一定的可操作性。与输入电路相比，输出单元的电路形式比较多。

1. 反相输出 I/O PAD

（1）保证提供驱动能力的版图设计考虑

顾名思义，反相输出就是内部信号经反相后输出。这个反相器除了完成反相的功能，另一个主要作用是提供一定的驱动能力。图 10.37 所示为一种 P 阱硅栅 CMOS 结构的反相输出单元，由版图可见构造反相器的 NMOS 管和 PMOS 管的尺寸比较大，因此具有较大的驱动能力。

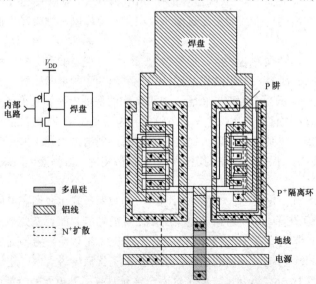

图 10.37 P 阱硅栅 CMOS 反相结构输出单元

作为内部信号对外的接口，其工作环境复杂，为防止触发 CMOS 结构的寄生可控硅效应烧毁电路，该版图采用了 P⁺ 和 N⁺ 隔离环结构，并在隔离环中设计了良好的电源、地接触。因为 MOS 管的宽长比较大，版图采用了多栅并联结构，源漏区的金属引线设计成叉指状结构，电路中的 NMOS 管和 PMOS 管实际是由多管并联构成，采用了共用源区和共用漏区结构。考虑到电子迁移比空穴约大 2.5 倍，所以，PMOS 管的尺寸比 NMOS 管大，这样可使反相器的输出波形对称。图 10.38 所示为将金属铝引线去除后的版图形式，通过这个图可以清楚地看到器件的并联结构和重掺杂隔离环的结构。

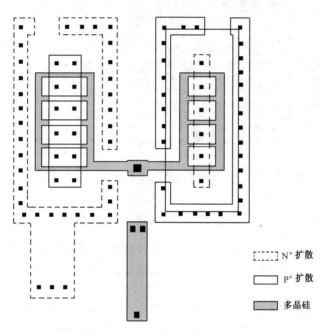

图 10.38　去铝后的反相器版图

在图中，多晶硅栅采用了封闭的版图结构，这样做的一个主要原因是减小信号在多晶硅栅上的衰减。因为多晶硅电阻的存在，信号对栅电容的充放电强度从信号注入端到硅栅的末端产生差异，信号产生的源漏电流也为之变化，影响了速度性能。为减小这种差异所产生的影响，将每个并联 MOS 管的硅栅极头加以连接，减小了硅栅的等效电阻，如有可能应将短接多晶硅条的宽度增加，进一步均衡多晶硅栅上的电位。另一个在设计中应注意的是，这些延伸出来的多晶硅条应在场区上通过，以减小分布电容的影响。图 10.39 所示为一个大尺寸 NMOS 管的版图和剖面图（注：该 NMOS 管的源极接地）。在这里的多晶硅栅在输入端一边开孔并用金属引线短路，以此来保证每一个并联的 NMOS 管栅上得到的信号都是相同的。同时，因为 N⁺隔离环未在多晶硅上跨越，因此，这个隔离环是一个完整的封闭环。当然，在图 10.37 所示的版图中也可以采用这种结构。

对于需要大面积接触的区域，在设计引线孔时，为减轻工艺加工的大小尺寸匹配难度，也为了避免大面积接触可能引起的金属熔穿掺杂区的情况发生，通常采取多个接触孔代替一个大的接触孔的方案。

在输入/输出单元的设计中，通常都要设计重掺杂隔离环并接电源（N⁺环）或地（P⁺环）。主要目的有两个：一是吸收掉衬底中 PN 结的反向漂移电流，从而抑制可控硅效应的触发；二是形成衬底的电位接触区。因为在 CMOS 结构中的四层三结（四层相邻的掺杂区所形成的三个相连的 PN 结）结构是一个寄生的可控硅器件，作为接口电路的恶劣工作环境有可能使可控硅导通而烧毁器件。因此，对接口器件通常都必须考虑抑制可控硅的措施，隔离环结构是一种常用的版图形式。在图 10.36、图 10.37 和图 10.39 所示的版图中都采取了有关的措施。

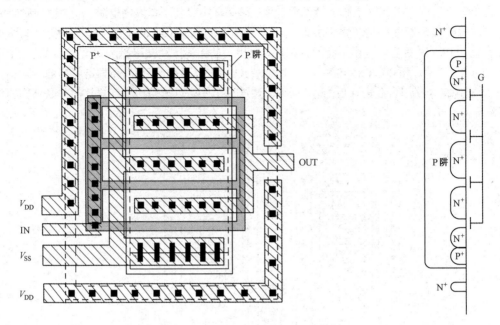

图 10.39　大尺寸 NMOS 管的版图和剖面图

因为单元的面积比较大，为防止表面漏电和分布参数对器件性能的不利影响，在版图设计时要求多晶硅引线和金属引线尽量在场区上通过，这也是 MOS 电路设计的一般准则。

（2）前级驱动能力的考虑

当考虑输出单元的速度性能时，这些大尺寸器件、电路的设计就必须考虑前级的驱动问题。因为器件的尺寸越大，意味着本身的输入电容越大，对器件所需要的驱动电流越大，否则，电路的响应速度将因为前级驱动对电容充放电的速度不够（因前级驱动电流不够）而使速度性能劣化，这就要求前级具有一定的电流驱动能力。但是，接口单元的输入驱动由内部电路提供，如果希望该接口单元提供大电流以驱动外部的大负载，则内部电路的驱动也必须提高，这往往难以实现。为在不增加内部电路负载的条件下获得大的输出驱动，可以采用奇数级的反相器链驱动结构，如图 10.40 所示。在奇数级反相器链中，器件的尺寸逐级增大，驱动能力也被逐级加大，而内部电路只要比较小的驱动即可，也就是说，I/O 单元本身并不是一个反相器，而是一串反相器。为满足延时特性的要求，各反相器之间尺寸应满足一定的比例要求，这个比例可以通过计算获得。

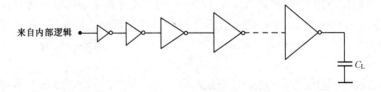

图 10.40　奇数级反相器链驱动结构

如果一个内部反相器能够在规定的时间 τ 内将一个和它相同的反相器驱动到规定的电压值，假设反相器的输入电容等于 C_g，则当它驱动一个输入电容为 fC_g 的反相器达到相同的电压值所需的时间为 $f\tau$。如果负载电容 C_L 和 C_g 的 $C_L/C_g = Y$ 时，则直接用内部反相器驱动该负载电容所产生的总延迟时间为 $t_{tol} = Y\tau$。

如果采用反相器链的驱动结构，器件的尺寸逐级放大 f 倍，则每一级所需的时间都是 $f\tau$，N

级反相器需要的总时间是 $Nf\tau$。由于每一级的驱动能力放大 f 倍，N 级反相器的驱动能力就放大了 f^N 倍，所以 $f^N=Y$。对此式两边取对数，得

$$N = \frac{\ln Y}{\ln f} \qquad (10.23)$$

反相器链的总延迟时间为

$$t_{\text{tol}} = Nf\tau = \frac{f}{\ln f}\tau\ln Y \qquad (10.24)$$

理论计算表明，当 $f=e$ 时，反相器链的延迟时间最小，等于 $e\,\tau\ln Y$，此时的反相器链的级数为 $N=\ln Y$，当然，实际设计中必须取整。

通过比较 $\dfrac{f}{\ln f}\tau\ln Y$ 和 $Y\tau$，可以看到直接驱动和反相器链驱动大电容负载时的差异，图 10.41 所示为对 $\dfrac{f}{\ln f}\ln Y$ 和 Y 进行计算的延迟时间曲线。图中，当采用内部反相器直接驱动负载时，总延迟时间和 Y 是线性关系（图中的 45° 斜线）。当采用反相器链驱动负载时，假设反相器尺寸放大比例 f 分别为 1.5、2.7、5、10、15，则各反相器链总延迟时间函数如图中的对数曲线所示。

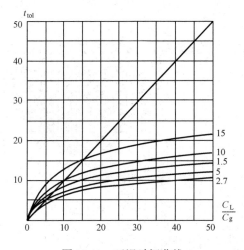

图 10.41　延迟时间曲线

从这组曲线中我们可以看到，当 f 为 2.7（e 的近似值）时，总延迟时间最小。当驱动大负载（即 C_L/C_g 比较大）时，与直接驱动相比，采用反相器链驱动方式的总延迟时间比较小。同时也可以看出，当 f 的数值增大时，这种差别在减小。因此，f 的数值取 2~8 比较合适。

2. 同相输出 I/O PAD

同相输出实际上就是"反相＋反相"，或者采用类似于图 10.40 所示的偶数级的反相器链。为什么不从内部电路直接输出呢？主要是驱动能力问题。利用链式结构可以大大地减小内部负荷。即内部电路驱动一个较小尺寸的反相器，这个反相器再驱动大的反相器，在同样的内部电路驱动能力下才能获得较大的外部驱动。

3. 三态输出 I/O PAD

所谓三态输出是指单元除了可以输出"0""1"逻辑，还可高阻输出，即单元具有三种输出状态。同样，三态输出的正常逻辑信号也可分为反相输出和同相输出。图 10.42 所示为一个同相三

态输出的电路单元结构图。

单元电路有两个信号端：数据端 D 和控制端 C。当控制端 C 为逻辑"1"时，与非门和或非门都处于等效反相器状态，它们的输出始终相同且为数据端信号 D 的非量，经 VT$_1$、VT$_2$ 构成的等效反相器，传送到焊盘上的信号就是数据端 D 的信号。而当 C 为逻辑"0"时，与非门输出为"1"，或非门输出为"0"，PMOS 管 VT$_1$ 和 NMOS 管 VT$_2$ 均处于截止状态，使输出信号处于高阻态。

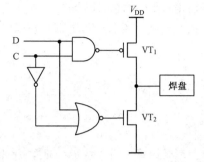

图 10.42　同相三态输出的单元电路结构图

如果在这个电路的数据端上加一个反相器，即可构成反相输出的三态输出单元。

图 10.43 所示为同相三态输出单元的版图。在版图布局上，通常将信号处理逻辑（如图中的反相器、与非门和或非门所组成的逻辑）放置在主要的驱动器件旁边，虽然这些逻辑的晶体管数量比较多，但因为它们的相对尺寸比较小，所以占用的总面积并不大。对驱动晶体管的布局形式是多种多样的，既可以一边放置、上下放置，也可以左右放置，还可以呈相对垂直的方向放置或其他布局方式，由于技术的进步，现在的设计自由度比较大。布局的一个重要考虑因素是减小寄生可控硅效应。

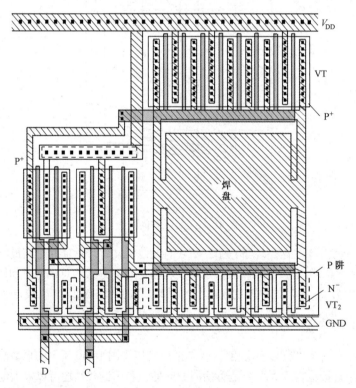

图 10.43　同相三态输出单元的版图

由于是单层金属布线，结构又相对复杂，因此在减小多晶硅电阻影响方面仅仅是加宽了多晶硅引线的宽度。如果采用双层金属布线的形式，就可以采用前面所介绍的方式减小多晶硅电阻的影响。

三态输出的 I/O 单元支持外部信号的总线通信方式，即集成电路模块既可以"挂上"总线，输出信号到总线上，又可以"让出"总线给其他集成电路模块。但在这种模式下工作的系统不允许有两个或两个以上的处于正常逻辑输出（"0""1"态）的单元同时连接到总线，因为这样的连接或信号模式将导致逻辑的不确定性（产生总线竞争）。

4．漏极开路输出单元

如果希望系统支持多个集成电路的正常逻辑输出同时到总线以实现某种操作，就必须对集成电路的输出单元进行特殊的设计，以支持线逻辑，同时总线也将做适当的改变。漏极开路输出单元结构就是其中的一种。图 10.44 所示为两种漏极开路结构的输出单元，其中图 10.44（a）的内部控制信号是通过反相器反相控制 NMOS 管工作的方式，图 10.44（b）是同相控制的方式。

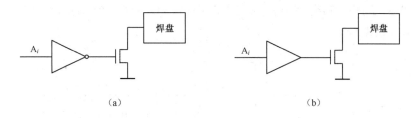

图 10.44　两种漏极开路结构的输出单元

所谓漏极开路输出就是在 NMOS 输出管的漏极上并没有接任何上拉负载的电路形式。因此，这样的 NMOS 管并不具备完整的逻辑功能。即使在内部信号的控制下，NMOS 管的栅源电压大于 NMOS 管的阈值电压，但因为没有上拉负载提供电流通道，所以不能构成完整的逻辑。要使得这样的漏极开路结构具备完整的逻辑运算功能，必须由外电路提供电流通路。所以在总线方式下，连接这种输出单元的总线必须接有上拉电阻，如图 10.45 所示。

从图 10.45 所示的电路结构可以看出这是一个或非逻辑，由于是通过外边连线实现的逻辑，故被称为线逻辑，表达式为：

$$b_i = \overline{\overline{A_1} + \overline{A_2} + \cdots + \overline{A_N}} = A_1 + A_2 + \cdots + A_N \tag{10.25}$$

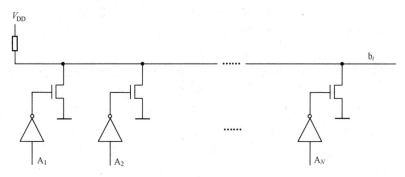

图 10.45　漏极开路结构实现的线逻辑

各集成电路相关单元的内部信号实现与运算，这种操作被称为线与。

同样的，如果采用图 10.44（b）所示的结构，则各内部信号实现或非运算。

如果控制漏极的 NMOS 管的单元不是反相器或同相器，而直接是运算单元，则可以通过外部总线实现复杂逻辑运算。

在漏极开路输出单元中的 NMOS 管通常也是大尺寸的晶体管，因为它们要驱动总线上的负载。这样 NMOS 管可以采用如图 10.39 所示的 NMOS 管结构。类似地，如果这个晶体管尺寸很大，它将引起内部驱动的困难，同样的可以采用反相器链的方式进行驱动。

除了 NMOS 管漏极开路的结构，也可以设计 PMOS 管漏极开路的输出单元结构，或者是同时具备 NMOS 管漏极开路和 PMOS 管漏极开路等。例如，在图 10.43 所示的三态输出单元中，将控制信号 C 连接的反相器去除，直接用 C 信号同时控制与非门和或非门，则当　　C＝1 时，不论 D 信号是什么逻辑值，VT$_2$ 都被截止，单元处于反相器控制 PMOS 管漏极开路结构，类似于图 10.44（a）所示的结构，只不过控制的是 PMOS 管，如果 C＝0，则 PMOS 管始终截止，单元与图 10.44（a）相同。

10.4.3　输入/输出双向三态单元（I/O PAD）

在许多应用场合，需要某些数据端同时具有输入/输出的功能，或者还要求单元具有高阻状态。在总线结构的电子系统中使用的集成电路常常要求这种 I/O PAD。图 10.46 所示为一个输入/输出双向三态单元电路原理图。

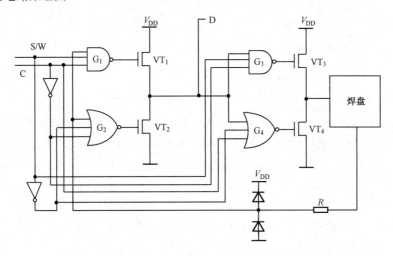

图 10.46　输入/输出双向三态单元电路原理图

单元有两个控制端和一个数据端。数据端 D 连接到芯片的内部逻辑。数据端 D 或者读入焊盘上的信号，或者输出内部信号到焊盘。控制端 C 的状态用于控制 I/O PAD 的输入或输出。控制端 S/W 的状态决定 I/O PAD 是否处于高阻状态。

当 S/W 为逻辑"1"时，I/O PAD 的工作状态由另一个控制端 C 来决定。当 C 为"1"时，G$_1$、G$_2$ 均等效为反相器，与 VT$_1$、VT$_2$ 组合构成"反相＋反相"状态，VT$_3$、VT$_4$ 由于 G$_3$、G$_4$ 的作用均截止，焊盘上的信号经双二极管、电阻保护电路同相地传送到数据端 D，系统处于读入（输入）信号状态，此时的 I/O PAD 完成输入功能。当 C 为逻辑"0"时，VT$_1$、VT$_2$ 截止，阻断了焊盘到数据端 D 的输入通路，右半个单元开放，数据端 D 上信号同相的传送到焊盘，I/O PAD 处于同相输出状态。

当控制端 S/W 为逻辑"0"时，与非门 G$_1$、G$_3$ 输出为逻辑"1"，或非门 G$_2$、G$_4$ 输出为逻辑"0"，两对 MOS 管 VT$_1$、VT$_2$、VT$_3$、VT$_4$ 均处于截止状态，内部电路和焊盘之间完全被隔离，压焊块处于高阻状态。

如果将控制信号 S/W 去掉，门电路均为两输入结构时，就构成了普通逻辑的输入/输出双向 I/O PAD。

在这个单元的版图设计中需要同时考虑内、外的驱动问题。对外驱动能力由 VT$_3$、VT$_4$ 决定，这和上面介绍的输出单元相同；对内驱动能力由 VT$_1$、VT$_2$ 决定，这与前面介绍的输入单元不同。在前面所介绍的输入结构中都没有讨论对内部的驱动问题。为什么在这里要考虑内部驱动呢？这是因为在前面所介绍的输入单元结构中，驱动口主要由外部的信号源提供，不在设计的考虑之列，而在这里，由于 G_1、G_2、VT_1、VT_2 组成的逻辑"屏蔽"了外部的驱动源，因此对内部的驱动只能由 VT_1、VT_2 组成的反相器完成。在设计中需要依据内部的负载大小进行晶体管尺寸的设计。

10.5 了解 CMOS 存储器[5]

半导体存储阵列能够存储大量的数字信息，对所有的数字系统来说都是必不可少的。一个特定系统所需存储器的多少取决于该系统的应用类型。然而，一般来说，用于信息存储的晶体管要远远多于实现逻辑运算和其他功能的晶体管。对存储数据量不断增加的要求导致存储器制造工艺朝着越来越密集的设计规则进步，从而产生越来越高的数据存储密度。因此，单片半导体存储阵列的最大数据存储能力约每两年就要翻一番。片上存储阵列已成为众多超大规模集成电路中广泛使用的子系统，而商业上可使用的单片读/写存储器的容量已达 1 Gb。更高存储密度和更大存储能力的趋势将继续推动数字系统设计的发展。

存储阵列的面积效率，即单位面积存储的数据位数，即每 1 位存储器的费用，是决定整体存储能力的关键设计准则之一。另一个重要指标是存取时间，即在存储阵列中写入和读取特定数据位所需要的时间。存取时间决定了存取速度，因而存取速度也是衡量存储器的一个重要性能指标。最后，由于低功耗应用变得越来越重要，因此存储器的静态和动态功耗也是设计时要考虑的重要因素。下面将讨论各种类型的 MOS 存储阵列，并且详细介绍它们的用途和诸如面积、速度、功耗等设计指标。

半导体存储器一般按数据存取方式进行分类。读/写（RAV）存储器必须允许在存储阵列上对数据位进行修改（写入），也允许在要求的条件下读出。读/写存储器通常被称为随机存储阵列（RAM），主要由历史原因而得名。与磁带存储器等顺序存取的存储器不同，RAM 的任何一个数据单元的存取时间基本上相等。然而，它所存储的数据容易丢失，比如在掉电时会丢失所有存储的数据。基于单个数据存储单元的工作原理，RAM 主要分为两大类：动态存储器（DRAM）和静态存储器（SRAM）。DRAM 单元包含了一个可存储二进制信息"1"（高电平）或"0"（低电平）的电容和一个可对电容进行数据存取操作的晶体管。由于在存储节点上存在漏电现象，单元信息（电压）会逐渐丢失，因此单元数据必须周期性地进行读出和重写（刷新），即使存储阵列中没有存储数据也要如此。另外，SRAM 单元含有锁存器，只要不掉电，即使不刷新，数据也不会丢失。由于 DRAM 成本低、密度高，因此在 PC、大型计算机和工作站中广泛用作主存储器。由于 SRAM 存取速度高、功耗低，因此主要作为微处理器、大型机、工作站及许多便携设备的高速缓冲存储器。

顾名思义，只读存储器（ROM）在正常运行中只能够对已存储的内容进行读取，而不允许对存储的数据进行修改。ROM 存储器数据不易丢失，即使在掉电和不刷新的情况下，所存数据也会保存完好。根据数据存储（写入数据）方式的不同，ROM 可分为掩模 ROM 和可编程 ROM（PROM）。前者的数据是在芯片生产时用光电掩模写入的，而后者的数据则是在芯片做好后以电学方式写入的。根据数据擦除特性的不同，可编程 ROM 又可进一步分为熔丝型 ROM、可擦除 PROM（EPROM）和电可擦除 PROM（EEPROM）。熔丝型 ROM 中的数据是通过外加电流把所选熔丝烧断而写入的，一旦写入后数据就不能再进行擦除和修改。而 EPROM、EEPROM 中的数据能够重新写入，但写入次数限制为 $10^4 \sim 10^5$。EPROM 是让紫外光透过外壳上的水晶玻璃来同时擦除片内所有数据，而 EEPROM 则是通过加高电压以 8 位为单位来擦除单元中的数据。闪存（Flash）与 EEPROM 很相似，它所保存的数据也可通过外加高电压来擦除。EEPROM 的缺点就是写入速度较慢，仅在微秒级。

　　铁电 RAM（FRAM）是利用铁电电容器的滞后特性来克服其他 EEPROM 写入速度慢的缺点。因为 ROM 的成本比 RAM 低，一般用作打印机、传真机、游戏机及 ID 卡的永久性存储器。图 10.47 和表 10.3 分别为半导体存储器的类型及不同类型存储器的性能概况。

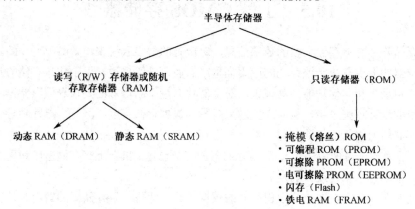

图 10.47　半导体存储器的类型

表 10.3　不同类型存储器的性能概况

	存储器类型					
	DRAM	SRAM	UVEPROM	EEPROM	Flash	FRAM
数据易失性	是	是	否	否	否	否
数据刷新	需要	不需要	不需要	不需要	不需要	不需要
单元结构	1T-1C	6T	1T	2T	1T	1T-1C
单元密度	高	低	高	低	高	高
功率损耗	高	高/低	低	低	低	高
读取速度	～50ns	～10/70ns	～50ns	～50ns	～50ns	～100ns
写入速度	～40ns	～5/40ns	～10μs	～5ms	～（10μs–1ms）	～100ns
使用寿命	长	长	长	短	长	长
成本	低	高	低	高	低	低
在系统可写性	有	有	无	有	有	有
电源	单电源	单电源	单电源	多电源	单电源	单电源
应用实例	主存	缓存/PDA	游戏机	ID 卡	存储卡、固态磁盘	灵便卡、数码相机

　　图 10.48 所示为存储单元的等效电路。DRAM 单元由一个电容和一个开关晶体管构成。存储的数据以电容器上电荷的有无来表示，有电荷表示为"1"，无电荷表示为"0"。由于漏电流的存在使得存储的电荷会逐渐减少，因而需要不断刷新。SRAM 单元含有一个由 6 个晶体管组成的锁存器来保持单元内各节点的状态。由于 SRAM 只要有电源供电，其单元内的数据就会处于双稳态锁存器两种可能状态中的一种，故它不需要进行刷新。掩模（熔丝）ROM 中，数据通过掩模方式进行写入（烧断每个单元内的熔丝来提供与相关器件的电连接），但它只允许一次性的编程操作。在 EPROM 和 EEPROM 中的数据可分别通过紫外线照射或注入隧穿电流方式重新写入。除了铁电体电容器，FRAM 单元的结构与 DRAM 单元的结构相似，改变该铁电物质的极化可修改单元中的数据。

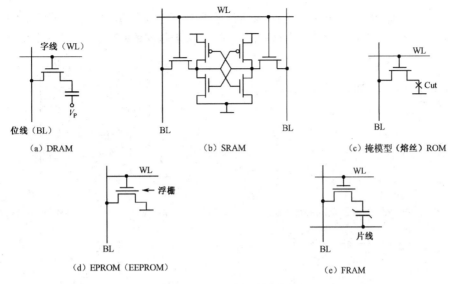

图 10.48　存储单元的等效电路

10.5.1　动态随机存储器（DRAM）

1. DRAM 单元的历史演变过程

随着高密度存储器的不断发展，存储单元的尺寸在逐渐减小，而这种趋势使得结构简单的动态 RAM 成为首选。在这种动态 RAM 中，二进制数据是以电容器上电荷的形式存储的，并用电容器上电荷的有无来表示存储位的值。由于漏电流最终会消除或改变存储的数据，导致电容器上的电荷不能长期保存，因而必须对所有存储（DRAM）单元中的数据进行定期刷新以防止数据丢失。电容器作为主要的存储元件，它的使用通常使得 DRAM 单元占用的硅片面积要比典型的 SRAM 单元小很多。

图 10.49 所示为 DRAM 单元发展过程中的几个阶段。图 10.49（a）所示的四晶体管单元为最早期的动态单元中的一种，产生于 20 世纪 70 年代。它的读/写操作与 SRAM 单元相类似。在写操作中，选中一条字线，一组互补的数据就从一对位线上写入。电荷存储在与一条高电平的位线相连的寄生电容和栅极电容上。由于没有通向存储节点的电流通路因泄漏而丢失电荷，所以该单元必须定时刷新。在读取操作中，位线上的电压通过一个栅极加高电平的晶体管导通到输出。因为存储节点的电压在读取操作过程中保持不变，所以读取操作不改变存储内容。

图 10.49（b）所示的三晶体管 DRAM 单元也应用于 20 世纪 70 年代早期。它利用一个晶体管（VT_3）作为存储器件（VT_3 的开关状态依赖于其栅极电容上存储的电荷），另外两个晶体管分别为读/写开关。在写操作过程中，写入字线被选通，写入位线上的电压就通过晶体管 VT_1 传到 VT_3 的栅极。在读取操作过程中，当 VT_3 的栅极为高电平时，读取位线上的电压通过 VT_2、VT_3 放电到地。三晶体管 DRAM 单元的读取操作不改变存储内容，而且读入的速度还要快些，但有 4 条连线，即两条位线和两条字线，以及额外的接触会增加芯片的面积。

图 10.49（c）、（d）分别表示双晶体管和单晶体管 DRAM 单元中都有显而易见的存储电容。这就是说，为了数据存储必须要为每个存储单元提供一个独立的电容来代替晶体管的栅极和分布电容。从 20 世纪 70 年代中期开始，单晶体管 DRAM 单元已成为高密度 DRAM 中符合工业标准的动态 RAM 单元。这两类单元的读/写操作几乎完全一致。在写操作过程中，字线选通后，数据通过晶体管 VT_1（或 VT_2）写入存储单元并且存于存储电容中。读取操作会改变存储内容。当存储单元与位线接通后，它存储的电荷会被明显改变。而且由于位线的电容比存储单元的电容要大

10 倍左右，故受存储单元的电平（数据）影响而产生的位线电压变动就会很小。因而为完成一次成功的读取操作需要用一个放大器来放大这种信号变化，并把数据重新写入单元中（电荷重新存储）。

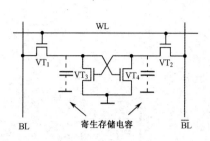

（a）含两个存储节点的四晶体管 DRAM 单元

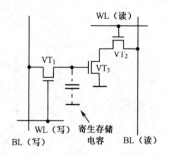

（b）含两条位线和两条字线的三晶体管 DRAM 单元

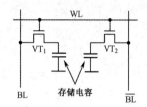

（c）含两条位线和一条字线的双晶体管 DRAM 单元

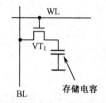

（d）含一条位线和一条字线的单晶体管 DRAM 单元

图 10.49　　动态 RAM 单元发展过程

2. 三晶体管 DRAM 单元的工作原理

图 10.50 所示为与带有列上拉（预充电）晶体管和列读/写电路相同的典型三晶体管 DRAM 单元的电路结构图。这里，二进制数据以电荷的形式存储在寄生节点电容 C_1 中，而存储晶体管 VT_2 的开关状态取决于存储在 C_1 上的电荷，以及在读/写数据过程中起选通开关作用的传输晶体管 VT_1 和 VT_3。该单元有两条独立的位线来进行读数据和写数据，另有两条独立的字线用于控制选通晶体管。

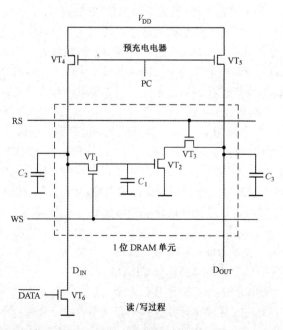

图 10.50　　与带有列上拉晶体管和列读/写电路相同的典型三晶体管 DRAM 单元电路结构

　　三晶体管 DRAM 单元的操作及外围电路的工作是以双相不重叠的时钟方案为基础的。假设预充电操作由 ϕ_1 驱动，而读/写操作则由 ϕ_2 驱动。预充电操作过程优先于每个读数据和写数据操作，它在预充电信号 PC 变为高电平时被触发。在预充电过程中，列上拉晶体管导通，相应的列电容 C_2、C_3 被充电到逻辑高电平。当电源电压为 5 V 及使用典型的增强型 NMOS 管（$V_{T0} \approx 1.0\ V$）的情况下，预充电后两条列线的电压大约等于 3.5 V。

　　当预充电信号 PC 为低电平时，所有读数据和写数据操作在时钟信号也有效时进行。图 10.51 描绘了对三晶体管 DRAM 单元进行 4 个连续操作（写入"1"，读取"1"，写入"0"，读取"0"）时的典型电压波形。图中第 1、3、5、7 个工作周期分别为这 4 个操作的预充电期。如图 10.52 所示为预充电操作时瞬时电流对两列（D_{IN}、D_{OUT}）进行充电。当两个电容电压达到稳态值时，预充电操作就圆满结束了。注意，两个列电容 C_2、C_3 的容量应比电路内部存储电容 C_1 至少大一个数量级。

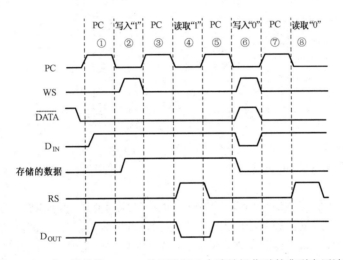

图 10.51　对三晶体管 DRAM 单元进行 4 个连续操作时的典型电压波形

　　如图 10.50 所示，对于写"1"操作，因为写入 DRAM 单元的数据 DATA 为逻辑"1"，所以反相输入信号就为低电平。因此，"数据写入"晶体管 VT_6 截止，此时列 D_{IN} 上的电压保持高电平。此时"写选信号"WS 在 ϕ_2 效区间内变为高电平。结果，写存取晶体管 VT_1 导通。随着 VT_1 导通，电荷就从 C_2 经 VT_1 流向 C_1，如图 10.53 所示，由于 C_2 容量比 C_1 大很多，在电荷共享结束后存储节点电容 C_1 与列电容 C_2 一样处于高电平。

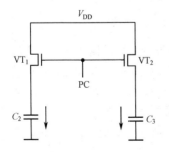

图10.52　在预充电周期电流通过 VT_1 和 VT_2
开始对列电容 C_2 和 C_3 进行充电

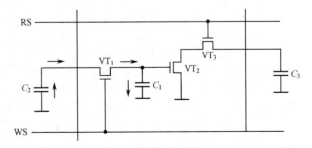

图 10.53　在写"1"时序中电容 C_1 和 C_2 的电荷共享

　　写入"1"操作完成后，写晶体管 VT_1 截止。随着存储电容 C_1 被充电到高电平，VT_2 导通。为了读取存储的"1"，"读选通"信号 RS 必须在预充电完成后在 ϕ_2 有效区间变为高电平。读晶体管 VT$_3$ 导通，于是 VT$_2$ 和 VT$_3$ 在"数据读取"列电容 C$_3$ 和地之间就形成了一条通路。电容 C$_3$ 通过 VT$_2$ 和 VT$_3$ 放电，数据读取电路将此列线上电压的降低视为读取了已存储的数据"1"。图 10.54 所示为读取"1"操作中 DRAM 单元内的有效电路部分。值得注意的是，三晶体管 DRAM 单元允许对数据重复读取，而不会破坏存储在 C$_1$ 上的电荷。

在写"0"操作时，因为写进 DRAM 单元的数据为逻辑"0"，故反相数据输入信号为逻辑高电平。因此，数据写入晶体管导通。列线 D$_{IN}$ 上的电平被置为逻辑"0"。同时"写选通"信号 WS 在 ϕ_2 有效区间内被置为逻辑高电平，导致写晶体管 VT$_1$ 导通。存储节点上的电容 C$_1$ 的电平及 C$_2$ 上的电平经 VT$_1$ 和数据写入晶体管被置为逻辑"0"，如图 10.55 所示。因此，在写"0"的后期，存储电容 C$_1$ 上只留有很少的电荷量，而晶体管 VT$_2$ 也因为其栅极电压近似为 0 V 而处于截止状态。

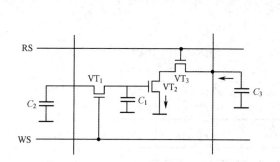

图 10.54　在读取"1"过程中列电容 C$_3$
通过晶体管 VT$_2$ 和 VT$_3$ 进行放电

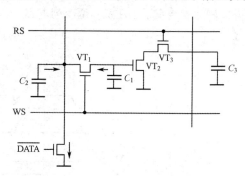

图 10.55　在写"0"时序过程中 C$_1$ 和 C$_2$
通过 VT$_1$ 和数据写入晶体管放电

为了读取以上已存入的数据"0"，在预充电期结束后读选通信号 RS 必须在 ϕ_2 有效区间内变为高电平。读晶体管 VT$_3$ 导通，但由于 VT$_2$ 截止，列电容 C$_3$ 与地之间没有通路，如图 10.56 所示。因而 C$_3$ 不放电，数据读取电路将以 D$_{OUT}$ 列的高电平视为读取了已存储的"0"。

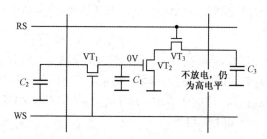

图 10.56　在读取"0"过程中列电容 C$_3$ 不放电

在本小节的开头已经说明，虽然数据读取操作不会明显改善干扰存储的电荷，但 C$_1$ 上存储的电荷不能长期保存。C$_1$ 上的电荷逐渐降低的主要原因是写存取晶体管 VT$_1$ 存在漏极结的漏电流。为了要在数据改变前对 DRAM 单元中存储的数据进行刷新，必须定时将数据读出，经反相（因为数据输出电平与存储数据的电平相反）后再把它们重新写入原先相同的单元内。每隔 2～4 ms 就要对 DRAM 阵列中的所有存储单元进行刷新。要说明的是，由于是对一行上的所有位立即刷新，因此大大简化了整个刷新过程。

可以看出，由于电路中没有持续的电流流动，故三晶体管动态 RAM 单元存储数据时并没有静态功耗。而且周期性的预充电操作替代了静态上拉电路，进一步减小了动态功耗。而调控几个不重叠的电路控制信号所需的附加外围电路及刷新操作对这类低功耗动态存储器的优点影响不大。

3. 单晶体管 DRAM 单元的工作过程

目前，单晶体管 DRAM 单元是 DRAM 行业中使用最广泛的存储结构。它由一个显而易见的存储电容和一个存取晶体管构成，其电路结构如图 10.57 所示。图 10.58 所示为一个典型的存储结构，它由单晶体管 DRAM 单元阵列和控制电路构成。在目前的 DRAM 结构中，位线被折叠起来并预充电到 $\frac{1}{2}V_{DD}$，以便增强抗噪声能力并减小功耗，另外，用来检测位线上的干扰信号的放大器与相邻模块共享。存储单元的一个电极加偏置电压 $\frac{1}{2}V_{DD}$（V_P）来减小电容两端的电场强度。单晶体管 DRAM 存储单元的操作包括读、写和刷新。在进行所有操作前，位线（BL 和 BLB）与读出节点（SA 和 SAB）分别通过位线与读出线均衡器置为预充电电平 $\frac{1}{2}V_{DD}$。

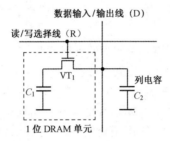

图 10.57　带选取线路的典型单晶体管（1-T）DRAM 单元

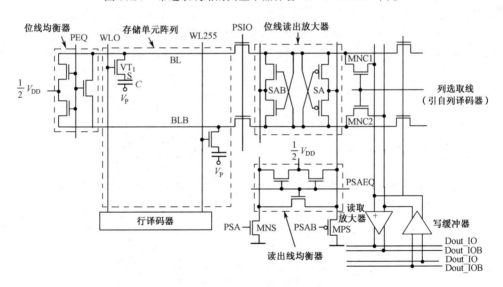

图 10.58　带控制电路的单晶体管 DRAM 单元阵列的存储结构，
由 $\frac{1}{2}V_{DD}$ 读出线、折叠位线和共享读出放大器结构组成

10.5.2　静态随机存储器（SRAM）

如 10.5 节开始所述，将读/写（R/W）存储器电路设计成可以修改（写）数据并存储在存储阵列中，同时也可按要求检索（读）数据。如果存储的数据可以长期保存（只要提供足够的电源电压）而不需要任何周期性的刷新操作，那么称这种存储电路是静态的。我们不仅要分析用于读、写数据的外围电路，而且要分析 SRAM 单元的电路结构和它们的工作过程。

　　数据存储单元（即 RAM 阵列中 1 位存储单元）总是由具有两个稳定工作点（状态）的简单锁存电路构成。根据双反相器锁存电路的预置状态，存储单元中的数据被译为逻辑 "0" 或逻辑 "1"。通过位线存取（读和写）存储单元中的数据，至少需要一个开关，它由相应的字线控制，即行地址选通信号，如图 10.59（a）所示。通常由 NMOS 传输晶体管构成的两个互补存取开关将 1 位的 SRAM 单元与互补位线（列线 1）相连来实现。这就像是用左右手转动汽车方向盘来调整方向一样。

　　图 10.59（b）所示为 MOS SRAM 存储单元的一般结构，由两个交叉连接的反相器和两个存取晶体管组成。负载器件可能是多晶硅电阻或耗尽型 NMOS 晶体管，也可能是 PMOS 晶体管，这要根据存储单元类型来定。用作数据存取开关的传输门是增强型 NMOS 晶体管。

　　在锁存结构中采用以不掺杂的多晶硅电阻作为负载的反相器。与其他结构相比，通常可以更显著地压缩存储单元的尺寸，如图 10.59（c）所示。因为电阻可被置于存储单元表层（采用双多晶硅工艺），所以相应于六晶体管单元的拓扑结构可以减小存储单元尺寸到 4 个晶体管。如果采用多层多晶硅层，那么一层复合多晶硅层可被用来作为增强型 NMOS 晶体管的栅极，而另一层可以被用作负载电阻和互连线。

　　对于电阻性负载反相器，为了得到可接受的噪声容限和输出上拉时间，负载电阻值应相对较小。另外，为了减小由每个存储单元产生的维持电流，需要一个很大的负载电阻。因此，对低功耗高电阻的需求与宽噪声容限及高速之间存在着矛盾，功耗问题将在以后进行更详细的讨论。图 10.59（d）所示的六晶体管耗尽型 NMOS SRAM 单元可简单地由一层多晶硅及一层金属构成。存储单元尺寸往往相对较小，特别是采用了掩埋式金属扩散触的单元。这类存储单元的静态特性和噪声容限一般要优于电阻性负载单元。然而耗尽型负载 SRAM 单元的静态功耗使之不适合用于高密度 SRAM 阵列。

　　图 10.59（e）所示的完全 CMOS SRAM 单元目前应用最为广泛，因为它在各种电路结构中静态功耗最小，且与逻辑操作兼容。另外，CMOS 单元同样也有较好的噪声容限和较快的转换时间。

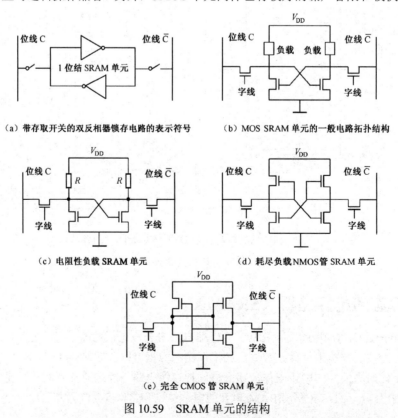

(a) 带存取开关的双反相器锁存电路的表示符号　　　(b) MOS SRAM 单元的一般电路拓扑结构

(c) 电阻性负载 SRAM 单元　　　　　　　　(d) 耗尽负载 NMOS管 SRAM 单元

(e) 完全 CMOS 管 SRAM 单元

图 10.59　SRAM 单元的结构

采用交叉耦合的 CMOS 反相器可以很容易地设计出低功耗的 SRAM 单元。在此情况下，存储单元的待命功耗被限制在两个 CMOS 反相器中相对较小的漏电流上。另外，采用 CMOS SRAM 单元可能带来的缺点是：为了给 PMOS 晶体管提供 N 阱及多晶硅接口，存储单元的面积可能略大于图 10.59 所示的采用其他单元的面积。

完全 CMOS SRAM 单元的电路结构如图 10.60 所示，在互补位线上带有 PMOS 列上拉晶体管。存储单元由一个简单的 CMOS 锁存器（两个背对背连接的反相器）及两个互补存取晶体管（VT$_3$ 和 VT$_4$）构成。只要提供电源，该单元将保持自身两种稳定状态中的一种。只要决定读或写操作的字线（行）被选通，那么存取晶体管即可导通，从而将存储单元与互补位线的列相连。

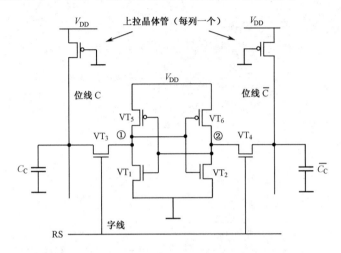

图 10.60　完全 CMOS RAM 单元的电路结构

这种电路拓扑结构最重要的优点是静态功耗非常小，实际上，它只受 PMOS 晶体管漏电流的限制。因此，一个 CMOS 存储单元仅在转换的过渡阶段从电源吸收电流。低待命功耗确实已成为增加高密度 CMOS SRAM 优越性的驱动力。

CMOS SRAM 单元的其他优点包括由于较大的噪声容限带来的高抗噪声性能，并且具有在低电源电压情况下工作的能力，而电阻性负载 SRAM 则无此能力。长期以来，CMOS 存储器最主要的缺点是单元尺寸较大，CMOS 额外工序的复杂性及有可能出现闩锁现象。然而，随着多层多晶硅及多层金属制作工艺的广泛使用，CMOS SRAM 在单元面积方面的缺点近几年有了显著改进。考虑到 CMOS 具有低功耗和在低电压下工作的毋庸置疑的优点，额外工艺的复杂性及需要防止闩锁的措施不会对 CMOS 单元在高密度 SRAM 阵列中的应用构成实质性的障碍。

注意，不同于在电阻性负载 SRAM 中使用的 NMOS 列上拉器件，图 10.60 所示的 PMOS 列上拉晶体管允许列电压达到满 V_{DD} 电平。为了进一步减小功率消耗，这些晶体管也可以由一个周期性的预充电信号驱动，该信号驱使上拉器件对列电容充电。

10.5.3　闪存

闪存单元由一个带浮栅的晶体管构成，该晶体管的阈值电压可通过在其栅极上施加电场而被反复改变（编程）。对应于浮栅中电荷（电子）的存在，存储单元（晶体管）会有两个阈值电压（两种状态）。当浮栅中的电子聚集时，存储单元的阈值电压就会升高，习惯上认为此时存储单元处于"1"状态。这是因为加到控制栅极的读信号电压（如 5 V）和位线预充电电平（如 V_{DD}）保持不变，存储单元并不导通。存储单元的阈值电压可以通过从浮栅中移走电子的方法来降低，此时存储单元被认为处在"0"状态。在这种情况下，所用的信号电压和位线与地相连进行放电，存储单元的晶体管导通。所以，通过沟道热电子注入或 Fowler–Nordheim 隧穿机理向 MOS 晶体管的浮栅存储或释放电子，这样就可以对闪存的单元数据编程。

　　两种闪存的数据编程概念的剖面示意图如图 10.61 所示。当高电平（如 12 V）加到控制栅极，且源极到漏极两端电压也是高电平（如 6 V）时，电子就被强横向电场加热。在漏极附近发生雪崩击穿，并且由于碰撞电离而产生电子-空穴对。控制栅极上的高电压通过氧化层吸引电子注入浮栅，而空穴在衬底电流作用下流到衬底。浮栅是利用大于 10 MV/cm 的强电场使氧化层形成隧穿电流，而不是用热电子的方法来对浮栅进行编程或擦除。当给控制栅极加 0 V 电压，给源极加高电平（12 V）时，浮栅中的电子会因隧穿效应而注入源极。

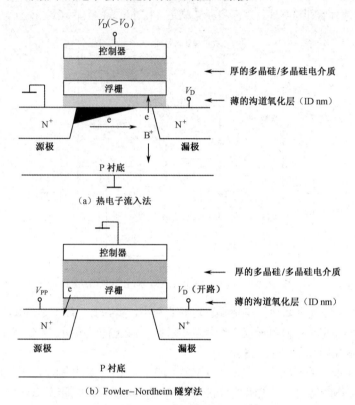

图 10.61　闪存的数据编程概念剖面图

　　图 10.62 所示为一个闪存单元的等效耦合电容电路。当给控制栅极和漏极加电压（V_{CG} 和 V_D）时，浮栅的电压（V_{FG}）可以用耦合电容表示为

$$V_{FG} = \frac{Q_{FG}}{C_{total}} + \frac{C_{FC}}{C_{total}} V_{CG} + \frac{C_{FD}}{C_{total}} V_D \quad (10.26)$$

$$C_{total} = C_{FC} + C_{FS} + C_{FB} + C_{FD} \quad (10.27)$$

式中，Q_{FG} 为存储在浮栅中的电荷；C_{total} 为总电容；C_{FC} 为浮栅和控制栅之间的电容；C_{FS}、C_{FB} 和 C_{FD} 是浮栅和源极、浮栅和本体、浮栅和漏极之间的电容；V_{CG} 和 V_D 分别为控制栅和漏极的电压。

　　用 V_T（FG）代替式（10.26）中的 V_{FG} 并整理可得到导通控制栅晶体管的最小控制栅极电压（V_{CG}）为

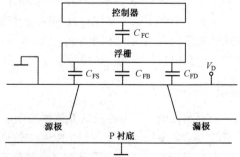

图 10.62　闪存单元的等效耦合电容电路

$$V_T(CG) = \frac{C_{total}}{C_{FC}} V_T(FG) - \frac{Q_{FG}}{C_{FC}} - \frac{C_{FD}}{C_{FC}} V_D \quad (10.28)$$

式中，V_T（FG）为导通浮栅晶体管的阈值电压。

同样，两种数据存储状态（"0"和"1"）的阈值电压差可表示为

$$\Delta V_T(\text{CG}) = -\frac{\Delta Q_{\text{FG}}}{C_{\text{FC}}} \qquad (10.29)$$

图 10.63 所示为控制栅压具有低和高阈值电压的闪存单元的 I-V 特性曲线。在单元读取操作时设置控制栅电压（V_R）足够大使低 V_T 晶体管导通，但不能使高 V_T 晶体管导通。现已提出采用不同编程方法的单元通过逻辑连接产生各种类型的闪存单元结构和阵列体系结构。NOR、NAND、AND、DINOR（分离位线 NOR）、HICR（高耦合电容比率单元）、3D 和多电平单元是闪存单元的一些具体实例。

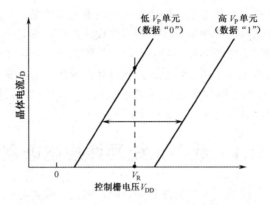

图 10.63　控制栅压具有低和高阈值电压的闪存单元的 I-V 特性曲线

思　考　题

1. 画出 CMOS 标准反相器的电路图和版图。
2. 画出二输入 CMOS 与非门和或非门的电路图和版图。
3. 负载为大尺寸器件时，如何考虑前级电路的驱动能力。
4. 列出 CMOS 存储器的分类和各自的特点。

本章参考文献

[1]　康华光. 电子技术基础（数字部分）. 4 版. 北京：高等教育出版社，2000.
[2]　茅于海等. CMOS VLSI 设计原理和系统展望. 北京：高等教育出版社，1989.
[3]　高保嘉. MOS VLSI 分析与设计. 北京：电子工业出版社，2002.
[4]　李伟华. VLSI 设计基础. 北京：电子工业出版社，2002.10.
[5]　王志功，窦建华等. CMOS 数字集成电路分析与设计. 北京：电子工业出版社，2005.1.

第 11 章　集成电路数字系统设计基础

本章讲述集成电路系统级设计的相关知识，从设计方法和设计工具来看，数字集成电路系统级设计要比模拟集成电路系统级设计成熟得多。传统的数字系统设计方法采用基于门电路的方法进行。首先，根据系统的功能定义和时序、驱动能力、功耗等要求设计系统结构，进行子系统划分，再使用卡诺图进行状态分析和化简，通过设计有限状态机来协调各子系统的动作，实现顶层系统的功能。其中，状态机及具体子系统的电路实现由手工设计完成，最终的数字系统版图设计也由手工定制完成。由于这种方法中每个环节都需要设计人员具体完成，因此只适用于中小规模的集成电路设计。现代数字系统的功能日趋复杂，半导体工艺线可实现的芯片集成度越来越高，单个芯片的功能也越来越复杂，采用上述设计方法设计大规模数字集成电路，无论从技术上，还是从市场反映时效的要求上，都已无法适应要求，因而采用硬件描述语言（HDL，Hardware Description Language）进行电路设计的方法应运而生。

11.1　数字系统硬件描述语言

硬件描述语言可以在不同的层次上描述数字系统。例如，描述电阻、晶体管及其之间相互连线关系的，称为开关级描述；描述基本逻辑门、触发器及其之间相互连线关系的，称为门级描述；在更高层面上描述寄存器及其之间数据传递的，称为寄存器传输级描述。目前，得到广泛认可的硬件描述语言有 Verilog HDL 和 VHDL 两种。

11.1.1　基于 HDL 的设计流程

数字系统设计一开始要仔细分析总体设计任务，所以是自顶向下的设计过程。图 11.1 给出了基于 HDL 的数字集成电路设计参考流程。

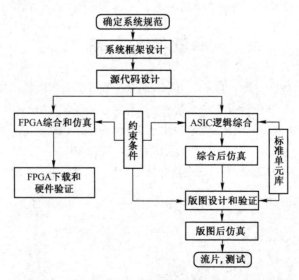

图 11.1　基于 HDL 的数字集成电路设计参考流程

1．确定系统规范

系统规范是对系统要求的总体描述，主要包括：简介、功能描述、时序图、信号驱动能力、引脚及封装要求、功耗要求、测试要求等。

2．系统框架设计

在充分了解系统规范的前提下，设计能够描述整个系统的系统框架。系统框架可以由系统框图、功能模块图、时序状态图、接口要求等来描述。包含的设计内容主要有：对系统划分为若干子模块，并设计控制器以控制协调各子模块的工作。

3．源代码设计

源代码设计主要包括 HDL 的行为级和寄存器传输级（RTL，Register Transfer Level） 源代码设计。

行为级描述：在系统设计初期对整个系统的数学模型的描述，考虑的是系统的结构及其工作过程能否达到系统设计规范的要求。特点是抽象程度高。

RTL 描述：需要将抽象程度高的行为级描述改写成可以综合的寄存器级描述。RTL 描述了寄存器之间的逻辑转换。RTL 的功能类似于软件和硬件之间的一座桥梁，与工艺无关。

4．FPGA 综合、仿真、下载和硬件验证

现场可编程门阵列（FPGA，Field Programmable Gate Array）器件是厂家作为一种通用性器件生产的半定制电路，用户可以通过对器件编程实现所需的功能，其使用方便，设计周期短。借助FPGA 设计软件，通过设置综合约束条件和设计实现目标器件，完成 FPGA 逻辑综合和版图实现后，通过后仿真来验证时序是否满足要求。

5．ASIC 逻辑综合

ASIC（Applicaton Specific Integrated Circuit）逻辑综合是指借助综合工具，基于标准单元库，根据输入的约束条件，将行为级或寄存器传输级描述转换成相应门级网表的过程。

6．综合后仿真

综合后的门级电路仿真考虑了门延时和估计的连线延迟，并且还考虑了工艺误差、温度差异等因素，是比较接近实际电路时序的。

7．版图设计和验证

版图设计由 EDA（Electronic Design Automation）工具自动完成。首先进行版图规划和布局，然后由 EDA 工具根据约束条件进行标准单元配置，插入时钟树，生成扫描链，最后进行布线和版图验证。

8．版图后仿真

版图后仿真更加接近实际电路时序，它提取设计完成的版图连线延迟信息供仿真器使用，同时也能考虑工艺误差、温度差异等因素。

9．提交版图数据、制版流片和芯片测试

上述步骤在实施过程中并不是单向的，如果在某一步骤收敛不了，就需要返回前面的相应步

骤修改设计。

现代工艺特征尺寸已经小于 100 nm 后，连线延时成为主要延时，上述的步骤 5、6、7 通常是合并在一个步骤内完成的，这样可以及早考虑连线的延时，有利于设计收敛，减少迭代次数。在电路的规模很大、测试矢量很多的情况下，通常采用静态时序分析（STA，Static Timing Analysis）工具进行时序验证，大大缩短了验证时间。形式验证（Formal Verificaton）工具可以保证最终输出的电路与原始的 HDL 描述功能相一致。

11.1.2　Verilog HDL 介绍

Verilog HDL 是硬件描述语言的一种，可用于从算法级、门级、寄存器级到开关级的多层次的数字电路系统建模，也可用于时序建模，用 Verilog HDL 编写的模型可用 Verilog 仿真器进行验证。Verilog HDL 从 C 语言中继承了多种操作符和结构，并提供了扩展的建模能力。

Verilog HDL 的国际标准包括 IEEE Std 1364—1995、1364—201、1364—2005、1800—2009 等。

1. 模块

模块是 Verilog HDL 的基本描述单位，用于描述某个设计的功能或结构，同时也可描述与其他模块通信的外部端口。一个模块可以大到代表一个完整的系统，也可以小到仅仅代表一个最基本的逻辑单元。一个模块由模块名及其相应的端口特征所唯一确定，模块内部具体行为的描述或实现方式的改变，并不会影响该模块与外部之间的连接关系。一个模块可以调用另一个模块，如果它被某个其他模块调用一次，则在该模块内部，被调用的电路块将被原原本本地复制一次。

下面是上升沿触发的 D 触发器的设计实例，其中 clk 为触发器的时钟，data 和 q 分别为触发器的输入和输出：

```
module dff_pos（data, clk, q）;
    input data, clk;
    output q;
    reg    q;
        always @(posedge clk);
        q＝data;
endmodule
```

该模块的名称是 dff_pos，模块的输入端口为 data 和 clk，输出端口为 q。

结合上例，一个完整的 Verilog HDL 模块由以下 5 个部分组成。

① 模块定义行：这一行以 module 开头，接着给出所定义模块的模块名，括号内给出的是端口名列表，最后以分号结束。

② 端口类型说明：接在模块定义行后面的是对端口类型的说明，Verilog HDL 端口类型只有 input（输入）、output（输出）和 inout（双向端口）三种。凡是出现在端口名列表中的端口，都必须显式说明其端口类型。

③ 数据类型说明：Verilog HDL 支持的数据类型有连线类和寄存器类两个大类，每个大类又细分为多种具体的数据类型，除了一位宽的 wire 类可默认，其他凡将在后面的描述中出现的变量都应给出相应的数据类型说明。

④ 描述体部：本部分展开对模块的描述。上例中第 5～6 行是该模块的行为描述，说明每当出现一个时钟 clk 的上升沿时，输入信号 data 就被传送到 q 输出端，由于前面已说明 q 具有寄存器类型，因此当没有边沿触发时，它将保持原值不变。

⑤ 结束行：结束行就是用关键词 endmodule 标志模块定义的结束，它的后面没有分号。

在模块中，可用下述方式描述一个设计：

① 数据流描述方式。

② 行为描述方式。

③ 结构描述方式。

④ 混合描述方式。

下面通过实例分别介绍这些方式。

2．数据流描述方式

数据流描述一般都采用 assign 连续赋值语句来实现，主要用于实现组合功能。连续赋值语句右边所有的变量受到持续监控，只要这些变量有一个发生变化，整个表达式就被重新赋值给左端。这种方式只能用于实现组合逻辑电路。其格式如下：

　　　　assign L_s＝R_s;

例如，一个采用数据流描述的移位器如下：

```
module mlshift2(a,b);
    input a;
    output b;
        assign b＝a<<2;
endmodule
```

在上述模块中，只要 a 的值发生变化，b 就会被重新赋值，所赋值为 a 左移两位后的值。

3．行为描述方式

电路的行为使用以下过程语句描述。

① initial 语句：此语句只执行一次，在执行一次完后，该 initial 就被挂起，不再执行。

② always 语句：此语句总是循环执行，并且可以被综合。

在这两种语句中，被赋值的对象只能是寄存器类型的。initial 语句和 always 语句在 0 时刻开始并发执行。例如：

```
module FA（A, B, Cin, Sum, Cout）;
input A, B, Cin;
output Sum, Cout;
reg Sum, Cout;
reg T1, T2, T3;
always @（A or B or Cin）
    begin
Sum ＝（A ^ B）^ Cin;
T1＝A & Cin;
T2＝B & Cin;
T3＝A & B;
Cout ＝（T1|T2）|T3;
    end
endmodule
```

其中，reg 是寄存器数据类型的一种。always 语句中字符@ 后面的是事件控制语句。相关联的顺序过程是 begin 和 end 包含的语句。只要 A、B 或 Cin 中至少有一个值发生变化，顺序过程就执行。

下面是 initial 语句的示例：

```
'timescale 1ns / 1ns
module Test（P）;
output P;
reg P;
initial
begin
P＝0;
P＝#5 1;
end
endmodule
```

initial 语句包含一个由 begin 和 end 包含的顺序过程，这一顺序过程在 0ns 时开始执行，在语句"P＝#5 1;"执行后，initial 语句被永远地挂起。

4．结构描述方式

结构描述方式可使用下面的结构：

① 开关级原语（晶体管级）。

② 内置门原语或用户定义的原语（门级）。

③ 模块实例（创建层次结构）。

通过使用连线来相互连接。

下面是使用内置门原语描述的全加器电路实例：

```
module ADD（A, B, Cin, Sum, Cout）;
input A, B, Cin;
output Sum, Cout;
wire S1, T1, T2, T3;
xor   X1（S1, A, B）, X2（Sum, S1, Cin）;
and   A1（T3, A, B）, A2（T2, B, Cin）, A3（T1, A, Cin）,
or    O1（Cout, T1, T2, T3）;
endmodule
```

在这个实例中，包含了内置门 xor、and 和 or 的实例语句。门实例由连线类型变量 S1、T1、T2 和 T3 互连。由于未指定顺序，门实例语句可以以任何顺序出现。

基本的门类型关键字如下所述：

```
and    nand    nor    or    xor    xnor    buf    not
```

例如，分别写出二选一 MUX 功能模块的 Verilog HDL 的行为描述和结构描述。图 11.2 所示为二选一 MUX 逻辑图。

（1）行为描述模块

```
module   mux_beh(out, a, b, sel)
    output   out;
    input    a, b, sel;
    assign   out ＝ (sel ＝ ＝ 0)? a : b ;
endmodule
```

（2）结构描述模块

```
module   mux_str(out, a, b, sel)
    output   out;
    input    a, b, sel;
```

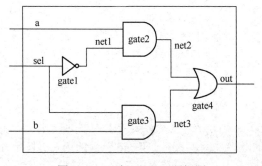

图 11.2　二选一 MUX 逻辑图

```
    not     gate1(net1,sel);
    and     gate2(net2, a, net1);
    and     gate3(net3, b, sel);
    or      gate4(out, net2, net3);
endmodule
```

5．混合描述方式

在模型中，结构描述、数据流描述和行为描述可以自由混合，模块描述中可以包含实例化的门、模块实例化语句，连续赋值语句，以及 always 语句和 initial 语句的混合。它们之间可以相互包含。使用 always 语句和 initial 语句来驱动门和开关，而来自于门或连续赋值语句的输出能够反过来用于触发 always 语句和 initial 语句。

下面是采用混合描述方式设计的 1 位全加器的实例：

```
module FA_M（A ,B ,Cin ,Sum ,Cout）;
input A ,B ,Cin;
output Sum ,Cout;
reg Cout ,T1 ,T2 ,T3;
wire S1;
xor X1（S1, A, B）;                //门实例语句
always @（A or B or Cin）          // always 语句
begin
T1＝A & Cin;
T2＝B & Cin;
T3＝A & B;
Cout ＝（T1| T2）| T3;
end
assign Sum＝S1 ^ Cin;             // 连续赋值语句
endmodule
```

只要输入 A 或 B 发生变化，门实例语句即被执行；只要 A、B 或 Cin 发生变化，就执行 always 语句；只要 S1 或 Cin 发生变化，就执行连续赋值语句。

6．Verilog HDL 语言要素

Verilog HDL 的基本要素包括标识符、注释、数值、编译程序指令、系统任务和系统函数。另外，还有两个重要的数据类型：连线和寄存器。

（1）标识符、注释和语言书写的格式

标识符是用户编程时为常量、变量、模块、寄存器、端口、连线、示例和 begin-end 等元素定义的名称。标识符可以是字母、数字、$和下画线等符号组成的任意序列。定义标识符时应该遵循如下的规则：

① 第一个字符必须是字母或下画线。

② 标识符要区分大小写。

③ 不要与关键字同名。

④ 字符数不能多于 1024 个。

以下是标识符的几个例子：Count、COUNT、_R1_D2、R56_68、FIVE$。

转义符常用于打印或显示控制，它以\（反斜线）开头。

Verilog HDL 定义了关键词，如 always、begin 等，关键词总是小写，关键字有特定的含义，用户不能更改它。

与 C＋＋语言相同，Verilog HDL 有两种注释的形式。

① 形式一：/*注释字符串*/，可以扩展至多行。

② 形式二：//注释字符串，在本行结束。

Verilog HDL 可采用自由格式书写，其语句可以跨行编写，也可在一行内编写。

（2）系统任务和函数

以$开始的标识符表示系统任务或函数。任务提供了一种封装行为的机制，这种机制可在设计的不同部分被调用。任务和函数相似，但任务可以返回多个值，也可以不返回值，而函数只能返回一个值。此外，函数不允许延迟，而任务可以带有延迟。

（3）编译指令

Verilog HDL 也有编译指令，这一点与 C 语言相同，Verilog HDL 的编译指令有多种，这里介绍常用的几个。

① 'define

该指令用于文本替换，它的一般格式为

　　　　'define　标识符（宏名）　字符串（宏内容）

例如：

　　　　'define MAX　32　　//使 32 和 MAX 等价

② 'include

该指令用于嵌入某文件的内容。文件既可以用相对路径名定义，也可以用全路径名定义。例如：

　　　　'include　"文件名"

在编译时，这一行将由"文件名"指定的文件内容来替代。

③ 'timescale

该编译指令用于定义时延的单位和时延精度，其格式为

　　　　'timescale 时间单位/时间精度

时间单位有 1、10 和 100 几种。时间精度由单位 s、ms、μs、ns、ps 和 fs 组成。

（4）逻辑状态

Verilog HDL 用数字或字符表达在数字电路中存储与传送的逻辑状态，表 11.1 给出了 4 种逻辑状态的表示方法。

表 11.1　4 种逻辑状态的表示方法

0	逻辑 0、逻辑非、低电平
1	逻辑1、逻辑真、高电平
x或X	不确定的逻辑状态
z或Z	高阻态

在门的输入或一个表达式中，"z"的值通常解释成"x"。此外，x 值和 z 值是不区分大小写的。

Verilog HDL 中有三类常量：整数型、实数型和字符串型。下面是一些实例：256、4'b10_11、8'h0A、'hFBA、90.06、"BOND"。

① 整数及其表示

Verilog HDL 中的整数可以表示成十进制、十六进制、八进制和二进制等。表示方式有两种，一种就是直接由 0～9 的数字串组成的十进制数，对于带符号的整数，必要时在前面加上正、负号。整数型有简单的十进制数格式和基数格式两种书写方式。例如：

　　　　4'D2　　　　　　　　　　　　//4 位十进制数
　　　　4'B1x01　　　　　　　　　　 //4 位二进制数
　　　　7'Hx　　　　　　　　　　　　//7 位 x，即 xxxxxxx
　　　　'0721　　　　　　　　　　　 //9 位八进制数
　　　　10'b10　　　　　　　　　　　//左边添 0，得 0000000010
　　　　10'bx0x1　　　　　　　　　　//左边添 x，得 xxxxxxx0x1
　　　　3'b10010011　　　　　　　　 //最左边的位被截断，得 3'b011

x/z 在十六进制值中代表 4 位 x/z，在八进制中代表 3 位 x/z，在二进制中代表 1 位 x/z。基数格式的数为无符号数。

② 实数及其表示

为了表示延时、负载等物理参数，Verilog HDL 中也引入了实数。实数可以用十进制数表示（如12.34），也可用指数表示（如 3e2，表示 3 乘 10 的 2 次方）。如果在表示中出现小数点，则小数点两边都必须有数字。例如：5.678、235.1e2。

③ 字符串与字符变量

字符串用双引号给出，例如："INTERNALERROR"，字符串是 8 位 ASCII 值的序列，所以存储"INTERNALERROR"需要 8*13 位。例如：

　　　reg [1: 104] Message;

　　　Message＝"INTERNALERROR" ;

一些特殊字符的表示如表 11.2 所示。

表 11.2　特殊字符的表示

特殊字符表示	意　　义
\n	换行
\t	Tab键
\\	反斜杠\
\"	引号"
\ddd	由 3 位八进制数表示的 ASCII 值
%%	%

（5）数据类型

Verilog HDL 作为一种硬件描述语言，为了能对硬件电路中的信号连线、寄存器等物理量进行描述，引入了一些特定的数据类型，这与一般编程语言只将数据分成整型、实型等不同数字类型形成明显的区别。

连线类型与寄存器类型是 Verilog HDL 中最主要的两种数据类型。这两种类型的区别体现在三个方面：一是驱动方式（或赋值方式）的不同；二是保持方式的不同；三是对应硬件实现的不同。

连线类型对应的是硬件电路中的物理信号连接，对它的驱动有两种方式：一种方式是在结构描述中把它连接到一个门或模块的输出端；另一种方式是用连续赋值语句 assign 对其进行赋值。由于 assign 语句在物理上等同于信号线之间的实际连接，因此该语句不能出现在过程语句（initial 语句或 always 语句）后面的过程块语句中。连线类型没有电荷保持作用（trireg 除外），当没有被驱动时，它将处在高阻态 z（对应于 trireg 为 x 态）。

寄存器类型对应的是具有状态保持作用的硬件电路元件，如触发器、锁存器等。寄存器类型的驱动可以通过过程赋值语句实现，过程赋值语句的形式类似于 C 语言中的变量赋值语句，在接受下一次的过程赋值之前，将保持原值不变。过程赋值语句只能出现在过程语句（initial 语句或 always 语句）后面的过程块语句中。当寄存器类型没有被赋值前，它将处于不定态 x。

① 连线类型

连线数据类型表示结构实体之间的物理连接，连线数据类型有多种，常用的有 wire 和 tri。用于连接单元的连线 wire 是最常见的，三态线 tri 与 wire 的语法和语义一致；tri 可用于描述多个驱动源驱动同一根线的连线类型。

连线类型 wire/tri 的说明语法为

　　　wire/tri [m :1] 数据 1，数据 2，…，数据 N;

其中，m 和 1 是定义连线范围的常量表达式，范围定义是可选的，范围默认的连线类型为 1 位。下面是连线类型说明实例：

　　　wire R, S;　　　　　　　　　　　//两个 1 位的连线

　　　wire [2:0] A;　　　　　　　　　　//A 是 3 位矢量连线

如果没有定义逻辑强度，当有多个驱动器时，wire/tri 变量会产生不确定值。如果没有定义关键词，默认值为标量。

② 寄存器类型

寄存器是数据存储单元的抽象，在 Verilog HDL 中有 4 种寄存器类的数据类型，其功能说明如表 11.3 所示。

表 11.3　　寄存器类型及其功能说明

寄存器类型	功　能　说　明
reg	用于行为描述中对寄存器类型的说明，由过程赋值语句赋值
integer	32 位带符号整型变量
real	64 位浮点、双精度、带符号实型变量
time	64 位无符号时间变量

这里介绍常用的 reg 类型，reg 的说明格式如下：

　　　　reg [m : l] 寄存器名 1, 寄存器名 2, …, 寄存器名 N;

其中，m 和 l 定义了范围，且均为常值，范围是可选的，范围默认值为 1 位。

例如：

　　　　reg [3:0] S;　　　　　　　//S 为 4 位寄存器
　　　　reg C;　　　　　　　　　//1 位寄存器

寄存器中的值通常被解释为无符号数。例如：

　　　　reg [1:4] C;
　　　　C＝－2;　　　　　　　　//C 的值为 1110，1110 是 2 的补码
　　　　C＝5;　　　　　　　　　//C 的值为 0101

存储器是一个寄存器数组，存储器说明语句格式如下：

　　　　reg [m:1] 名 1[上限 1:下限 1]，名 2[上限 2:下限 2]，…;

例如：

　　　　reg [0:3] M [0:63];　　　　//M 为 64 个 4 位寄存器的数组
　　　　reg B[1:5];　　　　　　　//B 为 5 个 1 位寄存器的数组

数组的维数不能大于 2。存储器属于寄存器数组类型。单个寄存器说明既可用于寄存器类型，也可用于存储器类型。例如：

　　　　reg [1:8] R [15:0], D;

其中，R 是存储器，是 16 个 8 位寄存器数组，而 D 是 8 位寄存器。

存储器赋值不能在一条赋值语句中完成，但是寄存器可以。下例说明它们之间的差别。

　　　　reg [1:5] D;　　　　　　//D 为 5 位寄存器
　　　　reg B [1:5];　　　　　　//B 为 5 个 1 位寄存器的存储器
　　　　D＝5'b11011;　　　　　//赋值正确
　　　　B＝5'b11011;　　　　　//赋值不正确

对存储器赋值的方法之一是分别对存储器中的每个字赋值。例如：

　　　　reg [0:3] X[1:4]
　　　　　　…
　　　　X[1]＝4'hA;
　　　　X[2]＝4'h8;
　　　　X[3]＝4'hF;
　　　　X[4]＝4'h2;

不允许对存储器变量值部分选择或位选择。例如：

　　　　reg[1:8] A , D[0:63];

D[60][2]不允许，D[60][2:4]也不允许。

在存储器中读取一位或部分选择一个字的方法是将存储器单元赋值给寄存器变量，然后对寄存器变量采用部分选择或位选择操作。例如，A[2]和 A[2:4]是合法的表达式。

（6）操作符

操作数类型有常数、参数、连线、寄存器、位选择、部分选择、存储器单元和函数调用。Verilog HDL 中定义了许多操作符，由于硬件描述语言必须能够反映硬件电路的物理特性，因此使得对操作符的定义比一般高级语言更为复杂和具体化，表 11.4 将所有的操作符分为 9 类。

表 11.4　操作符的分类

操作符分类	所含操作符
算术操作符	＋ － ＊ ／ ％
按位操作符	～、＆、|、^、～^、^～
逻辑操作符	＆＆　　‖　　!
关系操作符	＞　＜　＞＝　＜＝
等式操作符	＝＝　 ! ＝　　＝＝＝　　! ＝＝
移位操作符	＜＜　　＞＞
归约操作符	＆、～＆、|、～|、^、～^
连接和复制操作符	{ }
条件操作符	? :

操作符有优先级之分，可以用圆括号改变优先级的顺序。

① 算术操作符

Verilog HDL 与 C 语言相似，有以下算术操作符：

＋/－（一元和二元加/减）、＊（乘）、/（除）、％（取模）

算术表达式结果的长度由最长的操作数决定。赋值语句中算术操作结果的长度由左端目标数的长度决定，Verilog HDL 表达式中所有中间结果取最大操作数的长度。表达式左端的操作数长为 8，所以所有的加操作使用 8 位进行。例如，B 和 C 相加的结果长度为 8 位。

在执行算术操作和赋值时，区分无符号数和有符号数是非常重要的。

- 无符号数存储在连线、寄存器和基数格式表示的整数中。
- 有符号数存储在整数寄存器和十进制形式的整数中。

② 按位操作符

按位操作符有以下几种：

～（一元非）、＆（二元与）、|（二元或）、^（二元异或）、～^,^～（二元异或非）

在进行位操作时，当两个操作数的位宽不同时，计算机会自动将两个操作数按右端对齐，位数少的操作数会在高位用 0 补齐。

③ 逻辑操作符

逻辑操作符有以下几种：

＆＆（逻辑与）、‖（逻辑或）、!（逻辑非）

若操作数包含 x，则结果为 x。

④ 关系操作符

关系操作符有以下几种：

＞（大于）、＜（小于）、＞＝（不小于）、＜＝（不大于）

其中，＜＝也是赋值运算的赋值符号。

关系运算的结果是 1 位逻辑值。在进行关系运算时，如果关系是真，则计算结果为 1；如果关系是假，则计算结果为 0；如果某个操作数的值不定，则计算结果不定（未知），表示结果是模糊的。

⑤ 等式操作符

等式操作符有：

$$==（等于）、!=（不等于）、===（全等）、!==（非全等）$$

等值运算的结果也是 1 位逻辑值，当运算结果为真时，返回值 1；为假时，则返回值 0。

关于逻辑相等和全等的比较如下：

D='b11x0，A='b11x0，那么，D==A 的值为 x，D===A 的值为 1。

⑥ 移位操作符

移位操作符有：

$$<<（左移）、>>（右移）$$

移位操作的格式为：

〈变量〉≪移位次数、〈变量〉≫移位次数

操作数>>n：//将操作数的内容右移 n 位，同时从左边开始用 0 来填补移出的位数。

操作数<<n：//将操作数的内容左移 n 位，同时从右边开始用 0 来填补移出的位数。

例如：设 A=8'b11010001，则 A>>4 的结果是 A=8'b00001101；而 A<<4 的结果是 A=8'b00010000。

⑦ 归约操作符

归约操作符在单一操作数的所有位上操作，产生 1 位结果。归约操作符有以下几种：

&（归约与）、~&（归约与非）、|（归约或）、~|（归约或非）、^（归约异或）、~^（归约异或非）

如果存在位值为 x 或 z，则结果为 x。归约异或操作符用于决定矢量中是否有位值为 x，例如 MyReg=4'b01x0，则^MyReg 的结果为 x。

⑧ 连接和复制操作符

连接操作是将小表达式合并成大表达式的操作。其形式如下：

{表达式 1，表达式 2，…，表达式 N}

例如：

```
wire [7:0]    D;
wire [11:0]   A;
assign D [7:4]={D[0], D[1], D[2], D[3]};    //以反转的顺序将低端 4 位赋给高端 4 位
assign D={D[3:0], D[7:4]};                  //高 4 位与低 4 位交换
```

不允许连接非定长常数，例如下式为非法：

```
{D, 5}                                      //5 没有说明长度
```

复制操作通过指定重复次数来执行操作。其格式如下：

{重复次数{表达式 1，表达式 2，…，表达式 N}}

例如：

```
A={3{4'b1011}};           //位矢量 12'b1011_1011_1011
A={{4{D[7]}},D};          //符号扩展
{3{1'b1}};                //结果为 111
{3{Abc}}                  //为{Abc,Abc,Abc}
```

⑨ 条件操作符

条件操作符根据条件表达式的值选择表达式。其格式如下：

操作数＝条件 ？ 表达式 1：表达式 2

如果条件表达式为真，选择表达式 1；否则选择表达式 2。

例如：

wire [0:2] S＝M＞18 ? A : C;

如果表达式 M＞18 为真，则将 A 赋给 S；否则，将 C 赋给 S。

例如：

Ctr＝（Ctr!＝25）?（Ctr＋1）: 5;

如果表达式 Ctr!＝25 为真，则将（Ctr＋1）赋给 Ctr；否则，将 5 赋给 Ctr。

11.1.3　硬件描述语言 VHDL

VHDL 是 VHSIC Hardware Description Language 的英文缩写，Verilog HDL 和 VHDL 作为 IEEE 的工业标准硬件描述语言，其共同的特点在于：能形式化地抽象表示电路的行为和结构，支持逻辑设计中层次与范围的描述，可借用高级语言的精巧结构来简化电路行为的描述，具有电路仿真与验证机制以保证设计的正确性，支持电路描述由高层到低层的综合转换，硬件描述与实现工艺无关。

但是 Verilog HDL 和 VHDL 又各有其自己的特点。Verilog HDL 在其门级描述的底层，也就是晶体管开关级的描述方面比 VHDL 更强一些，所以即使是 VHDL 的设计环境，在底层实质上也会由 Verilog HDL 描述的器件库支持。Verilog HDL 在系统级抽象方面比 VHDL 略差一些，而在门级开关电路描述方面比 VHDL 强得多。Verilog HDL 较为适合系统级、算法级、RTL 级、门级和电路开关级的设计，而对于特大型（千万门级以上）的系统设计，VHDL 则更为适合。目前，大多数高档 EDA 软件都支持 VHDL 和 Verilog HDL 混合设计，因而在工程应用中，有些电路模块可以用 VHDL 设计，其他的电路模块则可以用 Verilog HDL 设计，各取所长，已成为目前 EDA 应用技术发展的一个重要趋势。

VHDL 把电路系统视为程序模块，一个相对完整的 VHDL 程序具有如图 11.3 所示的比较固定的结构，包括实体（entity）、结构体（architecture）、配置（configuration）、程序包（package）和库（library）。首先是各类库及其程序包的使用声明，包括未以显式表达的工作库（WORK 库）的使用声明。然后是实体描述，在这个实体中，含有一个或一个以上的结构体，而在每一个结构体中可以含有一个或多个进程，当然还可以是其他语句结构。例如，其他形式的并行语句结构，最后是配置说明语句结构。配置说明主要用于以层次化的方式对特定的设计实体进行元件例化，或用于为实体选定某个特定的结构体。

关于实体的描述构成了 VHDL 的主要程序单元。实体用于描述设计系统的外部接口信号，结构体用于描述系统的行为、系统数据的流程或系统组织结构形式。实体由一个实体说明（名称、输入、输出端口说明等）和一个结构体（实体内部的构造，用于实现一个实体的功能）组成。

下例是计数器程序结构模板。由这个抽象的程序可以归纳出 VHDL 程序的基本结构。

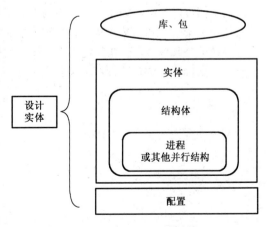

图 11.3　VHDL 程序结构

```
LIBRARY IEEE;
USE ieee.std_logic_1164.all;
  ENTITY entity_name IS
        PORT (
        SIGNAL _data_input_name :  IN INTEGER RANGE 0 TO _count_value;
        SIGNAL_clk_input_name:  IN STD_LOGIC;
        SIGNAL_clm_input_name:  IN STD_LOGIC;
        SIGNAL_ena_input_name:  IN STD_LOGIC;
        SIGNAL_ld_input_name :  IN STD_LOGIC;
        SIGNAL_count_output_name :  OUT INTEGER RANGE 0 TO _
                                          Count_value;
        )
      END entity_name;
  ARCHITECTURE counter OF _entity_name IS
  SIGNAL_count_signal_name:  INTEGER RANGE  0  TO _count_value;
  BEGIN
    PROCESS (_clk_input_name,_clrn_input_name)--敏感变量表
    BEGIN
      IF _clrn_input_name = '0'  THEN
          _count_signal_name <= 0;
      ELSIF (_clk_input_name'EVENT AND _clk_input_name = '1')THEN
      IF _ld_input_name = '1' THEN
        _count_signal_name <= _data_input_name;
          ELSE
      IF _ena_input_name = '1'  THEN
       _count_signal_name <= _count_signal_name + 1;
            ELSE
             _count_signal_name <= _count_signal_name;
             END IF;
           END IF;
          END IF;
    END PROCESS;
  _count_output_name <= _count_signal_name;
END counter;
```

实体 ←（指向 ENTITY 部分）

结构体 ←
进程 ←

由上例可以看出，VHDL 程序由两部分组成：第一部分为实体说明；第二部分为结构体。设计实体用关键字 ENTITY 来标志，结构体由 ARCHITECTURE 来标志。系统设计中的实体提供该设计系统的公共信息，结构体定义了各模块内的操作特性。一个设计实体必须包含一个结构体或含有多个结构体。VHDL 程序不区分大小写。

1. 实体

实体外观说明的一般格式为：

　　entity（实体名）is
　　（外观说明）；
　　end（实体名）；

entity 是实体说明的开始，end 是实体说明的结束。

例如，有一个全加器，如图 11.4 所示。

图 11.4　全加器

其 VHDL 的说明如下：

```
entity full_adder is
    port（x, y, cin:    in Bit;
        sum, cout: out Bit）;
end full_adder ;
```

端口 port 提供了动态信息通道，每个端口都必须有名称、通信模式和数据类型。

VHDL 中提供了 4 种端口模式：in、out、inout 和 buffer。模式 inout 和 buffer 的相似之处是可读可写，而不同之处是 buffer 端口只能有一个源。

2．结构体

结构体用来描述实体的内部情况，用 VHDL 描述结构体有 4 种方法。

① 行为描述法：采用进程语句，对设计实体按算法的路径来进行描述。

② 数据流描述法：采用进程语句，顺序描述数据流在控制流作用下被加工、处理和存储的全过程。

③ 结构描述法：采用并行处理语句描述设计实体内的结构组织和元件互连关系。

④ 采用多个进程（process）、多个模块（blocks）、多个子程序（subprograms）的子结构方式。

其一般格式为：

```
architecture（结构体名）of（实体名）is
（说明）;
begin
  （构造语句）;
end（结构体名）;
```

实现构造所需的内部连线、变量、常量或元件均应在 begin 之前的说明部分加以说明。下面以图 11.4 所示的全加器为例介绍几种典型的构造形式。

（1）行为级构造

表 11.5 所示为全加器的功能表，它表明全加器两个输出信号的值取决于 N。通过 N 决定输出信号，从而实现全加器的一种构造。

表 11.5　全加器的功能表

输　　入		输　　出	
（x,y,cin）＝	输入中有 1 的数目 N	Sum	Cout
000	0	0	0
001, 010, 100	1	1	0
011, 110, 101	2	0	1
111	3	1	1

这种构造的 VHDL 描述如下：

```
architecture behavior of full-adder is
  begin
    process
      variable N : Integer ;
      constant Sum_vector : Bit_vector（0 to 3）:＝"0101";
      constant Carry_vector : Bit_vector（0 to 3）:＝"0011";
      begin
        wait on x,y,cin;
        N :=0;
        if X  ='1'then N :=N+1 ; end if;
```

```
        if Y  ='1'then N :=N+1 ; end if ;
        if Cin  ='1'then N :=N+1 ; end if ;
        Sum<=Sum_vector（N）    after 20ns;
        Cout<=Carry_vector（N）    after 30ns;
    end process ;
      end behavior ;
```

上述程序所描述的构造称为 behavior。从 process 开始到 end process 为一个进程，这个进程引用变量 N 来统计输入信号为 1 的数目，还引用了两个 4 位的位矢量 Sum_vector 和 Carry_vector。

此进程的动作由若干顺序执行语句组成。首先等待（wait）输入 x、y 和 cin 的变化，然后统计输入信号同时为 1 的数目 N，最后根据 N 值从两个位矢量常量的第 N 位分别得到输出信号 Sum 和 Cout 的新值。

这种构造只描述了全加器的外部行为，包括它的功能和性能指标。行为构造可用于仿真，但不能进行逻辑综合，它没有涉及全加器的具体结构。

（2）数据流级构造

数据流级构造也称为寄存器传输级（RTL，Register Transfer Level）构造，这种构造不仅能用于仿真，而且可以进行逻辑综合。

以全加器为例，已知全加器的输出与输入之间的逻辑关系为：

$$sum= x \oplus y \oplus cin= S \oplus cin \tag{11.1}$$

$$cout=(x \oplus y) \cdot cin + x \cdot y = S \cdot cin + x \cdot y \tag{11.2}$$

其中，S 是引入的一个内部信号，式（11.1）和式（11.2）描绘了从输入到输出的数据流，全加器的 RTL 构造描述如下：

```
    architecture rtl of full-adder is
    signal S : Bit
      begin
      S<=x xor y after 10 ns ;
      Sum<=S xor cin after 10 ns ;
      cout<=（S and cin）or（x and y）after 20 ns ;
    end rtl ;
```

在构造中，<=为信号赋值符，关键字 and、or 和 xor 分别表示逻辑与、或和异或。每个信号的赋值都有一定的延迟。

这种构造比起纯功能的描述要具体一些，但仍未反映出实体内的具体结构。

（3）结构级构造

图 11.5 所示为全加器的一种逻辑结构。

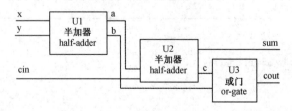

图 11.5　全加器的一种逻辑结构

该全加器由两个半加器和一个或门组成，元件之间、元件与实体端口之间用信号线相连，结构级构造描述如下：

```
    architecture structure of full-adder is
```

```
        component half-adder
         port（A, B : in Bit ;
              S, C : out Bit）;
       end component ;
         component or-gate
          port（In1, In2 : in Bit;
              Out1 :    out Bit）;
       end component;
         signal a,b,c;
         begin
          U1: half-adder port map（x, y, a, b）;
          U2: half-adder port map（a, cin, sum, c）;
          U3: or-gate    port map（b, c, cout）;
     end structure;
```

这个构造中先说明了两类元件（component）的名称及各自的端口定义情况，以及构造中的内部信号（signal）线 a、b 和 c。U1、U2 和 U3 是三个引用元件的标号，端口映射 port map 建立元件及各端口所连信号的对应关系。

上述构造直接对应由逻辑元件构成的逻辑图。

由此可见，不同形式的构造所采用的描述手段和语句类型不同。VHDL 把描述手段分为两类：行为描述与结构描述。行为构造和 RTL 构造属于行为描述，结构级构造则属于结构描述。

3. VHDL 的语言要素

VHDL 有 3 类对象（Object）：常量（Constant）、变量（Variable）和信号（Signal）。信号的赋值经延迟后才能生效，而变量的赋值是立即生效。

（1）数的类型和它的字面值

VHDL 有 6 种数据类型：整数、浮点数、字符、字符串、位串和物理数。

整数和浮点数的实例如下：

259，0，10E4，16#D2#（十六进制），8#702#（八进制），

2#11010010#（二进制），1.0，0.0，8#43.6#E−4，4 3.6E−4

字符、字符串、位串均用 ASCII 字符表示。字符用单引号括起来表示，如'a'。字符串用双引号括起来表示，如"abcd"。位串是用字符形式表示的多位数码，可用二进制或十六进制表示，如一个位串的三种表示为：

B "10101000"（二进制）、X "AC"（十六进制）、O "574"（八进制）

物理数由一个整数或浮点数加上一个物理单位组成。例如：

2.3ns、15 kohm（15 kΩ）

此例中 ns、kohm 是专门定义的物理单位。

对于长串数，可在数中插入下画线以增加可读性。例如：

65_971.333_333，B"1010_1011_1100"

（2）数据类型

数据类型由 type 语句定义，分为纯量类型和复合类型。复合类型主要有数组型（Array）和记录型（Record）。

① 纯量类型

纯量类型对象只能保存一个数。纯量类型包括：整数、实数〔浮点数（范围为−1.0E＋38～

−1.0E38）、位 bit（0,1）、位矢量、布尔量（"假""真"）、字符（ASCII）、时间、错误等级、自然数（大于等于 0 的整数、字符串（字符矢量）]。

纯量类型定义的一般格式为

　　　　type〈数据类型名〉is〈类型定义〉；

例如：

　　　　type　Integer　is range　−2147483648 to 2147483647;
　　　　type　Real　　is range　−16#0.7FFFFF8#E＋32 to 16#0.7FFFFF8E＋32;
　　　　type　Bit　　　is('0', '1');
　　　　type　Boolean　is(False, True);

上面的 Integer、Real、Bit 和 Boolean 都是〈数据类型名〉。

〈类型定义〉表示了数据类型所涵盖的数值范围，通过指定范围（range）或枚举所有离散值来定义数据的取值范围。

对于物理数，除了指定数值范围，还需说明其物理单位。

以上所举的纯量类型都是 VHDL 预定义的。使用者还可以用 type 语句定义自己的各种纯量类型。

② 数组类型

数组是一种复合类型，一个数组由若干同一种数据类型的元素组成。所有数组元素可作一维或多维排列，可有一个或多个下标。定义数组类型用关键字为 array。

VHDL 允许定义两种不同类型的数组，即限定性数组和非限定性数组。它们的区别是：限定性数组下标的取值范围在数组定义时就被确定了，而非限定性数组下标的取值范围需留待随后确定。

限定性数组的定义语句格式如下：

type 数组名 is array (数组范围) of 数据类型，如：

　　　　type Word is array (15 downto 0) of Bit;

此例的 Word 被定义为数组类型，含有 16 个元素，下标范围为 15～0，数组元素的类型是 Bit。

非限定性数组定义语句格式如下：

type 数组名 is array (数组下标名 range 〈〉) of 数据类型，如：

　　　　type Bit_vector is array(Natural range 　〈〉) of Bit;

此例中，下标定义中使用 range〈〉，表示该数组下标范围不定，但下标的数据类型为 Natural。这是一个已定义过的数值为自然数的数据类型。使用类型 Bit_vector 去定义某个对象 X 时，再确定对象 X 的下标范围。数据类型 Bit_vector 和 Natural 是 VHDL 预定义的数据类型。

③ 记录类型

记录也是一种复合类型。记录由多个元素组成，但各个元素有各自的名称和不同的数据类型。定义记录类型用关键字为 record，并要说明记录中每个元素的名称及其数据类型，定义记录类型的语句格式如下：

type 记录类型名　is record
　　元素名: 元素数据类型；
　　元素名: 元素数据类型；
…
end　record

记录类型定义示例如下：

　　　　type Regist is record
　　　　F0, F1: Real;

　　R0, R1: Integer;
　　end record;

（3）对象的说明

在 VHDL 中，待用的对象都要预先说明，对象说明的一般格式为

　　〈对象类型〉〈对象名〉:〈数据类型〉:=〈初值〉

下面是两个纯量类型对象的说明：

　　signal 　　 S : Bit;
　　variable 　　 N : Integer :=0;
　　constant 　　 A : Bit_vector（0 to 3）;

在上面的例子中，对象 A 的数据类型为数组 Bit_vector，如果 Bit_vector 是个下标范围不定的数组类型，那么在定义 A 时要确定其下标范围。

在定义数组 A 时，也可用枚举形式给出它的各个元素的值，下面是等价的 4 个定义：

　　constant 　 A : Bit_vector: =（'0', '0', '1',' 0'）;
　　constant 　 A : Bit_vector: =（3=>'0', 2=>'1', 1=>'0', 0=>'0'）;
　　constant 　 A : Bit_vector: =（2=>'1', others=>'0'）;
　　constant 　 A : Bit_vector: ="0010";

下面举例说明记录类型对象的定义，先定义一个记录类型 Rational：

　　type Rational is record
　　Numerator 　 : Integer;
　　Denominator : Integer;
　　end record;

再定义一个信号 S，其类型为 Rational 并赋予初值，下面是两个等价的定义：

　　signal S：Rational： =（155,2077）;
　　signal S：Ratoinal： =（Denominator =>2077，Numerator=>155）;

若要在程序中存取记录中的单个元素，可在每个元素名前冠以对象名。例如：

　　S.Numerator<=2077;

11.2　数字系统逻辑综合与物理实现

　　逻辑综合完成从系统的 RTL 门级描述、真值表、状态表到门级 HDL（逻辑级网表）的自动转化，它把一个设计的 RTL 描述利用某个标准单元库或工艺库，按照一定的约束条件转化为优化的门级网表。逻辑综合得到的门级网表是物理综合的输入，后端设计根据网表及物理实现的要求来进行。逻辑优化主要考虑面积、时序和功耗等，得到一个与实现工艺有关的优化的逻辑电路。在 VLSI 时代的初期，综合主要是进行简单的逻辑综合和物理综合，逻辑综合主要完成把逻辑真值表转换成逻辑图的工作，物理综合则完成把逻辑图和电路图转换成版图的工作。

　　标准单元库包括各种常用的和基本的逻辑单元，如与门、或门、非门、加法器和触发器等。逻辑综合结束后产生的门级网表是物理综合过程的输入。

　　逻辑综合过程包含以下两个主要方面。

　　① 逻辑结构的生成和优化：主要进行逻辑化简与优化，达到尽可能地用较少的元件和连线形成一个逻辑网络结构（逻辑图），满足系统逻辑功能的要求。

　　② 逻辑网络的性能优化：利用给定的逻辑单元库，对已生成的逻辑网络进行元件配置，进而估算性能与成本。性能指芯片的速度，而成本指芯片的面积与功耗。

　　逻辑综合从理论上有 3 种类型：两级组合逻辑综合、多级组合逻辑综合及时序逻辑综合。两级组合逻辑综合是多级逻辑综合的特例，而多级组合逻辑综合是时序逻辑综合的特例（零状态）。

由于多级组合逻辑综合和时序逻辑综合比较复杂，需要一定的实践基础才能领会，同时两级组合逻辑综合又是其他两种逻辑综合的基础，所以下面主要介绍两级组合逻辑综合的方法。

组合逻辑电路的行为可以用一个布尔函数来描述：

$$f : B^m \to Y^n \tag{11.3}$$

式中，$B = \{'1','0'\}$；$Y = \{'1','0','-'\}$，其中'–'表示不确定状态。

组合逻辑电路的综合问题可以表述为：如何产生一个用布尔函数表示的电路并满足一定的约束条件。

对于电路的每个输出，输入信号的状态空间可划分成 3 个集合：导通集合 on-set、断开集合 off-set 和不确定集合 dc-set。采用三集合划分的方法有一定的优点，逻辑综合工具可以方便地决定 dc-set 中，哪些可以产生'0'输出，哪些可以产生'1'输出。一个 dc-set 为空的布尔函数是完备的，即电路的输出状态是确定的。

组合逻辑电路的综合需要解决以下两个问题：

① 布尔函数规范型的压缩，替代技术是二元选择图（BDD，Binary-Decision Diagram）技术。
② 获得一个最小的和–积表达式，即要把一个组合逻辑电路综合成两级的形式。

在讨论这两个问题之前，先考察一个实例：

```
library ieee;
use ieee.std_logic_1164.all;
entity example is
    port （x1,x2,x3,x4,x5:    in std_logic;
                      y1,y2:    out std _ logic）;
end example
architecture behavioral of example is
begin
 react: process （x1,x2,x3,x4,x5）
            begin
                if x1 ='1' and x2 ='0'
                then
y1<=x3 and x4;
y2<=x3 or x4;
                elsif x2 ='1'
then
y1<=not （x3 and （x4 or x5））;
 y2<='–';
else
y1<='–';
y2<='0';
                end if;
end process react;
    end behavioral;
```

对于上面这段 VHDL 程序，逻辑综合工具的翻译结果如下。

导通集 on-set：

$$y_1 = x_1 \cdot \overline{x_2} \cdot x_3 \cdot x_4 + \overline{x_1 \cdot \overline{x_2} \cdot x_2 \cdot x_3 \cdot (x_4 + x_5)} \tag{11.4}$$

$$y_2 = x_1 \cdot \overline{x_2} \cdot (x_3 + x_4) \tag{11.5}$$

不确定集 dc-set：

$$y_1 = \overline{x_1 \cdot \overline{x_2}} \cdot \overline{x_2} \tag{11.6}$$

$$y_2 = \overline{x_1 \cdot \overline{x_2}} \cdot x_2 \tag{11.7}$$

翻译程序采取的方法是：遇到 if 语句中的条件项，就作为布尔表达式中的积项增加一个变量；遇到 then 语句也在布尔表达式中的积项中增加一个变量；遇到 else 语句，就在布尔表达式中增加一个和项。这些只是对翻译程序处理的直观解释，实际翻译程序所依赖的工具是编译理论和布尔代数。

11.2.1　逻辑综合的流程

图11.6所示为从 RTL 到门级描述的逻辑综合流程图。下面详细讨论流程中的每一步。

1. RTL 描述

设计者在高层用 RTL 结构对电路进行描述，并进行必要的功能验证，然后把 RTL 代码交给逻辑综合工具。RTL 描述是以规定设计中采用各种寄存器形式为特征，然后在寄存器之间插入组合逻辑。一般使用 HDL（硬件描述语言），从描述语句和结构

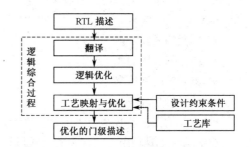

图 11.6　从 RTL 到门级描述的逻辑综合流程图

特征来分析可归纳为以下几种情况：① 使用 if-else 和 case 语句来控制流程；② 反复迭代；③ 层次；④ 串行和并行操作；⑤ 算术、逻辑运算和比较操作；⑥ 寄存器的规定和分配。

2. 翻译

RTL 描述被逻辑综合工具翻译成未优化的、中间过程的表达形式，这个形式是内部的不可见的。翻译器读入 Verilog RTL 描述中的基本原语和操作。翻译过程中不考虑诸如面积、时序、功耗等设计约束条件，逻辑综合工具仅仅完成简单的内部资源分配。

3. 逻辑优化

在逻辑优化的过程中，可以做结构优化和展平优化。结构优化是默认的优化策略，用公用子表达式来减小逻辑，用来去除冗余逻辑，在电路中间加入中间变量和逻辑结构，这种方式既可以用作速度优化又可以用作面积优化。展平优化可以把组合逻辑电路的级数减小，如变为乘积之和的电路，即先与再或的电路。展平优化减小组合逻辑电路级数如图 11.7 所示。

这一步将使用多种和工艺无关的数字逻辑运算技术，这是逻辑综合中非常重要的一步，产生优化的内部结果。

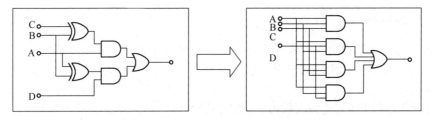

图 11.7　展平优化减小组合逻辑电路级数

4. 工艺映射和优化

逻辑综合工具使用工艺库中提供的单元代替前面的中间描述，设计被映射到特定的工艺库中。

假设使用 TSMC 公司的 0.35 μm CMOS 工艺 TSMC35C 生产芯片，设计所完成的内部结果必须用 TSMC35C 工艺库里提供的单元完成门级设计，这就是工艺映射。同时，完成的门级网表要符合设计约束条件，如时序、面积和功耗等。

5. 工艺库

工艺库包含一些由芯片制造公司提供的库单元。库单元包括了从小到大各种规格的基本模块电路，如基本逻辑门、加法器、ALU 和触发器等。库单元中每一个单元的单元描述包括如下信息：

- 单元的逻辑功能。
- 单元的版图面积。
- 单元的时序信息。
- 单元的功耗信息。
- 有关的工艺参数和工作条件换算的延时数据。

逻辑综合工具利用工艺库中的单元进行设计，单元性能的好坏直接影响逻辑综合结果的性能。下面为工艺库中乘法器的典型例子：

```
LIBRARY(xyz){               // 库名 xyz
CELL(and2){                 // 库单元名 and2
area：5                     // 5 个面积单位

pin (a1,a2) {
direction: input;           // 两个输入 al, a2
capacitance: 1;             // 输入相当于 1 个库单元的负载电容才能驱动输入脚
}
pin(o1){
direction: output;
Function：“a1*a2”;          //逻辑功能
timing(){                   //时序信息
intrinsic_rise：0.37;       //输出脚空载的固有上升延迟
intrinsic_fall：0.56;       //输出脚空载的固有下降延迟
rise_resistance：0.1234;    //带输出负载电阻时上升延时
fall_resistance：0.4567;    //带输出负载电阻时下降延时
related_pin：“al，a2”；
}
}
}
}
```

6. 设计约束条件

约束条件是为了在逻辑综合和优化过程中实现对设计结果的控制，不同的约束条件可以实现不同的电路结构。约束方式包括面积、定时、功耗、可测试性约束、封装约束和对布图的约束。

目前最通用的约束主要是按面积和按速度方式的约束，这二者之间是矛盾关系，存在面积与速度互换的关系。满足最小延时的解决方案是，在优化电路中大量增加并行电路，这样整个电路的面积就要增大；满足最小面积的解决方案是，在优化电路中大量增加串行复用电路，这样就降低电路速度。

设计约束条件包括如下几个方面。

① 时序：电路必须满足时序的要求，由一个内部的时钟分析程序检验。

② 面积：综合工具允许设计者用工艺库中描述门级宏单元使用的单位指定面积目标，即以等效门为测量单位，综合工具将用各种可能的规则和算法尽可能地减小设计面积，最终版图的面积不应超过某个特定值。

③ 功耗：电路的功耗不应超过某个阈值。

④ 延迟：为电路中特定通道指定最大延时，典型的定时约束条件是输入、输出的最大延时时间。在 ASIC 设计时，定时约束通常是最难优化的任务之一，也有可能得不出满足规定时间约束条件的设计结果。例如：max_delay 2.3 data_out，数据的最大延时不能大于 2.3 个时间单位。

⑤ 负载：每个输出端口应确定一个负载值，由它决定在一特定时间范围内驱动多大负载；每个输入也有一个指定的负载值，由它决定一个特定驱动器将因此使波形的沿变缓慢多少，按工艺库的单位并以 pF 计算负载值。

7. 优化的门级描述

在工艺映射完成之后，就生成了以工艺库单元表示的优化门级网表。如果网表满足设计约束条件，则把网表提交到芯片制造公司，芯片制造公司制作版图。如果不满足设计约束条件，设计者就要重新修改 RTL 代码或设计约束条件，以便得到预想的结果，这个过程有时需要不断反复。芯片制造公司根据网表制作版图，再做时序检查，如果一切正常，芯片制造公司开始制造芯片。

但是，对于非常高速的电路，利用厂家提供的工艺库可能得不到最优结果，这时应该直接从芯片制造厂家索取更详细的制造工艺信息，设计者往往需要重新建立自己的工艺库。一旦工艺确定，设计者只能更改 RTL 描述和约束条件。对于深亚微米设计，连线延迟占主导地位，为了得到正确的连线延迟模型，逻辑综合工具在 RTL 设计时就需要和版图密切关联，并且在时序分析时，必须把连线延迟考虑进去。

【例 11.1】一个 4 位比较器的逻辑综合例子。

设计说明（数值比较器检查一个数是否大于、等于或者小于另一个数）：

● 两个输入信号 A 和 B 是 4 位输入，不会出现 x 或 z 状态。

● 如果 A 大于 B，那么输出 A_gt_B 为真。

● 如果 A 小于 B，那么输出 A_lt_B 为真。

● 如果 A 等于 B，那么输出 A_eq_B 为真。

比较器的 RTL 描述如下：

```
module comparator（A_gt_B, A_lt_B, A_eq_B, A, B）；
output A_gt_B, A_lt_B, A_eq_B；
input [3:0] A, B；
assign A_gt_B =（A>B）；
assign A_lt_B =（A<B）；
assign A_eq_B =（A==B）；
endmodule
```

目标工艺库包括以下库单元：

```
VNAND      //两输入与非门
VAND       //两输入与门
VNOR       //两输入或非门
VOR        //两输入或门
```

VNOT	//非门
VBUF	//缓冲器
NDFF	//下降沿触发的 D 触发器
PDFF	//上升沿触发的 D 触发器

根据设计说明，本例没有面积的约束条件，但对目标工艺来说，要求优化后的电路速度更快。

逻辑综合工具读入比较器的 RTL 描述，把针对目标工艺的设计约束条件和工艺库提供给逻辑综合工具，经过必要的优化，产生以目标工艺库为基础的最优化门级描述。

```
module comp（A_gt_B, A_lt_B, A_eq_B, A, B）;
    input [3:0] A;
    input [3:0] B;
    out_put A_gt_B, A_lt_B, A_eq_B;
    wire n60,n61,n50,n63,n51,n64,n52,n65,n40,n53,
            n41,n54,n42,n55,n43,n56,n44,n57,n45,n58,n46,
            n59,n47,n48,n49,n38,n39;
    VAND U7（.in0（n48）, .in1（n49）, .out（n38））;
    VAND U8（.in0（n51）, .in1（n52）, .out（n50））;
    VAND U9（.in0（n54）, .in1（n55）, .out（n53））;
    VNOT U30（.in（A[2]）, .out（n62））;
    VNOT U31（.in（A[1]）, .out（n59））;
    VNOT U32（.in（A[0]）, .out（n60））;
    VNAND U20（.in0（B[2]）, .in1（n62）, .out（n45））;
    VNAND U21（.in0（n61）, .in1（n45）, .out（n63））;
    VNAND U22（.in0（n63）, .in1（n42）, .out（n41））;
    VAND U10（.in0（n55）, .in1（n52）, .out（n47））;
    VOR U23（.in0（n60）, .in1（B[0]）, .out（n57））;
    VAND U11（.in0（n56）, .in1（n57）, .out（n49））;
    VNAND U24（.in0（n57）, .in1（n52）, .out（n54））;
    VAND U12（.in0（n40）, .in1（n42）, .out（n48））;
    VNAND U25（.in0（n53）, .in1（n44）, .out（n64））;
    VOR U13（.in0（n58）, .in1（B[3]）, .out（n42））;
    VOR U26（.in0（n62）, .in1（B[2]）, .out（n46））;
    VNAND U14（.in0（B[3]）, .in1（n58）, .out（n40））;
    VNAND U27（.in0（n64）, .in1（n46）, .out（n65））;
    VNAND U15（.in0（B[1]）, .in1（n59）, .out（n55））;
    VNAND U28（.in0（n65）, .in1（n40）, .out（n43））;
    VOR U16（.in0（n59）, .in1（B[1]）, .out（n52））;
    VNOT U29（.in（A[3]）, .out（n58））;
    VNAND U17（.in0（B[0]）, .in1（n60）, .out（n56））;
    VNAND U18（.in0（n56）, .in1（n55）, .out（n51））;
    VNAND U19（.in0（n50）, .in1（n44）, .out（n61））;
    VAND U2（.in0（n38）, .in1（n39）, .out（A_eq_B））;
    VNAND U3（.in0（n40）, .in1（n41）, .out（A_lt_B））;
    VNAND U4（.in0（n42）, .in1（n43）, .out（A_gt_B））;
    VAND U5（.in0（n45）, .in1（n46）, .out（n44））;
    VAND U6（.in0（n47）, .in1（n44）, .out（n39））;
endmodule
```

以上比较器的门级电路如图 11.8 所示。

逻辑综合工具生成的优化后的门级网表必须验证其功能的正确性。最初为设计编写的 RTL 模块和其综合后的门级模块可以用同一个测试激励模块进行测试。比较它们的输出结果，找出其中的不一致，即对其功能进行验证。对于门级描述，必须有一个由工艺厂商提供的仿真库支持。

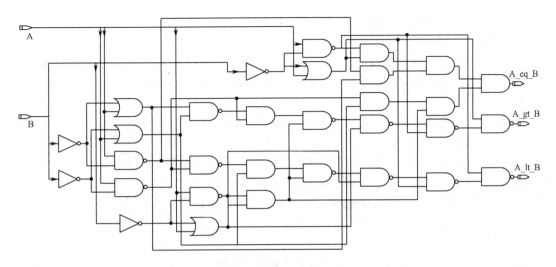

图 11.8 比较器的门级电路

如果时序和面积约束太严格，综合工具有时不能完全满足这些要求，这时需要在门级网表层次进行独立的时序验证。通常使用时序仿真或静态时序验证工具来检查门级网表的时序。如果违反任何时序约束，设计者必须重新设计 RTL 模块或改变逻辑综合的设计约束。整个流程循环反复，直到满足时序要求为止。

门级网表经过功能和时序验证后被送到制造公司，制作版图并检验版图后的时序特性，然后制造芯片。

如果采用其他的工艺，RTL 描述和设计约束条件都不改变，只需重新做工艺映射。

11.2.2 Verilog HDL 与逻辑综合

本节讨论逻辑综合工具对采用 Verilog HDL 进行 RTL 电路描述的处理问题，目的是提高采用 Verilog HDL 设计芯片的水平。

逻辑综合工具支持 Verilog HDL 绝大部分的语言结构和有限周期的 RTL 结构描述，表 11.6 所示为逻辑综合工具所支持的 Verilog HDL 结构。

表 11.6 逻辑综合工具所支持的 Verilog HDL 结构

结构类型	关键字	注释
Module define 模块定义	module	工具支持 module 与 macromodule 两种方式
Ports 类型说明	input, inout, output	全部支持（包括标量、矢量）
模块调用		全部支持，位置对应和名称对应两种方式
Parameters 参数定义语句	parameter	只允许定义整数型
各类操作符		操作对象可以是标量、矢量、常量或变量
Signals and variables	wire, reg, tri	
Instantiation	module instances, primitive gate instance	
Functions and tasks	function,task	忽略时间约束
Procedural	always, if, then, else, case, casex, casez	不支持 initial
Procedural blocks	begin, end, named blocks, disable	允许禁止命名模块
Data flow	assign	忽略延迟
Loops	for, while, forever	

有限周期的电路 RTL 描述必须带有约束条件，例如，while 和 forever 循环必须和@（posedge

clock）或@（negedge clock）连用，以避免无限循环。另外，逻辑综合不考虑所有以#〈delay〉描述的时间约束，这样，前后仿真的结果可能不匹配。

　　逻辑综合工具不支持 initial 结构，但设计者可以利用一个复位状态机来初始化电路中的信号。

　　所有信号和变量的位宽必须要事先定义好，一个不指定位宽的变量可能导致一个非常庞大的门级网表。

　　逻辑综合工具支持 Verilog HDL 中的大部分操作符，但是不支持"＝＝＝"、"!＝＝"，以及与"x z"有关的操作符。

　　在书写表达式时，加上适当的圆括号可以保证综合后的结果与原始设计的一致性。如果完全依赖操作符的优先级，逻辑综合工具可能产生意外的逻辑结构。

　　下面是逻辑综合工具对一些 Verilog HDL 结构的综合结果。

1. assign 结构

assign 是 RTL 最基本的组合逻辑表达式，逻辑表达式如下：

　　　　assign out ＝（a & b）| c

将被翻译成如图 11.9 所示的门级结构。

　　如果 a、b、c、out 是一个两位的矩阵[1:0]，那么上面的赋值语句通常会被转换成图 11.10 所示两个完全相同的电路。

图 11.9　门级结构　　　　　　　　　　　　　　　　图 11.10　电路

　　含有算术运算符的表达式将被综合成一定的算术模块，例如下面的全加器：

　　　　assign{c_out, sum}＝a＋b＋c_cin

经常被综合成如图 11.11 所示的结构。

　　如果要对多位全加器进行综合，逻辑综合工具可能优化出与图 11.11 所示结构不同的结果。

　　如果使用了操作符"?"，就会产生选择器电路。

　　　　assign out ＝（s）? i1 : i0

选择器电路如图 11.12 所示。

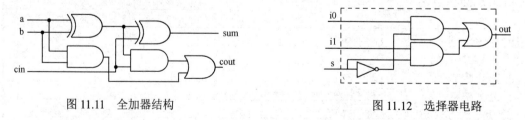

图 11.11　全加器结构　　　　　　　　　　　　　　图 11.12　选择器电路

2. if-else 表达式结构

　　单个 if-else 语句被转换成多路选择器，它的控制信号就是 if 子句中的信号或变量。一般来说，多个 if-else-if 语句不会被综合成庞大的多路选择器。

　　如果 if 分支上有控制信号的变量，那么 if-else 表达式将被解释成选择器。

　　　　if（s）

```
        out＝i1;
    else
        out＝i0;
```
上述表达式将被综合成图 11.12 所示的电路。

3. case 表达式结构

case 表达式也可以用来产生选择器，图 11.12 所示的电路如果使用 case 表达式，代码如下。
```
case（s）
    1'b0 : out＝i0;
    1'b1 : out＝i1;
endcase
```

4. for 循环结构

for 循环可以用来构建多重组合逻辑。例如：
```
c＝c_in;
    for（i＝0; i＜＝7; i＝i+1）
    {c,sum[i]}＝a[i]+b[i]+c;
c_out＝c;
```
这将构成一个 8 位的全加器。

5. always 表达式

always 表达式可以产生时序或组合的逻辑，对于时序逻辑来说，always 表达式必须由时钟信号 clk 控制。
```
always @（posedge clk）
    q＝d;
```
这将被综合成一个上升沿触发的 D 触发器，见图 11.13。

类似地，下面的描述将产生一个电平敏感的锁存器：
```
always @（clk or d）
if（clk）
q＝d;
```

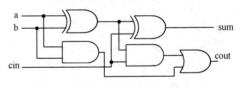

图 11.13 上升沿触发的 D 触发器

对于组合逻辑来说，always 表达式不使用控制信号 clk、reset 和 preset，下面的语句将产生一个 1 位的全加器：
```
always @（a or b or c_in）
    {c_out, sum }＝a+b+c_in;
```

6. function 表达式结构

function 表达式通常被综合成只有一个输出变量的组合逻辑，这个输出变量可以是标量或矢量。例如，下面的一个 4 位全加器：
```
function [4:0] fulladd;
    input [3:0] a, b;
    input c_in;
    begin
```

```
        fulladd=a+b+c_in;
    end
  endfunction
```

11.2.3　自动布局布线

自动布局布线将门级网表转换成版图，并对各个电路单元确定其几何形状、大小及位置，同时确定单元间的连接关系。自动布局布线必须借助于 EDA 工具才能完成。

自动布局布线的处理流程如图 11.14 所示。

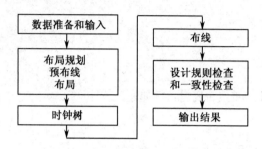

图 11.14　自动布局布线的处理流程

1．数据准备和输入

在布局布线开始工作前，必须准备相应的网表文件、标准单元库文件和各种设计约束文件。网表文件是由逻辑综合工具生成的以标准逻辑单元表示的逻辑网络。

ASIC 设计需要相应的标准单元库支持，标准单元库一般由芯片生产厂商和 EDA 工具供应商合作提供。例如，Artisan Components 公司可以为 TSMC 设计 0.25 μm CMOS 工艺标准单元库和输入/输出单元库，同时，标准单元库应该包括全部库单元的不同表示形式，才能满足不同阶段的 ASIC 设计的需求。

标准单元库按电路种类划分为以下几种。

① 核心逻辑单元库：包括组合电路单元和时序电路单元，如 ADD、NAND、DFF 和 XOR 等逻辑单元。

② I/O 单元：包括输入、输出、双向总线单元以及电源和地单元、拐角单元等。

③ 硬核模块的生成器：如片内的 RAM、ROM 等。

标准单元库按设计阶段划分又可分成为以下几种。

① 逻辑综合库：用于综合器读入，并对 RTL 的 HDL 程序进行综合。

② 单元的仿真库：每个单元的逻辑功能，以及对应于不同的工作环境的延时模型。

③ 物理版图：每个单元的物理版图宽度不同，高度相等，用于自动布局布线。

④ 延时模型：包括器件延时模型和连线延时的估计、库单元电路的草图说明、单元库相应的文档说明。

这些文件是自动布局布线工具工作的输入文件。

2．布局规划、预布线、布局

布局规划对设计进行版图划分，并对划分后的版图单元模块进行布局规划和分析，在这一设计阶段，对版图的划分，其层次结构可能与逻辑设计时的划分有所不同，布局规划可以估算出较为精确的互连延迟信息、预算芯片的面积，分析布线的稀疏度，图 11.15 所示为一个版图划分的实例：IBM Power 2 Super Chip 布局图。

布局规划将设计划分为不同的功能块，布置输入/输出端口，对功能块、宏模块、芯片时钟和电源的分布进行布局方案设计，根据需要对一些单元或模块之间的距离进行约束。布线通道的不同划分如图 11.16 所示。

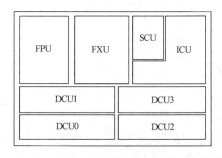

图11.15　IBM Power 2 Super Chip 布局图

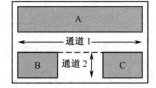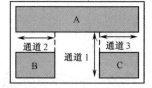

图 11.16　布线通道的不同划分

对于深亚微米设计，由于连线延时在芯片总延时中的比重已经超过了门延时的比重，而综合时对连线延时采用连线延时模型进行估计的误差，会导致最后布线的芯片时序不收敛，从而引起设计的反复。因此，设计过程中，在综合前应对芯片做一个总体的布局规划，提高综合的连线延时模型的准确性，以更快地达到时序收敛。

预布线包括宏单元的电源、地、信号的布线，焊盘单元的布线、芯片核心逻辑部分的电源环和电源网络的布线，如图 11.17 所示。因为电源压降对芯片的整体性能有很大的影响，所以需要合理地设计电源环、电源带以及电源焊盘。一个完整的电源/地网络的设计应该包括电压降（IR Drop）和电迁移（EM，ElectroMigration）的考虑。

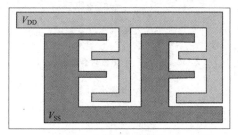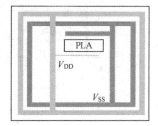

（a）电源分配一般结构　　　　　　　（b）某型号 32 位微处理器电源总线

图 11.17　预布线实例

布局是确定设计中每个标准单元位置的过程。一个合理的布局要求每个标准单元都放在有效的位置上，并且标准单元间没有重叠。布局的好坏不仅影响芯片的面积，而且对芯片的性能、布通率及整个后端设计的时间也有很大的影响。可以使用综合时产生的时序约束来驱动布局，以使布局后的连线延时更接近综合的连线延时模型，可以更快地达到时序收敛的结果。同时，在布局中，根据芯片的布局情况可能对综合时产生的扫描链（Scan Chain）进行重排，以减少不必要的连线长度。布局要求将模块在满足一定的目标函数的前提下布置在芯片上的适当位置，并要求芯片面积最小、连线总长最短、电性能最优且容易布线。

3．时钟树综合

在芯片版图设计中，时钟树的设计是非常重要的，数字系统中一切的电路行为都是在时钟的严格同步下进行的，系统中的时钟负载很大，而且遍布整个芯片。这样就造成了较大的本地时钟间的相对延时，也称为时钟偏斜（Clock Skew）。如图 11.18 所示，CLK1 延时与 CLK2 延时之差为时钟偏斜，$T_{skew}=T_2-T_1$。时钟偏斜严重影响电路的同步，如果不加以处理，往往会造成电路的时序紊乱。

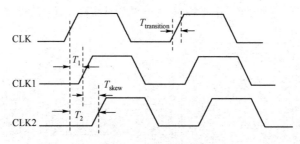

图 11.18　时钟偏斜的产生

时钟树综合发生在布局之后布线之前，这时每个单元的位置都已确定下来，电源/地已预布线，关键时序路径上的单元也已被优化，不存在建立时间上的时序违反，但是还没有在时钟网络中插入时钟缓冲器。

为了减少各时钟端的时钟偏差，通常需要对整个时钟网络进行重新设计，用来保证分布在整个芯片中的时钟网络的相对延时保持在设计容限之内，以满足设计的时序要求。时钟树综合就是为了保证时钟的设计要求，对芯片的时钟网络进行重新设计的过程，包括时钟树的生成、缓冲的插入、时钟网络的分层。对于不同的设计要求可以采用不同的时钟网络形式，两种最普通的时钟网络是 H 树和平衡树，如图 11.19 所示。

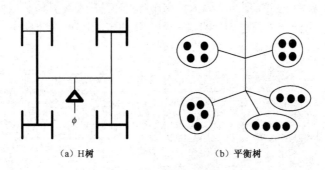

（a）H树　　　　　　　　　　（b）平衡树

图 11.19　　最常用的两种时钟网络

所以在逻辑综合的时候一般忽略时钟的处理，而在布局布线设计中进行插入时钟树操作。为了尽可能地缩短时钟信号的延迟和扭曲，可对时钟信号进行树状插入驱动（Buffer）。一些时钟树的实例如图 11.20 所示。

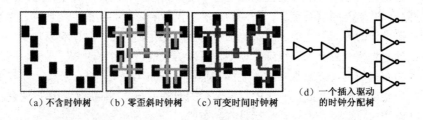

（a）不含时钟树　　（b）零歪斜时钟树　　（c）可变时间时钟树　　（d）一个插入驱动
的时钟分配树

图 11.20　　一些时钟树的实例

在时钟树综合过程中对版图设计做了一些改动，增加了时钟驱动单元。例如，DEC Alpha 21164 CPU 时钟树如图 11.21 所示，这些改动需要反映到设计的网表中，以保证后面的设计验证通过和 LVS 检查通过。

一般的版图设计工具中可以生成与综合器对应的脚本，通过脚本程序完成网表中的改动。

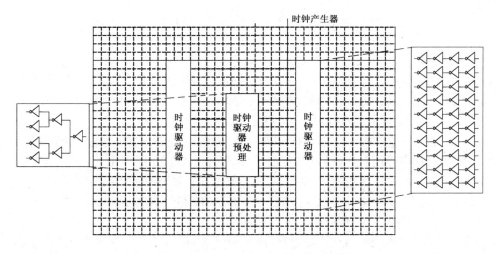

图 11.21　DEC Alpha 21164 CPU 时钟树

4．布线

布线工具根据单元的连接关系及时序约束进行自动布线，使关键路径上的连线尽量短。布线包括时钟布线和普通信号布线。布线主要分为全局布线（Global Route）、布线通道分配（Track Assignment）、详细布线（Detail Route）和布线修补（Search&Refine）4 步。

布线工具首先把版图区域划分为不同的布线单元，同时建立布线通道，对连线的网络连接方向、占用的布线资源（布线通道和过孔）和连线的最短路径等进行确定，并对布线的拥塞程度进行估计，调整连线网络过度拥塞的部分。一些特定网络的布线，如时钟、总线等一些关键路径需要严格保证其时序要求。在布线中，这些关键路径的布线被赋予较高的优先级，有时甚至进行手工布线。

在全局布线完成后，需要将连线网络所对应的布线资源分配到布线网格中。同时需要分配路径（Assign Track），再使用交换单元（Switch Box）进行局部单元的详细布线，完成最终的布线连接。

5．设计规则检查和一致性检查

该过程包括版图设计规则检查、电学规则检查，以及版图与电路图的一致性检查等。电学规则检查包括电源/地线的电连接性检查，检查日志文件，要求检查结果不存在任何违反。版图与电路图的一致性检查是将从版图中提取出的电路网表和设计的网表进行比较，确保两者一致。最后在版图寄生参数提取的基础上，再次进行电路分析后仿真。

6．输出结果

只有在所有的检查都验证无误后，可以输出 Verilog 网表文件，输出将布图结果转换为 GDS-II 格式的掩模文件，然后通过掩模版发生器或电子束制版系统，将掩模文件转换成掩模版。

7．其他考虑

在完成版图设计之后，需要对整个芯片进行参数提取，以得到准确的门延时和连线延时，同时考虑芯片内部寄生电阻和电容引起的额外信号延时，这样的仿真才最接近于芯片最终的工作情况。

芯片后仿真包括逻辑仿真、时序分析、功耗分析、可靠性分析等，由相应的工具来完成。

11.3　数字系统的 FPGA/CPLD 硬件验证

IC 设计分成全定制 IC（Full Custom IC）和半定制 IC（Custom IC）两种方法。

全定制 IC 大多是专用集成电路（ASIC，Application-Specified IC），全定制 IC 的特点是速度高、功耗低、成本低、保密性好，但要求批量大、研制风险大。全定制 IC 的研制过程复杂，从电路和版图设计、工艺制作到封装测试，最多需要上百个环节。

半定制 IC 设计的基础是半导体厂家提供的半成品 IC 芯片，设计者可以通过对半成品 IC 进行再次布线设计以完成 IC 的最终设计，设计最终交给 IC 制造厂，由 IC 制造厂生产最终产品。半定制 IC 设计方法的特点是设计周期短、费用低，但依赖工艺、布局不易优化、冗余部件多和电路速度低（相对全定制 IC 而言），主要用在小批量生产和 ASIC 设计的逻辑设计验证等场合。

在 IC 设计的流程中，在逻辑综合之前进行硬件验证是其中一项重要工作。通过硬件验证可以及早发现设计中存在的问题，缩短产品开发周期，降低产品研发费用。通常采用的硬件验证工具是可编程逻辑器件 PLD。

可编程逻辑器件的功能可通过对芯片编程而加以改变，可编程逻辑器件的种类很多，目前使用比较广泛的主要是可编程/现场可编程逻辑器件 PLD/FPLD（Field Programmable Logic Device）。利用这些器件，系统用户可以通过对器件进行编程参与 IC 的设计。

11.3.1　PLD 概述

可编程逻辑器件（PLD，Programmable Logic Device）通过改变内部的连接关系改变电路的功能。PLD 的基本结构如图 11.22 所示，由输入电路、与阵列、或阵列、输出电路和反馈通道组成。其中，与阵列实现组合逻辑中乘积项的运算，或阵列实现组合逻辑中或项的运算，反馈通道则实现时序逻辑。

按照与阵列和或阵列是否可编程及输出电路是否可重构，PLD 可分成以下 4 种类型。

① PROM（Programmable ROM）：可编程只读存储器。

② PLA（Programmable Logic Array）：可编程逻辑阵列。

③ PAL（Programmable Array Logic）：可编程阵列逻辑。

④ GAL（Generic Array Logic）：通用阵列逻辑。

表 11.7 总结了 4 种类型的 PLD 的编程和组态情况。

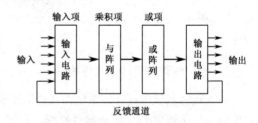

图 11.22　PLD 的基本结构

表 11.7　4 种类型的 PLD 的编程和组态情况

类　　型	与　阵　列	或　阵　列	输　出　电　路
PROM	固定	可编程	固定
PLA	可编程	可编程	固定
PAL	可编程	固定	固定
GAL	可编程	固定	可组态

11.3.2　现场可编程门阵列（FPGA）

现场可编程门阵列（FPGA）和复杂可编程逻辑器件（CPLD）是更为复杂的 PLD，其内部集成了更多简单的 PLD。为了与 CPLD 相区别，PLD 一般也称为简单的 PLD（SPLD）。FPGA 与

CPLD 的区别如表 11.8 所示。

FPGA 是单元型高密度可编程逻辑器件，因其逻辑粒度小、延时小和灵活有效的布线方式而得到了越来越广泛的应用。FPGA 的一般结构如图 11.23 所示。

表 11.8　FPGA 与 CPLD 的区别

	CPLD	FPGA
程序存储	不需要	SRAM，外挂 EEPROM
资源类型	组合电路资源丰富	触发器资源丰富
集成度	低	高
使用场合	完成控制逻辑	完成比较复杂的算法
速度	慢	快
其他资源	—	锁相环
保密性	可加密	一般不能加密

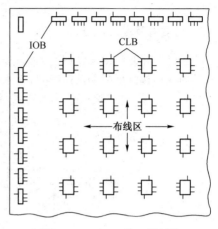

图 11.23　FPGA 的一般结构

FPGA 内部的结构主要由三种逻辑块构成：输入/输出块 IOB（I/O Block）、可重构逻辑块 CLB（Configurable Logic Block）和开关矩阵 SM（Switch Matrix）。

1. 输入/输出块 IOB

输入/输出块 IOB 的内部逻辑结构如图 11.24 所示。

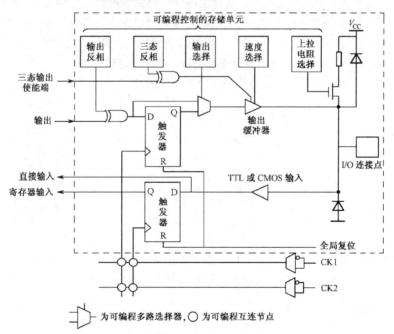

图 11.24　IOB 的内部逻辑结构

IOB 的输入方式：直接输入、触发器输入、CMOS/TTL 电平输入和上拉电阻输入。

IOB 的输出方式：直接输出/触发器输出、反相/不反相输出、三态输出/导通态/截止态、全速输出/限速输出和三态反相输出。

当作为输入使用时，输入信号（TTL 或 CMOS 电平）经转换器转换成内部要求的逻辑电平后直接或通过缓冲寄存器送入芯片内部。当作为输出使用时，输出信号经过极性控制异或门、输出缓冲寄存器（可跨越）和三态缓冲电路送至 I/O 端。当处于双向模式时，由三态控制信号控制其方向。

2. 可重构逻辑块 CLB

可重构逻辑块 CLB（Configurable Logic Block）是 FPGA 的基本逻辑单元，图 11.25 所示为 CLB 的内部结构。从图 11.25 中可以看出，CLB 包含一个触发器和一个四变量布尔函数组合逻辑块，有 A、B、C、D 四个输入和两个反馈输入，有 F 和 G 两个输出。

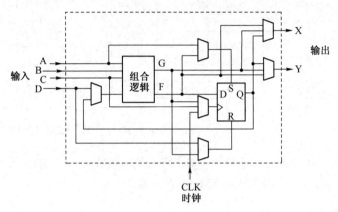

图 11.25　CLB 的内部结构

该电路可以实现四变量的任意函数，通过编程可以得到各种组态连接方式，如图 11.26 所示。

CLB 中有两个触发器 QX 和 QY，它们的激励输入可以来自外部数据输入，也可以来自组合逻辑输出 F 和 G。其时钟由外部提供，极性可编程。触发器的输出可以送至相应的输出端，也可反馈到组合逻辑阵列。若该 CLB 用作组合逻辑电路，则组合逻辑阵列可跨过触发器直接输出。触发器的复位方式有外信号直接复位和芯片内部全局复位两种。

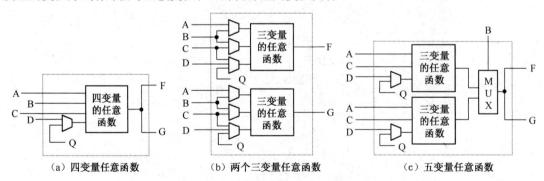

图 11.26　CLB 中组合逻辑电路的三种组态连接方式

3. 开关矩阵 SM

FPGA 中有极丰富的可编程互连线（PI）资源，通过对 PI 的编程，将各个 CLB 和 IOB 有效地组合在一起，实现系统的逻辑功能。PI 和 SM 结构如图 11.27 所示。

开关矩阵 SM（Switch Matrix）就是通用 PI 交叉处的转接控制逻辑。在 PI 中，有一种通用连线，它们 5 根一排，整齐地铺设在 CLB 矩阵行与行、列与列之间的网格上，CLB 的输出可通过最近的"通用 PI"连接到目标 CLB 或 IOB 上。开关矩阵 SM 每边有 5 个连接点，共有 20 种转接方式，如图 11.27（b）所示。

通过 SM 的转接，可以将某 CLB 的输出，以接力的方式，用 PI 一段一段地传送到芯片的任一位置。

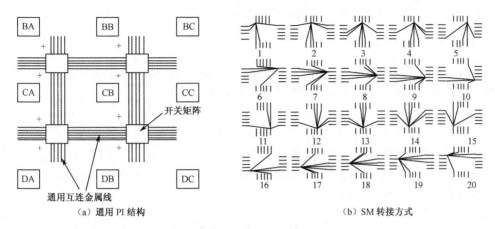

（a）通用 PI 结构　　　　　　　　　　　　　　　（b）SM 转接方式

图 11.27　PI 和 SM 结构

按互连结构可将 FPGA 分为分段互连型和连续互连型。分段互连型是主流，其内部连线分段，各金属段通过开关矩阵或熔丝编程连接。内部延时与布线的具体处理过程有关。连续互连型 FPGA 利用相同长度的金属连线，通常是用贯穿整个芯片的长线实现逻辑模块之间的互连，不同位置逻辑模块的连线是一定的，因此布线延时也是固定和可预测的。

11.3.3　基于 FPGA 的数字系统硬件验证

下面以 Altera 公司设计工具 QuartusII 为例，扼要介绍数字系统的 FPGA 验证流程，包括设计输入、约束输入、逻辑综合和器件实现、版图后仿真验证、应用系统验证等几部分。

1. 设计输入

QuartusII 支持的设计输入方式有电路图输入、状态图输入、波形图输入和文本输入。对于数字系统的验证来说，其设计输入应该是通用的数据格式，一般采用文本输入方式，如 Verilog HDL、VHDL、EDIF 等格式。由于 QuartusII 的测试文件输入只支持波形输入，生成复杂的测试激励矢量不是很方便，系统的行为级设计通常在 QuartusII 外部完成，如 NC-Verilog、VCS/VSS、ModelSim、Active-HDL 等。

2. 约束输入

约束输入给出了设计人员对于设计的要求，包括速度、面积、引脚等的约束。许多逻辑综合软件以选项的形式提供给设计人员设置约束，也可以采用全文本的方式设定约束。由菜单 Assignment→Setting 可进入约束设置界面。

3. 逻辑综合和器件实现

逻辑综合是指将设计输入进行源代码分析、优化和映射到门级电路，并且将通用门级电路转换到特定的 FPGA 结构上。可以直接使用 QuartusII 内置的逻辑综合器，也可以采用第三方的逻辑综合工具，如 Synopsys FPGA –Compiler、Synplicity Synplify 等，它们一般由专业的逻辑综合 EDA 厂商提供。

器件实现是将逻辑综合好的门级网表，按照 FPGA 器件的基本逻辑单元、输入/输出单元和连线资源进行转换与映射，确定器件的配置文件。在 Altera 器件实现过程中，主要有 4 个步骤：划分、映射、时序 SNF 提取和配置。这些步骤可以由 QuartusII 自动完成，也可以按设计者的思路进行手工调整。在 QuartusII 中使用编译命令，完成设计的逻辑综合和器件实现。

4．版图后仿真验证

仿真验证包括对现实的器件进行功能与时序验证，是在 FPGA 器件实现之后，提取出门级网表和延时信息进行验证，其验证的结果更接近于真实硬件的结果。

5．应用系统验证

如果功能与时序仿真通过，则可将设计下载到目标 FPGA 器件，并将目标 FPGA 器件安装到应用系统中进行实时验证，以确认设计能满足实际要求。若验证不能通过，则要找到问题所在，修改相应设计或约束以解决问题。

思　考　题

1．简述 VLSI 设计的一般流程和涉及的问题。
2．定义一个 8 位二进制的标准逻辑型矢量信号 D，写出定义语句。
3．使用 IF 语句设计一个带有异步复位和置位、同步预置的 4 位二进制加法计数器。
4．编写二输入与非门的 Verilog HDL 程序。
5．用 Verilog HDL 编写 RS 触发器、D 触发器、JK 触发器、T 触发器的程序。
6．试用 Verilog HDL 编写加法器、乘法器、比较器、选择器、寄存器和移位寄存器的程序。
7．已知有 a、b 两个标准逻辑矢量（std_logic_vector），定义一个求其中最大数的函数 max。
8．设计一个 4 位同比较器的 VDHL 程序。
9．设计一个 4 位的先进先出（FIFO）缓冲器 VHDL 程序，并进行仿真。
10．逻辑综合有哪几个步骤？每个步骤需要解决什么问题？
11．自动布局布线工具的处理结果是什么？有无其他的替代形式？试举一、两例。
12．用 case 语句描述 3-8 线译码器的逻辑功能，说明：
　　（1）输出低电平有效；
　　（2）中间信号自己定义；
　　（3）有一个使能端 EN，当 EN 信号为低电平时，译码器工作，否则译码器被禁止，所有输出端被封为高电平。

本章参考文献

[1] 夏宇闻. 复杂数字电路与系统的 Verilog HDL 设计技术. 北京：北京航空航天大学出版社，1998.
[2] Song-Mo Kang, Yusuf Leblebici. CMOS Digital Integrated Circuits Analysis and Design. 3rd ed. . Columbus: Mcgraw Hill，2003.
[3] 曾繁泰，陈美金. VHDL 程序设计. 北京：清华大学出版社，2000.
[4] 王志功，朱恩，陈莹梅. 集成电路设计. 北京：电子工业出版社，2006.
[5] Wayne Wolf. 现代 VLSI 电路设计. 北京：科学出版社，2002.
[6] 潘松，王国栋. VHDL 实用教程. 成都：成都电子科技大学出版社，2001.

第 12 章 集成电路的测试和封装

批量加工完成的芯片，通常以晶圆的形式从制造厂获得。而以多项目晶圆方式实现的芯片，则以裸片（Bare Dies），即没有载体（Carrier）和绑定（Bonding）的形式获得。这时的裸片还可能是宏芯片，即一片方块形晶片上包含多种不同功能的芯片，可以进一步切割成多个裸片。接下来，可以直接在晶圆上（On-wafer）或在芯片上（On-chip）对电路功能进行测试，确定是否符合设计要求。这对于处于研究阶段的芯片，特别是模拟集成电路和模/数混合信号集成电路非常有效，可以大大节省研发时间。而对于已经成熟的模拟及模/数混合信号集成电路和大部分数字集成电路，则可以将晶圆或宏芯片直接送到封装厂，或切割成裸片装盒提供给客户，或封装后提供给客户。封装后的芯片需要进行最终的功能测试和质量检验。本章介绍芯片在晶圆上或在芯片上的测试和芯片封装。

12.1 集成电路芯片测试技术

芯片在晶圆上的测试需要在测试台上进行。基本的测试台由 4 个部分组成：载片部分、接触和调整部分、显微镜部分和控制部分。载片部分的功能为，用具有水平平面的圆柱体装载晶圆或芯片，并利用吸盘将它固定。接触和调整部分用来装配与调整探针、探针阵列或探头。显微镜部分也包括一个位置调整装置，以便对待测芯片进行聚焦。控制部分用来控制载片台的移动和旋转，并实现其他一些功能，如激活标记不合格芯片的标记笔。许多控制系统都有自动和手动两种操作模式。图 12.1 所示为美国 Cascade Microtech 公司生产的可以对射频和超高速芯片进行测试的手动测试台实物照片。

为了测试芯片上的集成电路，必须有输入信号和直流电源，并且要从集成芯片中得到输出信号。这就意味着必须与芯片上的焊盘（pad）相接触。这将用到探针、探针阵列或探头。单个探针必须是在三维空间可移动的，而探针阵列和探头还需要额外的装置以调整探针阵列或探头平面与芯片的夹角，以保证所有触点都能与焊盘相接触。探针和探针阵列可用来测试低速芯片，也可用于测试高速 IC 或 MMIC 的直流性能。利用单个的可调节的探针的优点在于其灵活性。除了芯片边缘的大面积焊盘，单个探针还可用于接触芯片中间小面积的金属，从而获得有关实验电路的更多信息。很明显，当采用单个可调节的探针来测试复杂电路时，将十分困难，且相当费时。

探针阵列适用于测试焊盘排列预先确定的 IC。因为整个探针阵列是一个统一的三维可调的机械装置，所有的探针同时进行整体调节。这种测试的前提是被测芯片的焊盘阵列的数目和间距必须与探针阵列的数目和间距相一致。这种方案具有标准性，在版图设计和测试中推荐使用。图 12.2 所示为美国 Picoprobe 公司生产的 10 针探头的实物照片。

图 12.1 美国 Cascade Microtech 公司的射频和 图 12.2 美国 Picoprobe 公司生产的 10 针探头
超高速芯片手动测试台

若要在晶片上测试 RFIC、MMIC 和高速 IC，就要用到微波探头（Probe）。美国 Cascade Microtech 公司生产的 GSG 组合 150 μm 间距微波探头如图 12.3 所示。共面波导探头包括接头体、SMA 接头、螺栓孔和探头。共面传输线在同轴连接器和探头接触点之间传输信号。该探头有一个信号接触点 S（Signal）和两个接地点 G（Ground），形成射频和超高速电路测试常用的 GSG 型探头。接触点 S 通过共面线连接到同轴连接器的引脚上，接地点 G 则连接到共面连接器上。对于差分信号，针对不同的版图可使用 SS 型或 SGS 型探头。另外，多在接触点的探头中，允许对指定的接触点通过跨接电容实现旁路 P（Pass）或端接 T（Terminal）50 Ω阻抗匹配电阻。因此，有很多种探头类型，如 GSSG、SSGSS、GSSPSG 等。探头的另一个特性就是它的间距，目前，150 μm 和 100 μm 的探头应用较广泛。

无论是图 12.2 还是图 12.3 所示的探头都只适合于从一个方向调整后压在芯片一边的焊盘上。对于四边焊盘则需要 4 只分别调整的探头。这时，虽然为芯片的焊盘布局提供了一定的灵活性，但探头的安装调整显得十分麻烦。因此，人们设计出了固定在一只探头上一次调整就可以与芯片四边焊盘接触的所谓探卡（Probe Card）。图 12.4 所示为美国 Cascade Microtech 公司生产的一种探卡。

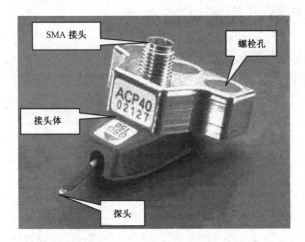

图12.3 美国 Cascade Microtech 公司生产的
GSG 组合 150 μm 间距微波探头

图 12.4 美国 Cascade Microtech 公司
生产的一种探卡

探卡通常与专用的测试台配套使用。由于探卡上探针的数目和布局是完全固定的，通常与标准的封装形式相对应，对于计划采用探卡来测试的芯片，就需要按照探卡的探针布局来安排和设计芯片上的焊盘。

芯片经过测试，验证功能正确之后，就可进入封装工序。有一些芯片可能由于焊盘数目太多，或者布局不规则，难以先进行在晶圆上的测试，则采用先封装后测试的方法。

12.2 集成电路封装形式与工艺流程

在进行系统应用之前，芯片应当被固定到载体上，通过电、光等物理媒体与外部世界进行连接，最后加以封装。芯片封装可保护芯片免受周围环境的影响。

芯片通常需要焊接或粘贴在载体上。绝缘体、导体或它们的组合体都可用作载体。绝缘型衬底通常由塑料和陶瓷等材料构成。塑料如聚四氟乙烯及其他类似电路板的优点在于能在上面形成微带传输线，与同一衬底的其他芯片构成多芯片模块，最终与外部相连。导体型衬底通常以黄铜为材料，它与芯片有很好的电接触特性，拥有良好的散热和机械性能，且可与侧部和顶部金属封装板一起形成良好的电磁屏蔽。因而，导体衬底特别适合于大功耗的芯片，以及需要电磁屏蔽的微波和毫米波芯片。在微波电路中，绝缘衬底常常和导电载体一起使用。此时，芯片和绝缘衬底的底面都贴在导电载体上。芯片的焊盘连接在绝缘衬底表面的微带线上。

对于低速 IC，可用标准载体进行封装。常用标准载体的形式有多种。图 12.5 所示为常见的几种封装载体的实物照片。

图 12.5　常见的几种封装载体的实物照片

① DIP（Dual-Inline Package）：双列直插，DIP 适合于在电路板上布孔永久焊接，或通过插座插拔连接。

② PGA（Pin Grid Array）：针栅阵列，与 DIP 同属于插入式封装，但引线数目大为提高。

③ SOP（Small-Outline Package）：小型封装，两边带翼型引线，适合于表面贴装。

④ PLCC（Plastic Leadless Chip Carrier）：塑封无引脚芯片载体，封装后的芯片可以压入一个适配的插座内，更换芯片时，芯片再通过施加压力而自动弹出。

⑤ QFP（Quad Flat Package）：四方扁平封装，四边带翼型引线，I/O 端子数比 SOP 多得多，同样适合表面贴装。0.5 mm 引线间距 200 引线的 QFP 的封装尺寸为 30 mm×30 mm。

电路板上布孔永久焊接和表面贴装如图 12.6 所示。DIL 和 PGA 适用于在电路板上布孔永久焊接，或通过插座插拔连接，而 SO 和 QFP 则适用于表面贴装。

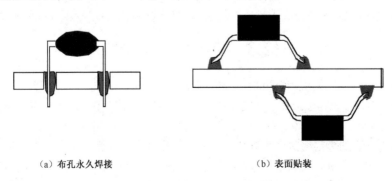

（a）布孔永久焊接　　　　　　　　（b）表面贴装

图 12.6　电路板上布孔永久焊接和表面贴装

除了上述 5 种形式，还有其他封装形式。

① BGA（Ball Grid-Array）：球栅阵列。封装密度高于 QFP 0.5 mm 引线间距 216 引线的 BGA 的封装尺寸为 15 mm×15 mm。

② TQFP（Thin QFP）：超薄四方扁平封装。为提高组装密度，引线间距已减小到 0.3 mm，最大引线数超过 500 条。

为适应军事领域和航空领域需要，高可靠集成电路采用性能优越的共烧陶瓷封装，包括图 12.7 所示的两边引线共烧陶瓷封装、四边布线两边引线共烧陶瓷扁平封装（CFP, Ceramic Flat Package）和小引线节距共烧陶瓷四方扁平封装（CQFP, Ceramic Quad Flat Package）。实验性超高速集成电路在适当情况下可选用引线数接近的标准陶瓷封装进行封装测试。

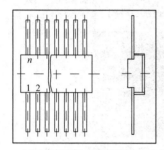 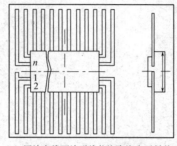 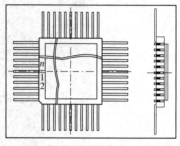

（a）两边引线共烧陶瓷封装　　　（b）四边布线两边引线共烧陶瓷扁平封装　　　（c）小引线节距共烧陶瓷四方扁平封装

图 12.7　共烧陶瓷封装

集成电路封装工艺流程如下：

① 对晶圆进行划片，即把以阵列方式制作在晶圆上的芯片用机械或激光切割的方式一颗颗分开。

② 分类。如果多种芯片以多项目晶圆的方式制作在一片晶圆上，划片以后则需要对它们进行分类。

③ 管芯键合。利用管芯键合机，先将加工好的焊料或聚合物粘接剂涂覆在引线框架或陶瓷管壳内，然后将芯片压放在涂有焊料或粘接剂所涂覆的位置上。

④ 引线压焊。利用手工或自动压焊机，将铝丝或金丝等金属丝或金属带的一端压焊在芯片输入、输出、电源、地线等焊盘上，另一端压焊在引线框架上的引线金属条上，实现芯片与框架引线的电连接。

⑤ 密封。对多种集成电路需要密封以利于同外界的水汽和化学污染物实现隔离。

⑥ 管壳焊接。作为腔体型载体，需要利用盖板（管帽）实现对封装芯片的（密封）包围。

⑦ 塑封。将模塑化合物在一定温度下压塑成型，实现对芯片的无缝隙包围。

⑧ 测试。包括对密封和外观等封装性能质量的测试和封装后芯片电性能的测试。

12.3　芯 片 键 合

绑定（Bonding），也称为压焊或键合，是将芯片输入、输出、电源、地线等焊盘通过金属丝、金属带或金属球与外部电路连接在一起的工序。有多种绑定技术，例如，金（铝）丝压焊、卷带压焊、导电胶粘接及倒装焊技术等。图 12.8 所示为采用金（铝）丝进行绑定的示意图。

芯片绑定通常送到绑定实验室或封装厂由专业工程师完成。当送交芯片时，应当给出载体型号和芯片焊盘与载体上引脚关系示意图，作为绑定工程师的操作依据。图 12.9 所示为芯片焊盘与 QFP24 载体上的引脚关系实例。在该例中，芯片方向用向上的箭头表示，QFP24 载体引脚从左下角第 2 个引脚开始，逆时针方向连续标号。当芯片各焊盘与载体各引脚按图 12.9 所示那样用线连接时，它们之间的关系就明确无误了。

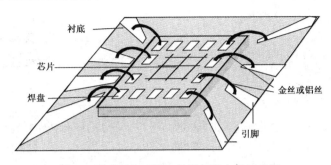

图 12.8　采用金（铝）丝进行绑定的示意图

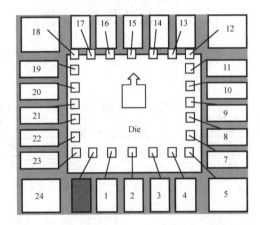

图 12.9　芯片焊盘与 QFP24 载体上的引脚关系实例

金（铝）丝绑定是最简单和最容易实现的技术，但在高频时（大于 1 GHz），连线的寄生电感（约 1nH/mm）是非常严重的。尽管这种寄生电感在特定情况下可加以利用，但其可重复性却很有限。卷带压焊的寄生电感较小，且有较大的电流容量。

倒装焊技术可以最大限度地减小由引线产生的寄生电感，对于超高速和超高速集成电路的互连最具有吸引力。但要在衬底上形成大小和高度合适的凸点（Solder Bump）却并非易事。其基本操作过程如下：

① 在 IC 的焊盘上形成用于焊接的凸点。

② 在支撑 IC 的衬底上形成接触焊盘和连线。

③ 将 IC 的凸点与衬底的焊盘焊接，在这过程中芯片是被倒置的。

实际上，凸点也可以在衬底的焊盘上形成。有两种类型的凸点，即硬凸点和软凸点。硬凸点由Au、NiAu、CuNiAu 等金属或合金构成。这种凸点可通过电镀或化学分解形成，连接由热焊接形成。软凸点由 PBSN 混合物构成，也可由电镀形成，即通过蒸发或把预制的焊接球接到 IC 的焊接盘上。图 12.10 所示为美国 Georgia Tech 公司在基板上形成的凸点阵列的显微照片，凸点直径为 32 μm，间距为 100 μm。倒装焊后，芯片、凸点和衬底的剖面图如图 12.11 所示。

倒装式连接技术具有如下优点：

① 连接产生的寄生电感远小于金属丝互接产生的电感。

② 芯片上的焊接盘可以遍布全芯片，而不是仅限于芯片周边。

③ 由于几乎全部的衬底都能被 IC 覆盖，因此封装密度较高。

④ 具有更高的可靠性。

⑤ 焊接时，连接柱的表面张力会引起自我校正。

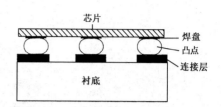

图12.10　美国 Georgia Tech 公司在基板上形成的
直径为 32 μm、间距为 100 μm 的凸点阵列的显微照片

图 12.11　倒装焊的芯片、凸点和衬底的
剖面图

12.4　高速芯片封装

在高频和高速系统设计时，不同封装形式下引脚的寄生参数必须加以考虑。表 12.1 所示为几种封装形式下引脚的寄生电容和电感的典型值。

表 12.1　几种封装形式下引脚的寄生电容和电感的典型值

封 装 类 型	电容/pF	电感/nH
68 针塑料 DIP	4	35
68 针陶瓷 DIP	7	20
256 针 PGA	5	15
金丝压焊	1	1
倒装焊	0.5	0.1

对于高速和微波 IC，由于以下 4 个方面的原因，常用黄铜板块为基座进行封装：
① 良好的电特性和机械性能。
② 良好的散热性能。
③ 适合固定 SMA 或其他类型的连接器。
④ 对周围环境可实现双向屏蔽。

这种封装的基本步骤是：将中间开孔并把做好印制电路板（PCB）的介质或陶瓷板压结到黄铜衬底板上，芯片通过开孔粘接到黄铜衬底板上，芯片采用常用的键合方式与介质上的金属连接，高速信号通过 50 Ω 的微带线与 SMA 接头连接。在这个过程中，电路设计者需要设计出印制电路的版图。相对于芯片的版图设计，PCB 的版图设计要简单得多，因为这只相当于一层金属布线的设计。作为实例，图 12.12 所示为一个高速电路测试用 PCB 的版图和整个测试盒实物照片。

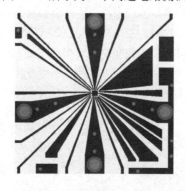

（a）版图　　　　　　　　　　　　　（b）实物照片
图 12.12　一个高速电路测试用 PCB 的版图和整个测试盒实物照片

12.5　混合集成与微组装技术

一个系统最好由单片集成实现。实际上，单片集成在很多情况下是难以实现的。例如，当用到铌酸锂（LiNbO$_3$）调制器时，光发射机就不能在一个芯片上实现。其他一些限制单片集成的因素包括设计周期、费用、系统面积、功耗和热耗，以及射频信号干扰等。在这种情况下，混合集成（Hybrid Integration）将提供有效的解决途径。

混合集成是将用不同衬底材料（硅、砷化镓、铌酸锂等）的集成电路与分立元件以最紧凑的方式安装在另一种介质衬底板（陶瓷、聚乙烯等）上并封装成一个模块。由于集成电路的大规模应用，目前大部分的系统都是采用混合集成电路板实现的。即使是 SoC，也至少需要旁路电容等外接器件以构成系统。

微组装技术是 20 世纪 90 年代以来在半导体集成电路技术、混合集成电路技术和表面贴装技术的基础上发展起来的新一代电子组装技术。该技术是在高密度多层互连衬底上，采用微焊接和封装工艺组装各种微型化片式元器件与半导体芯片，形成高密度、高速度、高可靠性的三维立体结构的电子组装技术。多芯片组件 MCM（Multi-Chip-Module）是当前微组装技术的代表技术。MCM 技术将多个裸片形式的集成电路芯片和其他片式元器件组装在一块多层互连基板上，然后封装在一个外壳内，组成一个具有设计复杂功能的电路模块。图 12.13 所示为一个 MCM 的实物照片。

图 12.13　一个 MCM 的实物照片

在高频和超高速 MCM 设计过程中，必须考虑一系列问题。为得到无反射信号传输，阻抗匹配十分重要。连接线的自电感和线间耦合在寄生参数中占主要地位。在高频模拟电路的设计中，MCM 衬底上电感的实现成为关键问题。

12.6　数字集成电路测试方法

任何集成电路不论在设计过程中经过了怎样的仿真和检查，在制作完成后都必须通过测试来最后验证设计和制作的正确性，所以测试的问题在设计的初始就必须考虑。

12.6.1　可测试性的重要性

在设计大规模数字电路时，从一开始就必须考虑测试的问题，测试的意义在于可以直观地检查设计的具体电路是否能像设计者要求的那样正确工作。测试的另一个目的是希望通过测试确定电路失效的原因及失效所发生的具体部位，以便改进设计和修正错误。为实现对芯片中的错误和缺陷定位，从测试技术的角度而言就是要解决测试的可控性和可观察性。但是，因为集成电路的可测试性往往与电路的复杂程度成反比，VLSI 电路本身又是一个复杂的系统，所以，VLSI 的测试问题变得日趋严重。对于一个包含了数万个内部节点的 VLSI 系统，很难直接从电路的输入/输出端来控制或观察这些内部节点的电学行为。从测试的目的来讲，希望内部节点都是"透明的"，只有这样才能通过测试判定电路失效的症结所在。为了实现这一目的，可测试性设计成为 VLSI 设计中的一个重要部分。

可测试性的 3 个重要方面是测试生成、测试验证和测试设计。测试生成是指产生验证电路的一组测试码，又称为测试矢量。测试验证是指一个给定测试集合的有效性测度，通常是通过故障模拟来估算的。测试设计的目的是提高前两种工作的效率，也就是说，通过在逻辑和电路设计阶段考虑测试效率问题，加入适当的附加逻辑或电路以提高将来芯片的测试效率。

　　数字集成电路芯片的测试分为两种基本形式：完全测试和功能测试。顾名思义，完全测试就是对芯片进行全部状态和功能的测试，要考虑集成电路所有的可能状态和功能，即使在将来的实际使用中有些并不会出现。功能测试就是只对在集成电路设计之初所要求的运算功能或逻辑功能是否正确进行测试。显然，完全测试是完备测试，功能测试是局部测试。在集成电路研制阶段，为分析电路可能存在的缺陷和隐含的问题，应对样品进行完全测试。在集成电路产品的生产阶段，则通常采用功能测试以提高测试效率，降低测试成本。

　　对于完全测试，所谓的全部可能状态是什么含义呢？假设一个逻辑有 N 个输入端子，如果仅从输入的信号组合角度考虑，它有 2^N 个状态，但它却并不一定是逻辑的全部可能状态。对纯组合逻辑，在静态情况下电路的状态仅与当前的信号有关，因此，对静态的组合逻辑测试只要 2^N 个顺序测试矢量就可完成全部测试；但对动态特性的测试，则还应考虑状态转换时的延迟配合问题，那么，仅仅顺序测试是不够的。更为严重的是对于时序逻辑的测试，由于记忆单元的存在，电路的状态不但与当前的输入有关，还与上一时刻的信号有关。因此，对于有 N 个输入端子的逻辑，它的测试矢量不仅仅是枚举的问题，还是一个数学上的排列问题。在最坏的情况下，它是 2^N 个输入的全排列，可以想象，一个有几十个输入端子的逻辑，它的测试矢量数目将是一个天文数字，要完成这样的测试是不现实的。

　　为解决测试问题，人们设计了多种的测试方案和测试结构，在逻辑设计之初就考虑测试的问题，将可测试设计作为逻辑设计的一部分加以设计和优化。其基本原理是：转变测试思想，将输入信号的枚举与排列的测试，转变为对电路内各个节点的测试，即直接对电路硬件组成单元进行测试；降低测试的复杂性即将复杂的逻辑分块，使模块易于测试；采用附加逻辑和电路使测试生成容易实现，改进其可控制性和可观察性，覆盖全部的硬件节点；添加自检测模块，使测试具有智能化和自动化。这些技术和方法的应用就是系统的可测试性设计。

12.6.2　测试基础

　　直接对电路内部的各节点测试可以大大地降低测试的工作量，提高测试效率。但是，在电路制作完成后，各个内部节点将不可直接探测，因此，只能通过对系统输入一定的测试矢量，在系统的输出端观察所测节点的状态。这时的测试矢量的作用是控制被测试节点的状态，并且将该节点的状态效应传送到输出观察点。

　　对节点的测试思想就是假设待测试节点存在一个故障状态，然后反映和传送这个故障到输出观察点。在实测中，如果在输出观察点测到该故障效应，则说明该节点确实存在假设的故障；如果观察不到故障效应，则说明该节点不存在假设的故障。

　　造成电路失效的原因很多，既有微观的缺陷，如半导体材料中存在的缺陷，又有工艺加工中引入的器件不可靠或错误，如工艺工程中的带电粒子被沾污、接触区接触不良、金属线不良连接或开路等，当然，还有设计不恰当所引入的工作不稳定等。作为测试技术，不可能按照这些失效原因一个一个地去查找，它只能对那些由失效原因所导致的客观结果——电路中信号故障去进行测试，即测试只能针对可见的信号错误进行。那么，在集成电路中什么是故障呢？直观地讲，它就是节点不正确的电平、短路引起的引线间不正确的连接、引线开路引起的信号传输失效等。

　　为了能够进行有效的测试，必须将这些失效抽象成一个故障模型。测试矢量就是针对这些故障模型而产生的一组测试信号。对每一个测试矢量，它包括了测试输入和应有的测试输出。测试的过程实际上是一个比对结果的过程，通过在芯片的输入端施加测试输入，检测出输出信号并与预先生成的输出进行比对，判断电路的正确性，根据输入和输出信号以及测试生成中的信息便可得出失效的位置及状态，再通过其他的技术手段分析具体的失效原因。

为减少测试的工作量，测试生成通常是针对门级器件的外节点。虽然直接针对晶体管级生成测试具有更高的定位精度，但测试的难度与工作量将大大增加。随着集成规模的加大和系统复杂性的提高，针对内部节点的测试也变得日趋复杂和困难，另外，在电路内部的节点也并不是全部可测的，这就要求测试技术人员采用新的技术和算法生成测试。设计人员采用具有可测试性的电路结构及其他辅助结构，提高测试的覆盖率和测试效率。

综上所述，在测试技术中要解决的问题主要有：故障模型的提取、测试矢量的生成技术、电路的可测试结构设计方法，以及其他辅助测试技术。

12.6.3　可测试性设计

随着 VLSI 规模越来越大，测试也变得越发困难。这包含了两方面的问题：一是测试矢量的生成越来越困难；二是不可测试的节点越来越多。这就需要引入可测试性设计技术，增加系统的可测试性。

1. 分块测试

正是因为系统的规模变大、系统结构的日趋复杂及多元化使得测试难度加大，人们自然而然地想到分块测试方法。分块测试技术是将电路分块，以减小测试的难度。因为电路的复杂性与测试生成的计算机计算时间之间呈指数关系，分块测试后总的测试时间较之完整电路的测试时间将大幅度减少，并且测试生成的难度也将下降。

另外，现在的 VLSI 系统都采用并行设计方法，即由多个设计者分别完成不同部分的设计，在分块设计的同时也可以同步地完成各模块测试生成。当需要改变某一模块的功能时，只要做局部的测试修改即可。当然，这样做将要求把原先的一些内部引线引出以满足测试的需要。这是因为每个模块都有自己的输入和输出端口，但其中有一部分是进行模块间通信用的，并不是原始输入和输出端口。

适用于分块测试方法的电路主要有大型时序电路和模块/总线结构等易于分块的结构形式。

几乎所有的微处理器和 VLSI 逻辑电路都是由一些功能模块所构成的，例如，控制器、译码器、寄存器、ROM、PLA 及数据处理部件等，模块间的数据传输，以及数据与输入、输出端口的连接都是通过系统总线进行的，各模块的工作模式通过地址控制。由于这些 VLSI 电路的结构已由面向总线的结构给定，因此只有很少的模块需要附加辅助测试控制逻辑和信号线，可以利用总线传送测试信息，分别对各模块进行测试。这样的测试方法将复杂的 VLSI 系统的测试转变为一系列中规模电路模块的测试。

当然，这种测试技术紧密地依赖于系统的体系结构，应用有一定的局限性。另外，这仅仅是测试的一个方案，尽管在系统的设计中考虑了测试的问题，或许增加了一些辅助的测试控制端，但还不能将其称为是真正的可测试性设计。

2. 可测试性的改善设计

可测试性设计是建立在逻辑系统设计之上的。首先必须先进行逻辑系统的设计，然后对设计完成的系统做可测试性分析，确定哪些节点的测试比较困难或不可测，在分析的基础上决定改善可测试性的方案，最终获得具有一定可测试性的逻辑系统。

有一些比较简单的提高逻辑系统的可测试性的方法，例如：
● 增加逻辑电路的测试点，断开长的逻辑链使测试生成过程简化。
● 提高时序逻辑单元初始状态的预置能力，这可以简化测试过程，而不需寻求同步序列或引导序列。对触发器、寄存器、计数器等设置置位、复位端，用硬件解决预置问题，使得时序逻辑的预置变得很简单。

- 对不可测节点增加观察点，使其成为可测试的节点。
- 插入禁止逻辑单元，断开反馈链，将时序逻辑单元变为组合逻辑电路进行测试。改变时钟控制方式，通过禁止逻辑隔离内部时钟，引入外部时钟控制测试同步。
- 增加附加测试电路，改善复杂逻辑的可测试性。

3．内建自测试技术

顾名思义，内建自测试技术就是在电路系统内部设计一些附加的自动测试电路，与电路系统本身集成在同一块芯片上。这种电路有两种工作模式：一种是自测试模式；另一种是正常工作模式。在正常工作模式下，自测试电路被禁止。

在自测试电路的设计中必须解决3个问题：隔离、控制和观察。隔离的目的是防止测试逻辑对正常逻辑产生影响，这可以通过禁止结构实施。控制当然是为了使测试逻辑有序地工作，完成规定的测试任务，观察则是由检出与比较逻辑组成，其作用是监视测试结果。

自测试电路的测试工作过程和一般的测试过程相似，在测试状态，内建自测试电路的信号发生器依次送出一组测试信号到待测试的逻辑电路，逻辑电路对测试序列的响应则输出到检出与比较逻辑，比较逻辑将检出的信号与预置的信号值加以比对，然后送出比对结果到观察点。

在设计中可采用的结构是多种多样的。一种设计方案是：内建自测试电路的信号发生器采用ROM结构，在每个字中包含了测试输入和预置的正常测试输出值。在外部提供的测试时钟控制下，依次送出测试矢量，其中的测试输入去激励待测试逻辑，预置的输出值则被送到比对逻辑。比对逻辑主要由异或门组成，它将检出的输出与预置的输出进行比对，并将结果输出。因为采用外部时钟同步，所以比对的结果只需很少的几根信号线就可同步地进行观察。这样的设计，附加的输入和输出信号线较少，结构简单。

采用内建自测试技术具有以下优点。

① 简化了外部测试设备。外部测试设备在这种测试模式下，仅仅完成初始化内建自测试逻辑和提供同步时钟，以及检查比对逻辑的输出以判断待测试逻辑是否正常。如果内建自测试逻辑设计有自己的时钟，则外部测试设备只需完成初始化和观察有无错误信息送出即可。但这样的结构对于精确判断具体的故障位置比较困难。

② 提高了测试效率。由于内建测试逻辑与被测试逻辑是在相同的环境下工作，因此可以在被测电路的正常工作速度下对它进行检测，这样既可提高测试速度，也检查了电路的动态特性。

4．扫描测试技术

可测试性设计的主要目标是增加内部节点状态的可控制性和可观察性。所以几乎所有的可测试性设计都是围绕着这个目的展开的。

扫描测试技术主要有两种方式：一是利用简单的串行移位寄存器，将电路中的各节点与它相连，利用移位寄存器去控制各节点的状态，并读入各节点的响应，串行输出；二是在测试状态下，将电路中的所有存储单元（不包括寄存器阵列）连接成移位寄存器，进行串入、串出的状态测试。前者需另外增加移位寄存器，后者是利用附加的多路转换器和原有存储单元，如触发器、寄存器等，重新构造成移位寄存器。

第一种方式是在电路中附加了一个长的串行移位寄存器和多路转换器，它可以控制任何需要控制的节点，并读出需要读出的信息。第二种方式是利用了电路本身具有的存储单元，与附加的多路转换器一起完成时序逻辑单元的测试，对于组合逻辑则直接通过原始输入端施加测试输入，通过原始输出端观察测试输出。

　　除了上面所介绍的各种可测试性设计技术，还有其他的多种可测试性设计技术。总结可测试性技术的基本思想，就是在尽可能减少附加逻辑部件和信号线的目标下，实现对电路内部节点的控制和观察。

思　考　题

1. 说明裸片、芯片与晶圆的关系。
2. 在晶圆上测试有什么特点？
3. 说出探针、探头和探卡的基本结构。
4. 列举出 5 种芯片封装载体的类型。
5. 送芯片给封装工程师时，需要给出什么信息？
6. 当微波与超高速芯片利用铜载体和介质板封装测试时，需要注意哪些问题？
7. 何为 MCM？

本章参考文献

[1]　Miller. L F. A critique of chip-joining techniques. Solid State Technol, 1970, (13)：50-62.

[2]　Mones A H, Spielberger R K. Interconnecting and Packaging VLSI chips. Solid State Technol, 1984, (27)：119-122.

[3]　Rose D. Assembly-packaging technology trends. Semicond. Int, 1984. 59-63.

[4]　Guttich U, Leier H, Marten A, et al.. K-band dielectric resonator oscillator using a GaInP/GaAs HBT. Inst. Phys. Conf. Ser, 1994, (136)：15-20.

[5]　Nagesh V K. Reliability of flip chip solder bump joints. IEEE Proc. IRPS 1982. 6-15.

[6]　李伟华. VLSI 设计基础. 北京：电子工业出版社，2002.10.

反侵权盗版声明

电子工业出版社依法对本作品享有专有出版权。任何未经权利人书面许可，复制、销售或通过信息网络传播本作品的行为；歪曲、篡改、剽窃本作品的行为，均违反《中华人民共和国著作权法》，其行为人应承担相应的民事责任和行政责任，构成犯罪的，将被依法追究刑事责任。

为了维护市场秩序，保护权利人的合法权益，我社将依法查处和打击侵权盗版的单位和个人。欢迎社会各界人士积极举报侵权盗版行为，本社将奖励举报有功人员，并保证举报人的信息不被泄露。

举报电话：（010）88254396；（010）88258888

传　　真：（010）88254397

E-mail：　dbqq@phei.com.cn

通信地址：北京市万寿路 173 信箱

　　　　　电子工业出版社总编办公室

邮　　编：100036